测量仪器检校与维修

（第2版）

主　编　柏雯娟

副主编　赵仕宝　雷远丰　林元茂　刁　宇

重庆大学出版社

内 容 提 要

本书共 12 章,主要内容包括测量仪器维修的基本知识、望远镜、水准器及自动安平补偿器、测量仪器的光学部件和机械部件、读数设备、光学水准仪的检修、光学经纬仪的检修、电子水准仪、测距仪、陀螺经纬仪、全站仪、GPS 接收机,同时还介绍了测量仪器的主要故障分析及减弱措施。书中紧密结合目前测绘行业的新仪器、新技术,具有较强的实用性。书末附有课间实训指南,供师生参考。

本书可作为高等职业院校测量相关专业的教材,也可作为测量技术人员的参考用书。

图书在版编目(CIP)数据

测量仪器检校与维修 / 柏雯娟主编. -- 2 版. -- 重庆:重庆大学出版社,2023.8
工程测量技术专业及专业群教材
ISBN 978-7-5689-0001-0

①测⋯ Ⅱ.①柏⋯ Ⅲ.①测量仪器—校验—高等职业教育—教材②测量仪器—维修—高等职业教育—教材
Ⅳ.①TH761

中国版本图书馆 CIP 数据核字(2021)第 026202 号

测量仪器检校与维修
(第 2 版)

主　编　柏雯娟
副主编　赵仕宝　雷远丰　林元茂　刁　宇
责任编辑:苟荟羽　　版式设计:苟荟羽
责任校对:关德强　　责任印制:张　策

*

重庆大学出版社出版发行
出版人:陈晓阳
社址:重庆市沙坪坝区大学城西路 21 号
邮编:401331
电话:(023) 88617190　88617185(中小学)
传真:(023) 88617186　88617166
网址:http://www.cqup.com.cn
邮箱:fxk@cqup.com.cn(营销中心)
全国新华书店经销
重庆市联谊印务有限公司印刷

*

开本:787mm×1092mm　1/16　印张:18.5　字数:476 千
2016 年 8 月第 1 版　2023 年 8 月第 2 版　2023 年 8 月第 4 次印刷
印数:3 601—5 600
ISBN 978-7-5689-0001-0　定价:49.80 元

第 2 版前言

近年来,测量仪器在各大行业领域(如铁路、公路、水利、电力、城市规划建设、土地管理、采矿、石油等)里的应用越来越广泛,发挥着重要的作用。科技的迅猛发展也带动着测量仪器的发展,测量仪器作为获取地理信息的主要工具,为保证其测绘成果的质量,正确检校仪器,保证测量仪器的精密程度,延长仪器的使用寿命,便成为测量工作者及测量仪器检修人员十分重视的话题。"工欲善其事,必先利其器",一个具备较高素质的测量工作者,应对其使用的测量仪器有较全面的了解和掌握。

本书系统地阐述了光学水准仪,光学经纬仪,电子水准仪,陀螺经纬仪,测距仪,全站仪,GNSS 接收机的原理、使用方法及仪器的检测与维修。编写目的在于使读者能充分发挥仪器的效能,取得高质量的测量成果。

本书由重庆工程职业技术学院柏雯娟担任主编;重庆工程职业技术学院赵仕宝、广州南方测绘科技股份有限公司重庆分公司雷远丰、重庆工程职业技术学院林元茂、重庆铁路运输技师学院刁宇担任副主编。本书具体编写分工如下:绪论、第 1 章、第 2 章、第 9 章、附录 1、附录 2 由柏雯娟编写;第 3 章、第 6 章、第 7 章由赵仕宝编写;第 11 章、附录 3 由雷远丰编写;第 4 章、第 5 章、第 10 章由林元茂编写;第 8 章、第 12 章由刁宇编写。全书由柏雯娟负责统稿,并统一修改定稿。

本书编写过程中参阅了大量的文献资料,引用了同类书刊中的部分内容,同时得到了相关仪器厂商的大力支持,在此表示衷心的感谢。

由于编者的水平及经验有限,书中存在错漏之处在所难免,恳请广大读者批评指正。

编　者

2023 年 5 月

目 录

第5篇　附　录

第 1 篇
测量仪器检测与维修基本知识

绪　论

测量学跟其他学科一样,是在人类生产活动过程中产生和发展起来的,它是一门古老的学科。测量学是研究地球的形状和大小,确定地面(包括空中、地下和海底)点位的科学。它是研究对地球整体及其表面和外层空间中的各种自然和人造物体上与地理空间分布有关的信息进行采集处理、管理、更新和利用的科学和技术。测量学按照研究内容和测量手段的不同,又分为许多分支。如大地测量学、工程测量学、地形测量学、制图学、摄影测量学、海洋测量学等,但是无论哪种类型的测量工作,都离不开测量仪器。

0.1　常用测量仪器的分类及系列标准

测量仪器属精密光电仪器的一个重要分支,其发展早、应用广泛。目前测量仪器已广泛应用于工业、农业、水利、电力、道路、桥梁、地籍、国防等部门的工程建设之中。测量仪器是为测绘工作提供各种定向、测距、测角、测高、测图以及摄影测量等方面的仪器。

0.1.1　常用测量仪器及其分类

以下测量仪器根据使用上对精度要求的不同,可大致分为以下 4 类:

①高精度仪器:用于国家一、二等控制测量和特别精密的工程测量的仪器。

②中等精度仪器:用于国家三、四等控制测量及精密工程测量的仪器。

③一般精度仪器:用于外等测量、测图及一般工程测量的仪器。

④低精度仪器:主要用于野外堪踏、概略测量及精度要求不高的工程测量的仪器。

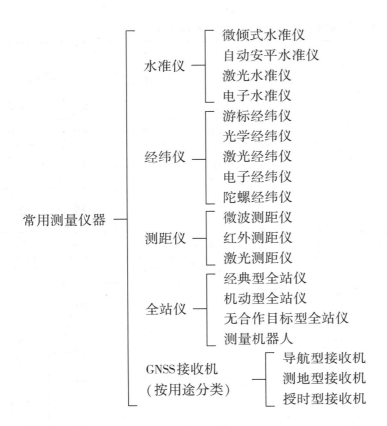

0.1.2 测量仪器的系列标准

系列标准是对产品和工程建设的质量、规格及其检验方法等所作出的技术规定,其作用在于进一步保证产品质量,便利生产、使用和维护,提高通用化水平;其任务是限定采用合理的主要参数和先进的统一结构,以恰当的、最少的品种最大限度地满足国民经济发展的需要,有计划、有步骤地发展我国的仪器制造事业。

我国从 20 世纪 60 年代初就开展了测量仪器的标准化、系列化工作,制定了一系列测量仪器的系列标准。

在我国测量仪器系列化方案中规定:大地测量仪器的总代号为"D",经纬仪的代号为"J",水准仪的代号为"S",平板仪的代号为"P",连起来为"DJ""DS"及"DP"。每一类仪器又按精度划分若干个等级。例如,经纬仪的精度指标规定为仪器在野外条件下的"一测回方向中误差"为 6″则用 DJ_6 表示,简称 J_6 级经纬仪。

除此之外,还有一些派生型号的变型仪器,如矿山经纬仪的代号为 DJK、自动安平水准仪的代号为 DSZ 等。

我国现行的经纬仪、水准仪、光电测距仪及全站仪系列标准见表 0.1 至表 0.4。

表 0.1　光学经纬仪系列的等级及基本参数

参数名称		单 位	等 级				
			DJ$_{07}$	DJ$_1$	DJ$_2$	DJ$_6$	DJ$_{30}$
一测回水平方向标准偏差	室外	(")	0.7	1.0	2.0	6.0	30.0
	室内		0.6	0.8	1.6	4.0	20.0
望远镜	放大率		30^x、45^x、55^x	24^x、30^x、45^x	28^x	25^x	18^x
	物镜有效孔径	mm	65	60	40	35	25
	最短视距	m	3.5	3.0	2.0	2.0	1.0
水准泡角值	照准部	(")/2 mm	4	6	20	30	60
	竖直度盘指标		10	10	20	30	—
	圆形	(')/2 mm	8	8	8	8	8
竖直度盘指标自动归零补偿器	补偿范围	(')	—	—	±2	±2	—
水平读数最小格值		(")	0.2	0.2	1	60	120
仪器净重		kg	17	13	6	5	3
主要用途			国家一等三角测量	国家二等三角测量和精密工程测量	国家三四等三角测量和工程测量	地形测图的控制测量和一般工程测量	一般工程测量和矿山测量

表 0.2　水准仪系列标准及基本参数

参数名称		单 位	高精密	精 密	普 通
望远镜	放大率	倍	38~42	32~38	20~32
	物镜有效孔径	mm	45~55	40~45	30~40
	最短视距不大于	m	2.0		
水准泡角值	符合式管状	(")/2 mm	10		20
	直交型管状	(')/2 mm	2		—
	圆形		4		8

续表

参数名称		单　位	高精密	精　密	普　通
自动安平补偿性能	补偿范围	（′）	±8		
	安平时间	s	2		
测微器	测微范围	mm	10、5		—
	分格值		0.1、0.05		
主要用途			国家一等水准测量及地震水准测量	国家二等水准测量及其他精密水准测量	国家三四等水准测量及一般工程水准测量

表 0.3　光电测距仪基本参数

参数名称	仪器等级			
	Ⅰ	Ⅱ	Ⅲ	Ⅳ
分辨率/mm	0.1	0.5	1.0	1.0
测程	最短测程及最长测程满足标称值			
相位均匀性误差/mm	≤1/2a			
幅相误差/mm	≤1/2a			
鉴别力（率）/mm	≤1/4a			
周期误差振幅 A（相位式）	≤3/5a			
常温下频率偏移/Hz	≤1/2b			
开机频率稳定性（10^{-6}）	≤1/2b			
频率随环境温度变化/Hz	≤2/3b			
距离测量的重复性标准差/mm	≤1/2a			
测距标准差/mm	m'_d			
加常数检验标准差/mm	≤1/2a			
乘常数检验标准差/（mm·km^{-1}）	≤1/2b			
工作温度范围/℃	−20～+50			
存储温度范围/℃	−30～+65			
振动	振动后工作正常			
温度改正	温度预置至 0.1 ℃			
大气改正	气压预置至 1 hPa			
单次测量时间/s	≤3			

注：a 为标称标准差固定部分，单位为毫米（mm）；b 为标称标准差比例系数，单位为毫米每千米（mm/km）。

表 0.4　全站仪基本参数

参数要求	仪器等级及限差			
	I	II	III	IV
角度测量标准偏差 m_β 范围/(″)	$m_\beta \leq 1.0$	$1.0 < m_\beta \leq 2.0$	$2.0 < m_\beta \leq 6.0$	$6.0 < m_\beta \leq 10.0$
一测回水平方向标准偏差/(″)	0.7	1.6	3.6	7.0
一测回竖直角标准偏差/(″)	1.0	2.0	5.0	10.0
一测回水平方向二倍照准差变化/(″)	5	8	10	16
竖直度盘指标差/(″)	10	16	20	30
竖直度盘指标差变化/(″)	5	8	15	30
横轴相对于竖轴的垂直误差/(″)	10	15	20	30
照准误差/(″)	5	8	10	16
倾斜补偿器纵向和横向零位误差/(″)	10	20	30	30
倾斜补偿器竖直方向补偿误差/(″)	3	6	12	20
视轴在水平方向的变化/(″)	5	8	10	15
照准部每旋转一周,基座方位移动/(″)	0.3	1	2	3
测距标准偏差 m_d/mm	$\pm(1+1\times10^{-6}D)$	$\pm(3+2\times10^{-6}D)$	$\pm(5+5\times10^{-6}D)$	
工作温度/℃	$-20 \sim +50$			

0.2　测量仪器发展

测量仪器是随着生产实践的发展而不断发展起来的,早在公元前 3 世纪,我国就已用指南仪器——司南来确定方向。

公元 400 年,我国又发明了"记里鼓车",用以测量距离。

1276 年,元朝郭守敬就创制多种天文仪器,测定天体的高度和方位。15 世纪,由于航海和地理开发的需要,研究地球形状的科学得到发展;同时,军事和经济建设的需要,使得测图技术有了提高,因而对测量仪器提出了更高的要求。

1608 年,荷兰人汉斯发明了望远镜。1667 年,法国首先在全圆分度器上安装了望远镜进行测角。1783年,英国制成了度盘直径为90 cm,重91 kg的经纬仪。

17世纪后期,丹麦天文学家奥拉夫·鲁默尔将测微器和显微镜用于读取度盘读数,大大提高了读数精度。

1858年,意大利工程师波尔勒发明了内对光望远镜,但未推广应用。1892年,减反射涂层的发明,使内对光望远镜的制造逐步得到发展。

1920年,威特等人制成光学经纬仪,定名TH1型成为世界上第一架光学经纬仪。1923年,生产出T2经纬仪,为了提高符合精度,度盘采用双线刻画。水准仪上应用棱镜符合水准器,使其构造起到很大变化。1956年,阿斯卡尼亚厂第一次将水准仪的自动安平原理应用于经纬仪的竖盘读数上。至此,确定了现代光学测量仪器的基本结构。

在我国,半封建半殖民地的旧中国时期,光学仪器制造业极端落后,测量仪器依赖进口。新中国成立后,在中国共产党的领导下,建立了各种类型的光学仪器厂。如上海光学仪器厂、南京水工仪器厂、北京光学仪器厂。到了1966年,由原国家测绘总局及其他有关单位组织了一次测量仪器生产会战,在江苏省筹建了一批生产光学仪器的厂家,如苏州第一光学仪器厂、无锡测量仪器厂、徐州光学仪器厂、靖江测量仪器厂等。我国现已独立设计、制造出了许多测量仪器,有些产品已有出口。

20世纪的重大发明之一就是激光。激光的出现对光学技术发展的影响极其深远。激光测距是激光应用最早且最成熟的一个方面。1960年,贝尔实验室发明了世界上第一台红宝石激光器。1962年,砷化镓半导体激光器又研制成功。在此之后,各类激光测距仪和红外光电测距仪发展极快。据不完全统计,各种型号的测距仪、电子速测仪已有100多种。测距精度极高已达0.1 mm量级。由于激光测量仪器的相继出现,引起了测量领域中许多重大变革,因而深受广大测量人员的欢迎。

20世纪后期,随着计算机技术、空间技术和现代通信技术日新月异的迅猛发展和各种学科的深层次的交叉融合,测绘学也在适应新形势的需要而发生着深刻地变化。这对测绘仪器的发展提出了更高和更迫切的要求。测绘仪器随之朝着数字化、小型化的方向发展。

近年来,我国测量仪器的研制与应用,也取得了显著成绩。各种类型的经纬仪、水准仪、测距仪、全站仪、GPS接收机,已大批量生产。南方测绘、中海达、科力达等公司也跻身国际先进行列。今后的测量仪器将进一步吸取其他学科取得的新成果,向多功能方向发展;仪器设计和制造将趋于小巧,精密式样更加新颖。我国建设发展离不开测绘工作,因此测量仪器应迅速发展,赶上世界先进水平,这是时代赋予我们的伟大使命。

本章小结

本章主要介绍常用测量仪器水准仪、经纬仪、测距仪、全站仪的分类及系列标准,简单介绍了测量仪器的发展。

第 1 章
测量仪器维修的基本知识

随着科学技术的不断发展和计算机的广泛应用，现代测绘技术水平也得到了迅速的提高，测量仪器也有了质的飞跃。由过去的光学仪器，逐渐地过渡到半站仪，接着又推出了全站仪，以致到现在发展的 GNSS 和测量机器人等先进仪器设备。测量仪器不断地创新，测量野外作业的劳动强度也逐渐地减轻，工作效率也就不断地得到了提高。因此，作为一名测量工作者，首先就应掌握好测量仪器设备的特点、使用方法以及相应的保管与维护知识，使其永远保持着最佳的性能状态。那么，本章就主要介绍测量仪器的日常保管与维护工作。

1.1 测量仪器的日常保管与维护

现代测量仪器的发展越来越快，品种也越来越多，更新速度也是日新月异。但是任何一种仪器的日常保管与维护工作都是必须保证的。由于一些外部环境的影响，增加了维修率，所以维持测量仪器的准确性，并使其能够处在良好的工作状态就显得尤为重要。下面通过几个方面介绍测量仪器的日常保管工作的要点。

1.1.1 测量仪器的日常保管

1）仪器保管室的要求
仪器保管室应干燥、通风，室温最好保持在 10~28 ℃，相对湿度在 40% 左右。房间内不得存放带酸性或碱性物品。

2）仪器箱的防潮措施
①仪器使用完毕，应拭去表面灰尘或水珠，放在通风处吹干后再放入仪器箱中。
②仪器箱内应保持干燥，要防潮防水，并及时更换干燥剂。因为湿度为 70% 时，将会使仪器生霉、生雾、生锈。

3）仪器的日常管理工作
①所管理的仪器应进行登记、造册，并根据各种仪器的型号规格进行编号。
②制定管理办法，明确仪器使用的注意事项、使用要求、仪器损坏赔偿办法等具体要求和措施。

③在仪器的借领过程中，以每台仪器为单位对仪器编号进行登记，并要求借出者进行签名、登记，落实每台仪器的使用人，从而避免仪器发生损坏后，无法追究责任人的情况。

④在仪器归还过程中，要注意对仪器的各个要件进行检查，特别是对仪器易损坏的部件，如制动螺旋、脚螺旋以及仪器脚架等。对于发生损坏的仪器，应登记备注，由损坏人签名确认后，根据损坏情况，按照管理办法进行处理。

⑤仪器长期不用时，应以一个月左右定期取出，通风防霉或通电驱潮，以保持仪器良好的工作状态。

⑥仪器应放在仪器柜上，放置要规范，不得倒置。

1.1.2　测量仪器的日常维护

测量仪器的日常维修工作，主要是对各类仪器由于在使用过程中方法不正确以及搬运途中仪器的震动等原因造成的仪器精度降低、各部件螺丝松动等情况进行维护和校正。因此，在问题出现之前，应做好测量仪器的日常维护工作。

1) 测量仪器使用前后的维护保养

①使用前应检查仪器箱是否关闭和锁紧、仪器箱背带及提手是否牢固。

②开箱后提取仪器前，应先将仪器箱放置水平，再取出，同时要看准仪器在箱内放置的方式和位置；仪器使用完毕，按原来的状态放入仪器箱内，装箱时各部位要放置妥帖，合上箱盖时应无障碍。

③装卸仪器时，必须握住仪器的支架或提手；将仪器从仪器箱取出或装入仪器箱时，一手握住支架或提手，一手握住基座，轻拿轻放。不可握住显示屏幕的下部，也不可拿仪器的镜筒，否则会影响内部固定部件，从而降低仪器的精度。

④光学元件应保持清洁，如沾染灰沙必须用毛刷或柔软的擦镜纸擦掉。禁止用手指抚摸仪器的任何光学元件表面。清洁仪器透镜表面时，应先用干净的毛刷扫去灰尘，再用干净的无线棉布蘸酒精由透镜中心向外一圈圈地轻轻擦拭。除去仪器箱上的灰尘时切不可使用任何稀释剂或汽油，而应用干净的布块蘸中性洗涤剂擦洗。

⑤在潮湿环境中工作，作业结束，要用软布擦干仪器表面的水分及灰尘后再装箱。回到仪器室后，应立即开箱取出仪器放于干燥处，彻底晾干后再装入箱内。

⑥冬天室内、室外温差较大时，仪器搬出室外或搬入室内，应间隔一段时间后才能开箱。

2) 测量仪器在测站上的维护保养

①先将三脚架安稳，固紧有关螺旋。仪器安置中，必须拧紧中心连接螺旋，防止摔坏仪器。

②在太阳光照射下观测仪器，应给仪器打遮阳伞或使用太阳滤光镜，以免影响观测精度。

③观察人员不得离开仪器(保持 1 m 左右距离)。在杂乱环境下测量，仪器要有专人守护。

④转动仪器或望远镜时，应先检查制微动螺旋是否打开，切忌硬扳硬转。

⑤仪器任何部分发生故障，不应勉强继续使用或任意拆卸仪器，应由检修人员来处理，否则会加剧仪器的损坏程度。

⑥注意轻拿轻放、不挤不压，无论晴雨，均要事先做好防晒、防雨、防震等措施。

⑦中途休息或观测时，仪器箱要放在安全地点，不能踩踏或当凳子坐。

3）测量仪器搬站时注意事项

①搬站之前,应检查仪器与脚架的连接是否牢固,以防摔落。

②当测站之间距离较近,搬站时应将仪器略加制动,望远镜放直,仪器连同三脚架抱于胸前竖拿,切忌斜扛于肩上。

③当测站之间距离较远,搬站时应将仪器卸下,装箱带走。行走前要检查仪器箱是否锁好,安全带是否系好。

4）测量仪器运输中的注意事项

①首先把仪器装在仪器箱内,再把仪器箱装在专供运输用的木箱内,并在空隙处填以泡沫、海绵、刨花或其他防震物品。

②装箱时应检查仪器各部件位置是否正确,否则会引起箱盖盖不上,切忌用力压紧箱盖。装好后将木箱或塑料箱盖子盖好,需要时应用绳子捆扎结实。

③无专供运输的木箱或塑料箱的仪器不应托运,应由测量人员亲自携带。在整个运输过程中,要做到人不离开仪器。如乘车,应将仪器放在松软物品上面,并用手扶着,在颠簸厉害的道路上行驶时,应将仪器抱于怀里。

1.2　测量仪器配件和工具的维护

1.2.1　三脚架的维护

任何测量仪器的使用,都离不开三脚架。水准仪、经纬仪、全站仪等测量仪器设备,都有与之对应的三脚架。三脚架的稳定性,也决定了测量成果的精确度。人们往往只关注仪器的保养而忽视对三脚架的维护。

水准仪脚架,由于现在水准仪较轻,因此脚架多采用木质小三脚架。但使用时间过长后经常出现脚架伸缩固定螺丝滑丝的情况,而厂家生产的脚架固定螺丝都没有单独配件,因此,对脚架的维修比较困难。经纬仪、全站仪脚架较大较重,在脚架伸缩固定螺旋方面,使用情况要比水准仪的脚架稳定很多,一般不会出现滑丝的情况,但由于长时间的搬动,脚架其他部件的螺丝容易松动。所以在日常使用中,针对仪器的三脚架应做到以下几点:

①需要定时对三脚架进行检查,防止螺丝松动脱落。

②在架设或搬运中,应轻拿轻放,不可横放坐于架腿上,以免变形或断裂。

③做好三脚架的防锈工作,潮湿天气使用后,应通风擦干,并及时清理三脚架脚尖上的泥土或灰尘。

④正确架设三脚架,不可乱拧固定螺旋或不要将螺丝旋得太紧。

1.2.2　电池的维护

测量电子仪器的电池是其最重要的部件之一,现在电子仪器所配备的电池一般为 Ni-MH（镍氢电池）和 Ni-Cd（镍镉电池）,电池的好坏、电量的多少决定了外业时间的长短。只有在日常工作中,注意电池的充放电,才能延长仪器的使用寿命,使其功效发挥到最大。因此,电池的日常维护工作应注意以下几点:

①电池充电必须使用配置的专用充电器。

②充电时室内的温度应在 10~40 ℃。如果在高温下充电,电池充电时间会长一些。

③充电时,先将充电器接好电源(220 V),从仪器上取下电池,将充电器插头插入电池的充电插座,充电器上的指示灯显示,当充电器指示灯改变原有状态后表示充电结束,即可拔出插头。

④建议在电源打开期间不要将电池取出,因为此时存储数据可能会丢失或导致仪器损坏,因此要在电源关闭后再装入或取出电池。

⑤一般充电电池可重复充电 300~500 次,电池完全放电会缩短电池使用寿命。

⑥不要连续进行充电或放电,否则会损坏电池和充电器,如有必要进行充电或放电,则应在停止充电约 30 min 后再使用充电器。

⑦超过规定的充电时间会缩短电池的使用寿命,应尽量避免。

⑧为更好地获得电池的最长寿命,应保证每月充电一次。

⑨电池剩余容量显示级别与当前的测量模式有关。在角度测量的模式下,电池剩余容量够用,并不能够保证电池在距离测量模式下也能用,因为距离测量模式耗电高于角度测量模式,当从角度模式转换为距离模式时,如果电池容量不足,可能会中止测距。

⑩如果充电器与电池已连接好,指示灯却不亮,此时充电器或电池可能已经损坏,应停止充电,与检修人员及时联系。

1.2.3 测量工具使用的注意事项

1)使用测钎的注意事项

①如地面坚硬可用手扭转测钎握环插入,应避免硬插,使测钎弯曲。

②每次实习完毕,要当场点清以免遗失。

2)使用皮尺的注意事项

①使用皮尺丈量,不要用力猛拉,以防拉长或拉断。

②皮尺不得沾染泥水。

③量距完毕,应卷入盒内,卷时用食指中指夹持,以免打卷入盒,切勿放在地上拖行。

④用皮尺拉出或卷入时,注意尺盒中心的手柄固定螺旋,不要松脱、遗失。

3)使用钢尺的注意事项

①使用钢尺量距时,要防止钢尺扭曲、折断。如遇到尺卷弯、打扣,应立即顺好。

②量距时,须将钢尺顺尺轴卷尺方向拉直,不可逆向,以免折断。

③当量完一段距离向前行走时,必须将钢尺悬空拉起前行或卷入盒内,不可使尺身与地面摩擦,避免磨损。

④用钢尺量距时,不许行人踩踏或车辆碾轧,以免断裂或弯曲。

⑤钢尺着雨或在泥水处量距后必须擦拭干净,以免泥土潮污尺面。

⑥用钢尺拉出或卷入时,注意尺盒中心的手柄固定螺旋,不要松脱、遗失。

⑦收卷钢尺,一定要按固定方向旋转尺盒上的手柄,不能反复转动,否则会使钢尺弯曲或折断。

4)使用水准尺的注意事项

①勿用水准尺打磨或撞击坚硬之物,以免尺底金属垫损坏而影响尺度之精确。

②水准尺不能淋雨,不要放于潮湿处,更不得浸入水中,如遇雨淋则应及时用布擦干。

③不得用尺或花杆提挑物件或支架帐篷、衣物等。

④不得坐在尺上休息。

⑤不得投掷水准尺或花杆。

⑥不得用尺垫锤碰物件,注意携带,休息时放在明显处以防遗忘。

5)使用垂球的注意事项

①垂球尖端要细心保护,活尖垂球不对称时,必须将垂尖收进。

②使用垂球过程中切勿拿来玩耍或者投掷,以免伤人。

1.3　测量仪器的防霉、防雾、防锈

测量仪器在一定条件下生霉、生雾及生锈,极大地降低了观测读数精度,影响操作使用。严重者会造成仪器报废,不能使用。尤其是在我国南方地区,潮湿多雨,仪器生霉、生锈极其严重。因此,对测量仪器应进行"三防",这是检修仪器的经常性任务之一。

1.3.1　生霉的原因及防霉的方法

1)生霉

生霉即在测量仪器的光学玻璃零件上,常见有蜘蛛丝状的东西就是菌丝体,这种现象称为生霉。这些丝状物是霉菌繁殖形成的,通常被人们误认为是灰尘。光学零件生霉后可使光学零件透光率受到损失,生霉严重时,可使零件表面膜层脱落,玻璃表面被腐蚀,霉层擦不掉,严重影响了零件透光和成像,从而降低仪器的使用寿命。

2)霉菌产生的条件

霉菌是一种很小的微生物,其孢子又称芽孢,单个的孢子一般肉眼难见,它随空气飘扬,在仪器装配时落在光件上,或随空气进入仪器内部。霉菌产生的条件如下所述:

①温度:适宜在25~35 ℃。在12 ℃以下几乎停止生长,12~17 ℃生长缓慢,大于40 ℃生长受到抑制。要在170 ℃以上干热与110 ℃以上湿热的情况下,才能杀死霉菌。

②湿度:在相对湿度70%以上才能生长,适合于80%~95%的相对湿度。

③营养物质及来源:所需营养主要是含碳的糖及脂肪类,含氮的蛋白质、无机盐以及水和氧气。

3)测量仪器为什么会生霉

测量仪器之所以会生霉,就是因为仪器内部具备了霉菌生长的条件。这些条件主要包括:

①用了未经处理的易生霉的材料,如垫纸、软木垫片、含有某些能被霉菌利用成分的涂料、油料等。

②仪器在装配维修过程中,文明生产不够,人的手指直接触摸光学零件,手汗留在零件上,光学零件及金属零件清洗不干净或用唾液擦零件等现象,都会给霉菌留下丰富的营养物质。

③空气中的灰尘、脏物落到仪器上,或因仪器密封不良,空气中的孢子进入仪器内部所致。

④电子仪器及电气设备上霉菌生长的营养物。

⑤仪器长期储存在潮湿的库房中,温度又合适,因而给生霉创造了条件。

4）霉菌对仪器的危害

①光学玻璃生霉后，玻璃表面产生霉腐点影响透光性，妨碍观察。

②电子元件生霉后，将引起设备性能恶化，参数改变，功能失效。

5）防霉的方法

孢子、温度、湿度、营养物质是霉菌生长的 4 个条件，缺一不可。因此，设法杀死孢子或限制任一生长条件都能达到防霉的目的。当然在这 4 个条件中，限制温度是不容易做到的，限制湿度也同样不容易，尤其在南方地区。所以一般的措施都是用杀死孢子或断其营养的方式来解决问题，多采取化学药剂防霉的方法。

（1）对化学药剂防霉的要求

①对霉菌毒效高，对人体无毒或低毒。

②不腐蚀仪器的光件或金属零件。

③不溶于水，而溶于有机溶剂。

④使用浓度低，有效期长。

（2）化学药剂防霉的方法

①熏蒸法防霉。主要是使用对硝基苯甲醛，其外观与性状是白色或淡黄色晶体，熔点为106 ℃，不溶于水，微溶于乙醚，易溶于乙醇、苯。对硝基苯甲醛为低毒药品，对人的皮肤稍有刺激性。

熏蒸法防霉效果好、使用方便、药效长，对光件、金属零件无腐蚀作用。使用方法通常是将粉剂对硝基苯甲醛压成药片，放在仪器内部，如果仪器内部不好放，也可放在仪器包装箱内。

②接触法防霉。是将防霉剂直接涂在光学零件表面上或加在密封油灰里及防尘脂中。这类防霉剂有许多种，最常用的是三丁基氧化锡。将它与乙醇和乙醚混合后涂在玻璃零件表面上，有防霉效果。如果零件表面镀有氧化镁膜层，则可涂用 SF209 防霉剂，达到防霉效果。有的光学仪器（如北京光学仪器厂生产的 TDJ$_2$、TDJ$_6$ 型经纬仪）出厂前已经用三丁基氧化锡和甲基硅油混合液涂在度盘上，目的就是为了起防霉防雾的双防作用。

（3）装配、维修中防霉

光学仪器在装配和维修过程中，同样可限制霉菌产生的条件，断绝霉菌的营养物，防止霉菌繁殖生长。

①清擦光学零件必须使用卷棉器，不能用手接触棉球，禁止用唾液擦零件。

②光学零件的金属管座必须清洗干净，然后进行烘干处理。

③光学零件表面要擦干净，通光面认真擦，非通光面也要擦干净。

④仪器装配、维修室相对湿度不得大于 60%，零件在周转过程中应存放在干燥的器皿中。

⑤操作人员应穿着干净的工作服和戴工作手套、工作帽，工作室保持清洁。

⑥仪器装配维修中使用的辅料，如棉花、纱布要进行脱脂处理。

1.3.2　生雾的原因及防雾的方法

1）生雾

生雾就是光学零件抛光面上呈现出"露水"似的物质，可分为以下 3 类：

①油性雾：由油质点子构成。

②水性雾：由水珠或水与玻璃起化学反应形成的堆积物构成。

③水油混合雾:两种雾并存的现象。

2)油性雾产生的原因

①油脂污染而产生的油性雾,是由于擦拭光件的辅料含油脂量高而引起的。如乙醇、乙醚内有油脂、棉花、布块脱脂不够或所用工具带有油脂或手直接拿取、触及光件等。

②油脂的扩散引起的油性雾,是由于仪器所用油脂化学稳定性不好产生扩散或涂油太多,而部位离光件太近等。

③油脂的挥发也可引起油性雾。

3)水性雾产生的原因

①湿度大、温度高、温差变化大。

②仪器密封性能差。

③光学玻璃化学稳定性差。

④光件表面清洁程度差。

⑤霉菌的分泌物。

⑥起雾对光学仪器的危害。

光件起雾后,由于雾滴以曲率半径极小的球形分布于光件的表面上,因而使入射光线产生散射现象。从而降低仪器的透光率,使成像质量降低,影响观测。

4)防雾的方法

①化学药剂防雾:防雾药剂主要是一些有机硅油,如甲基硅油、乙基含氢硅油、3204 等药品。把它们配成溶液涂在光学零件表面上,使零件表面形成一层憎水层,可起到良好的防雾效果。使用三丁基氧化锡和甲基硅油混合液涂在光学零件表面可达到防霉防雾的双防目的。

②在装配和维修过程中严禁用手接触光学零件,还要将光学零件清洁干净,使用的辅料(棉花)必须脱脂,清洁液乙醇、乙醚应是无水的,仪器的润滑油脂应是低挥发的,其化学稳定性要好。

③加强仪器存放的保管工作,防止仪器内部进入水汽。

1.3.3　生锈的原因及防锈的方法

1)生锈

金属与周围介质发生化学作用或电化学作用所引起的破坏现象,称为金属腐蚀,而这种腐蚀的产物叫作"锈"。

2)生锈的原因

①空气中相对湿度大,含水汽高,易使金属零件表面附着水汽,易生锈。

②外界温度高时,仪器零件表面也易凝结水汽,易生锈。

③空气中含有腐蚀性大的气体。如 SO_2 等溶于水后形成亚硫酸,易腐蚀金属表面。

3)防锈的方法

①金属零件表面涂上一层防锈油,防锈油是由基础油和添加剂合成的。而添加剂主要是油性缓冲剂,其他还可加入抗氧化剂、消泡沫剂、防霉防雾剂等。

②外露金属零件表面镀保护层,一般多是镀一层铬或镍或镍铬层等。

③仪器内部金属零件多是进行氧化处理,使零件表面形成保护层,保护内部金属不受氧化。一般钢件是氧化发蓝,铜件氧化发黑,铝件则氧化成为黑色或黄色。

④测量光学仪器的竖轴等钢制零件,拆下来后需长时间放置时,有条件的可放在防锈油中保存。

⑤对仪器转动部位及互相滑动的配合表面,涂上适当的润滑油脂,不但加强转动的灵活性、减少磨损,而且也防止零件表面被腐蚀,起防锈作用。

1.4　测量仪器维修的注意事项和常用器材

在进行外业数据采集时,影响整个数据采集过程的因素有 3 个方面:观测仪器、观测环境、观测人员。在外业数据采集的过程中,测量仪器长时间的受到外界自然环境的不断侵蚀,加上仪器在运输、搬运过程中的影响都会对测量仪器造成损害从而导致仪器受损或精度降低。为提高数据采集的准确性,作为测量人员,掌握基本的测量仪器的维修知识,不仅可以延长仪器的使用寿命,同时也能为更好地完成实际工作提供有力的保障。

1.4.1　测量仪器维修的注意事项

测量仪器是精密仪器,精度高、结构紧凑,仪器维修人员要对检修仪器的质量负责。通过检修,应使仪器尽量恢复精度和使用性能。这就要求维修人员在思想上要重视,工作上认真负责,耐心细致,要努力钻研维修技术,提高检修能力。为保证仪器的检修质量,必须遵守一定的检修规程,做到文明生产,文明检修。防止和避免发生维修质量事故,造成不必要的损失。为此,检修人员在仪器检修过程中应注意以下事项。

1) 维修准备过程

在对仪器进行维修前,要做的一些准备工作如下所述:

①向仪器使用人员或送修人员详细询问仪器的故障表现和产生的原因,仪器的使用和检修历史。

②要认真检查仪器,查出仪器的实际故障,然后分析和判断故障的部位及产生的原因。

③制订维修方案、方法和维修计划,在没有确定好维修方案之前不要盲目的拆卸仪器。

④要了解仪器的结构原理,熟悉仪器的有关技术资料和质量指标要求以便帮助确定维修部位的维修方法。

2) 维修拆卸过程

①拆卸仪器的部件、组件和零件时,方法要合适,拆不开时要立即停止并分析原因,找出障碍,千万不要盲目蛮干硬拆,防止损伤零部件。

②要遵守“哪个部位有故障就拆修哪个部位”的原则,不要拆动与故障无关的部位;必须拆的部位要遵守分批拆卸的原则,不要一下子全部拆下来。

③拆卸时要注意零件的相互位置关系,不熟悉的和精度要求高的零部件在拆下之前应划上明显的装配记号,以便排除故障后能顺利地装复到原来位置。

④拆下来的零部件应分别存放,防止损伤和弄混零件,光学零件应单独存放。

⑤拆修常用工具要正确使用,螺丝刀的刀口宽度要和螺丝头上的槽宽一致,把柄的长短要合适,使用时要使向下压力大于旋转力;各种活动专用扳手要控制好张口范围,用力大小要合适,防止零件损坏。

3)维修装复过程

①零件要认真清洗,特别是光学零件和有运动配合的零件;在装配前要仔细检查零件是否已经擦干净。

②尽量不要用手直接接触光学零件,尤其是透光面严禁用手摸,严禁用金属棒卷棉花擦光学零件,防止划伤表面。

③轴系及其他部位润滑时要正确使用润滑油脂,最好使用仪器原来使用的油脂牌号,如有特殊要求(如低温作业)应合理改用适合的油脂。

④装配零部件时要遵守"先拆的部件后装,后拆卸的零部件先装"的原则,不可乱装一气,以防止不必要的返工。

⑤仪器在装好后,螺丝要拧紧,重要位置要适当胶牢,防止松动。

⑥维修装复结束后,清擦整理好仪器外表,正确装入仪器箱内。建立修理日记,写好检修仪器的经验和教训,以便不断提高维修仪器的水平。

1.4.2 测量仪器维修的常用器材

测量仪器的维修除了维修人员具有一定的操作技能外,还应设置必需的维修设备和工具,以及一些辅助材料,虽然现在在购买新仪器时,仪器的装箱单里都配备了部分仪器维修工具,但这些工具大部分是用来校正仪器的,并不能满足维修的需要。另外,要有一个良好的维修室,保证一定的维修环境和条件。

1)维修室的要求

维修室的大小和设备,应根据仪器维修数量的多少和仪器精度的高低来确定。为保证仪器的维修质量,维修仪器应在良好的环境中进行,最好专门建立一个人员往来较少、室内光线明亮、均匀的维修室。特别要避免维修室周围震动,因为维修仪器以及所使用的设备的灵敏度都很高,周围的震动会直接影响设备的维修。室内要保持干燥和清洁,如果室内灰尘太多影响工作时,可在维修工作台上装置一个防尘架。

2)主要设备

(1)工作台

工作台主要用来安置维修设备,台上要铺胶皮垫,工作台的支架最好也垫上胶皮垫,用来减少震动的干扰。

(2)光学校正仪

光学校正仪是用来调整光学经纬仪、电子经纬仪、全站仪等仪器光轴的几何关系的设备。校正仪由两支平行光管、基座支架及升降台等部分组成(见图1.1)。并配有照明设备,在夜间也能操作。使用光学校正仪来检校仪器可在室内进行,并不受室内空间的限制,从而避免由于仪器的最短视距影响而不能在室内检校的困扰。在使用该设备进行校正前,必须先通过该仪器的脚螺旋来整平仪器,并对仪器上的两支平行光管内的十字丝进行校正,这个一般在安置好仪器后由厂家来完成。之后才能使用该设备对测量仪器进行检校。

3)常用工具

①起子(见图1.2(a)):用来拆卸、校正仪器。

②镊子(见图1.2(b)):用来夹持镜片、棱镜等光学零件。

③锤子(见图1.2(c)):维修仪器。

图 1.1　二管台式检验校正仪

④各种形状和规格的锉刀、刮刀、什锦锉(见图 1.2(d)):维修仪器。

⑤吹风球(图 1.2(e)):用以在维修过程中吹拂光学零件表面的灰尘。

⑥玻璃钟罩、玻璃缸和玻璃盒子,大小规格不等(见图 1.2(f)):用以保护仪器的零部件不受外界灰尘的污染。

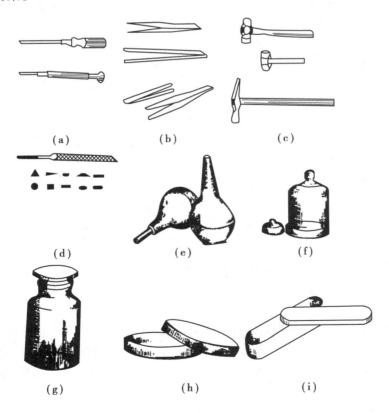

图 1.2　常用工具

⑦广口瓶(见图 1.2(g)):盛放零件及清洗液。

⑧培养皿(见图 1.2(h)):盛仪器的小型零件。

⑨腰盒(见图 1.2(i)):盛仪器的小型零件、小型工具及其他辅料等。

⑩其他专用工具:

a.两脚扳手,这种扳手的形式和种类很多,但基本上可分为固定和活动两种,如图 1.3(a)所示。固定扳手有它特定的用途,如图 1.3(b)所示,是按镜筒内径做成的凹字形钢片,用来拆装镜头压圈既安全又方便。

b.木夹扳手,如图 1.3(c)所示。

c.皮带扳手,如图 1.3(d)所示。

d.两脚起子,如图 1.3(e)所示。

e.弹片起子,如图 1.3(f)所示。

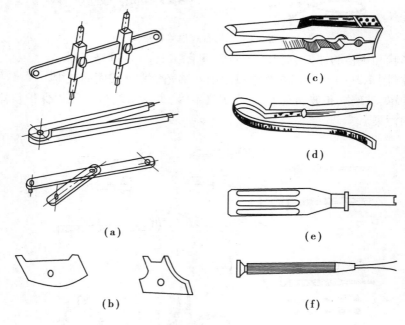

图 1.3 特殊工具

4)常用材料

(1)清洁液

清洗仪器零件的辅料,分为清洗光学零件和金属零件两大类,清洗光学零件大都用高纯度的乙醇(酒精)与乙醚;清洗金属零件一般用汽油或煤油。

(2)润滑油

由于测量仪器长期在野外不同的自然环境下使用,因此,在仪器使用过程中要不断受到外界环境的侵蚀和风沙的污染,为保证仪器运转部位转动灵活,减少摩擦面的磨损和防止金属锈蚀,需对测量仪器加用润滑油进行保养。所使用的润滑油主要有竖轴油、横轴油、一般转动部件用油等。

(3)擦拭材料

常用的擦拭材料有医用脱脂棉、脱脂纱布、擦镜头纸等。

（4）其他用料

胶类脂、研磨剂、石膏粉、薄铜片、密封油等。

本章小结

本章主要介绍测量仪器维修的基本知识，包括测量仪器日常保管与维护、"三防"工作，以及测量仪器维修的注意事项、常用仪器配件和工具的日常维护和注意事项。

第 **2** 篇
测量仪器四大组成部分

第 **2** 章
望远镜

测量仪器的组成共分为 4 个部分,即望远镜、水准器、机械部件及读数设备。

望远镜是现代大地测量仪器上一个不可缺少的组成部分,其用途甚广。在测量仪器方面,除了经纬仪、水准仪、平板仪等常见测量仪器上有望远镜外,在较为先进的测距仪、全站仪、电子水准仪等测量仪器上同样也少不了它的存在。

望远镜的主要作用是瞄准远处目标,要达到此目的则要通过人眼来完成。因此,人的眼睛也是整个望远镜系统中的一个延续部分。同一个望远镜,不同的眼睛,所瞄得的结果是不同的。因此,有必要先了解一下眼睛的有关知识。

2.1 人眼的特性

大部分光学仪器都与人眼配合使用,以扩大人的视觉能力。

2.1.1 眼睛的构造

人眼相当于一个光学仪器,外表大体为球形,其内部构造如图 2.1 所示。从光学成像的观点来看,眼睛好像一架照相机。水晶体是由多层薄膜构成的一个双凸透镜,中间较硬,外层较软。借助于水晶体周围肌肉的作用,可使它的前表面的半径发生变化,以改变其焦距,使不同距离的物体都能成像在视网膜上。

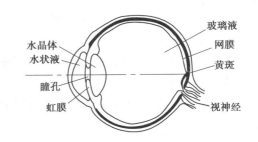

图 2.1 眼睛的构造

虹膜又称虹彩,它是一层位于水晶体前面的彩色薄膜,中央的圆孔称为瞳孔,孔径可以伸缩,用以控制进入眼中的光能量。

视网膜由视神经细胞和神经纤维构成,是眼睛的感光部分,视网膜上视觉最灵敏的区域称为黄斑。外界物体的光线经过水晶体折射后,成像在视网膜上,刺激视神经细胞而产生视觉。当注视一物体时,由于眼睛外面肌肉的牵动,能自动地使该物体的像落在黄斑上。黄斑与眼睛光学系统像方主点的连线称为视轴。眼睛的视场虽然很大(可达 150°),但只是在视轴周围

6°~8°能够清晰识别物体,其他部分较模糊。因此,当人们在观察周围的景物时,眼睛就自动地在眼窝内不停地转动。

2.1.2 人眼的特性

1)调节功能

观察某一物体时,必须使它在视网膜上形成一个清晰的像。当物体距离改变时,为了使不同距离的物体都能在视网膜上形成清晰的像,必须随物体的距离的改变,相应地改变眼睛的焦距,这种过程称为眼睛的调节。

对于正常人而言,当眼睛处于没有调节的自然状态时,无限远物体正好成像在网膜上。这就是说眼睛观察无限远物体时最不容易疲劳。因此,要求目视光学仪器,如望远镜和显微镜,它们的像都应呈在无限远处,使眼睛通过仪器观察时处在无须调节的自然状态。

当观察近距离物体时,水晶体周围的肌肉就向内收缩,一方面使水晶体略微前移;另一方面使它的中央部分增厚,曲率半径变小,于是眼睛的焦距减小,所以远处物体仍能成像在视网膜上。

由眼睛的调节所能看得清楚的最远和最近两点,分别叫作远点和近点。正常眼的远点在无穷远处,近点在10~15 cm处。物距为25 cm时,落在视网膜上的像最清晰,看起来也不易疲劳,这个距离叫作明视距离。人们在视物时,自然地将物体保持在明视距离处。为使视力不同的眼睛都能看清楚十字丝或物像,望远镜和显微镜等光学仪器的目镜都是可调节的。

此外,人眼还能随物体明暗程度而改变瞳孔直径,以调节进入眼睛的光能量,当外界物体过亮时,虹膜便自动地缩小瞳孔直径;反之,虹膜便自动地放大瞳孔直径,起着可变光栏的作用。一般白天人眼睛瞳孔直径为2 mm,夜晚则可达8 mm。

2)眼睛的分辨本领

在25 cm的明视距离上,人眼睛能分辨出相距仅0.1 mm的两个点,而在10 km处,即使两点相距1 m,也分辨不出来。这是受眼睛分辨本领(鉴别率)限制之故。

眼睛能够分辨的两像点在网膜上的最短距离称为眼睛的分辨本领或鉴别率,通常用鉴别角 α 来表示。

如图2.2所示,若 A、B 两点在网膜上所成的像 A'、B' 落在不相邻的两个细胞上时,则该两点能够被分辨开来。

在视觉最灵敏的黄斑附近。视神经细胞的直径为0.001~0.003 mm,因此,黄斑上网膜能够鉴别最短距离不会大于0.006 mm。

眼睛在没有调节的自然状态下,它的焦距 $f'_目 = 16.68$ mm。

于是可得

$$\alpha = \frac{A'B'}{f'_目}p'' \tag{2.1}$$

$$\alpha = \frac{0.006}{16.68} \times 206\ 265'' \approx 60'' \tag{2.2}$$

当物体的像离开黄斑时,视神经细胞加大,鉴别率迅速下降。

以上讨论的是眼睛对两发光点的鉴别率。如果观察的目标如图2.3所示的3种情况,则鉴别率可提高到10″左右。

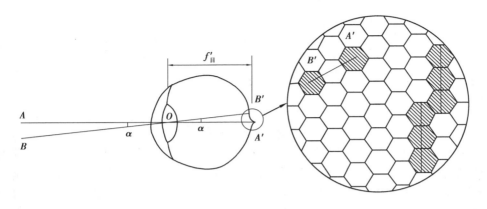

图 2.2　眼睛的分辨率

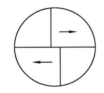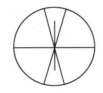

图 2.3　目标形状

　　这是由于一直线的像刺激着同一列视神经细胞,而另一直线的像又刺激着旁边的另一种视神经细胞,所以眼睛能够敏锐地感觉到各个之间的位置差异。

　　眼睛的鉴别角除了与眼睛本身的构造、目标的形状有关之外,还与目标的亮度、颜色、衬度等因素有关。因此,为了看清很远或很小的目标(它们对眼睛构成的角度小于鉴别角),就必须借助于望远镜、放大镜或显微镜以增大视角;同时还应提高目标的亮度,选择合理的目标形状和颜色等。

2.2　望远镜的成像原理

　　测量仪器上的望远镜其作用是观察远处目标并进行准确瞄准。为此,它由 4 个主要部件组成,即物镜、目镜、十字丝板及固连它们的镜筒。

　　物镜和目镜共同完成观察远处目标的任务。

　　十字丝板供瞄准之用。有的十字丝板上还刻有视距丝,配上视距尺就可进行视距测量。

　　眼睛不能直接看清很远的物体,是因为该物体对眼睛所张的角小于眼睛鉴别角之故。通过望远镜光学系统的成像作用,将这一张角扩大到大于眼睛的鉴别角时,则可看清远处物体。

　　对于正常人的眼睛而言,处于无穷远到 25 cm 范围内的物体可以毫不费力地进行调节,使之成像在视网膜上。因此,经目视光学仪器所成的像应该位于明视距离到无穷远之间。这是对目视光学仪器的一个共同要求。

　　如图 2.4 所示,即为望远镜的成像原理图。目标 Pm 位于望远镜物镜 O 的前方两倍焦距

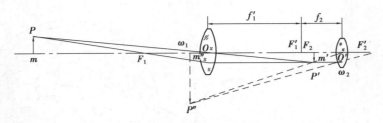

图 2.4　望远镜的视角扩大原理

之外,它经物镜所成的像为 $P'm'$ 是缩小的倒立实像。$P'm'$ 位于 F'_1 之外,离 F'_1 很近的地方。对目镜 O' 来说,$P'm'$ 又位于它的前焦面上或前焦点附近内侧。因此,经目镜第二次成像后,则得到放大的虚像 $P''m''$。$P''m''$ 位于离目镜 25 cm 至无穷远的地方。当眼睛处于目镜后焦点 F'_2 附近时,就能看见目标 Pm 的倒立像。

　　由于眼睛到物镜的距离,远比到目标的小,所以目标 Pm 对眼睛的张角可近似地认为是 ω_1。同样,眼睛到目镜的距离也远小于到虚像 $P''m''$ 的距离,故 $P''m''$ 对眼睛的张角也可认为是 ω_2。通常,测量仪器上望远镜的焦距 f'_1 为目镜焦距 f'_2 的几十倍。显而易见,ω_2 也比 ω_1 大几十倍。这就是说,借助望远镜把眼睛观察远处目标的能力提高了几十倍,使眼睛能看清原来看不清的远处目标。

　　在望远镜成像的过程中,首先,望远镜的物镜把远处的目标变为靠近目镜的倒立而缩小的实像,之后目镜再把该实像变成为放大的虚像,扩大了眼睛的张角,这就是望远镜能够望远的实质。从望远镜看到的目标好像比原目标要近些、小些。由此可知,望远镜的角放大率总是大于 1,而垂轴放大率小于 1。

2.3　望远镜的结构

　　望远镜的结构如图 2.5 所示。

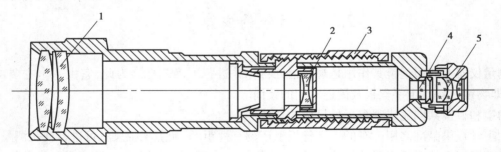

图 2.5　内对光望远镜

1—物镜;2—凹透镜(对光透镜);3—对光螺旋;4—十字丝板;5—目镜

　　如前所述,望远镜主要由物镜、调焦镜、十字丝板和目镜等光学元件组成,而内对光望远镜是在总结外对光望远镜优缺点的基础之上研制而成的。

2.3.1　物镜组

望远镜的物镜组对望远镜成像质量及成像亮度的优劣起着决定性的作用。因此,物镜一般由两片或两片以上的透镜组合而成。物镜的结构基本上分为折射式和折反射式两类。

1)折射式物镜组

在这类物镜组中,透镜每个面只起折射作用,不起反射作用,常见的有下列 3 种形式:

（1）双胶合式物镜组

如图 2.6 所示,这种物镜组结构简单,加工、装配较方便。当望远镜的放大倍数要求不太高,物镜的相对孔径 D/f(有效孔径与焦距之比)不大于 1/6 ~ 1/5 时,球差、色差、慧差都可得到较好校正。该物镜主要用于一般精度的测量仪器上,如北光厂的 DJ_6-1 光学经纬仪等。这类物镜相对孔径的允许值为 1/9。

（2）双分离式物镜组

如图 2.7 所示,它与双胶合式物镜组相比,增加了一个折射面和一个空气间隔,通过调整折射面的曲率半径及间隔的宽度,可更好地消除物镜的像差,因而其相对孔径 D/f 值可适当增大,允许可达 1/7.5。但两片分离透镜装校较困难,同心度较难保证。如杭州红旗光学仪器厂生产的 CJH-1 型,蔡司 Theo 030、The 020 型等。

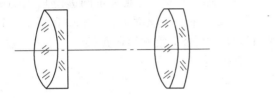

图 2.6　双胶合式物镜组

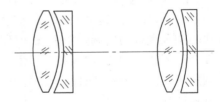

图 2.7　双分离式物镜组

（3）三片组合式物镜组

如图 2.8 所示,它进一步增加了折射面和空气间隔的数目,校正像差的性能更好,相对孔径还可提高,允许值为 1/6,其缺点是装配较困难。若各片透镜的同心度及间隔调得不好,其像差消除就不理想。它多用于精度较高的测量器上,如苏光厂生产的 JGJ_2 型等。

2)折反射式物镜组

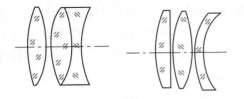

图 2.8　三片组合式物镜组

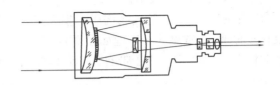

图 2.9　折反射式物镜组

如图 2.9 所示,在这种物镜组中,除了折射面外还有反射面,光线在物镜组中来回转折两次之后才到达十字丝板上。这与折射式物镜组相比,在相同焦距的条件下,镜筒长度可短得多。在这种物镜组中,弯月形透镜的球差是负值,而反射镜的球差是正值,两者相抵消,使整个物镜组的球差极小。此外,反射镜无色差,只要合理地选择弯月形透镜和双分离透镜的结构参数,色差即可基本消除。因此,只有这种物镜组的望远镜才能获得很大的放大倍率和良好的像质。

其主要缺点是:镜片的轴性要求高,装校困难;对折射面和反射面的加工精度要求高;反射面上的反光材料容易受潮氧化发霉,降低反光效率,而且还不容易修理。

2.3.2 调焦镜

如图 2.10 所示,望远镜观察瞄准的目标从几米变化到几百米,甚至几千米,如何使所有这些远近目标的像都成在十字丝平面上呢?方法有二:

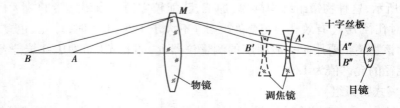

图 2.10 调焦望远镜

其一,是沿光轴方向移动物镜或十字丝板的位置,即通过改变像距来适应不同物距的要求,采用这种方法的望远镜称为外调焦望远镜。

其二,是保持物镜及十字丝的位置不变,而在其间加一块透镜(通常是凹透镜),当瞄准不同距离的目标时,使该透镜沿光轴前后移动,使目标成像在十字丝面上,如图 2.10 所示。采有这种办法的望远镜称为内调焦望远镜,而那块前后移动的透镜就称为调焦镜。

与外调焦望远镜相比,内调焦望远镜具有以下优点:

①调焦时镜筒长度不变,便于使用。

②密封性好。

③在镜筒长度相同时,组合物镜(包括物镜和调焦镜)的焦距更长,因而放大倍率更大。

④视距加常数 C 可为零,简便视距测量计算。

⑤调焦过程中望远镜平稳,视轴变化小。

由于上述优点,因此,在现代测量仪器中几乎都采用内调焦望远镜。

2.3.3 十字丝分划板

十字丝是瞄准和读数的标志,将其安置在组合物镜的焦平面处,它的中心与物镜的光心(严格地说是前主点)的连线构成了望远镜的视准轴。为了适应各种测量工作的需要,十字丝板有多种形式,常见的十字丝如图 2.11 所示。(a)、(b)型多用于光学经纬仪上,(c)型多用于水准仪上,(d)型主要用于带有光学测微器的精密水准仪上,(e)型用于 J_{07} 经纬仪上。

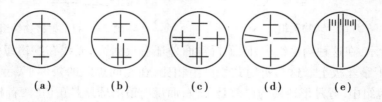

图 2.11 十字丝形式

十字丝分划板上的十字线常用两种方法刻制:一是相镀铬,此法的刻线较牢固,不易擦掉;二是直接在玻璃上刻线(必要时可在线槽上填上黑色填料),此法的刻线易脱色,而上色又较难,清洁时应注意。

十字丝的粗细直接影响瞄准或读数精度。若十字丝太粗,目标被遮掉的部分就多,瞄准或估读的精度就会降低;若太细,观测起来往往会很吃力,精度也不容易保证。

十字丝的竖丝上常有上下两条对应的短丝,称为视距丝,是专做视距测量用的。十字丝周围一圈,多用一种不透光的物质涂满,作为望远镜的视场光栏。

2.3.4　目镜

望远镜的目镜是将物镜所成的镜及十字丝再次放大,并为人眼所观察。因此,目镜实际上是一个放大镜,其放大倍数 $\beta_目$ 取决于它的焦距 $f'_目$,即

$$\beta_目 = \frac{250}{f'_目} \tag{2.3}$$

一般 $f'_目$ 为 8~25 mm,因此 $\beta_目 = 10^\times \sim 30^\times$。

目镜的特点是焦距短、孔径小,而视场角大(一般为 30°~60°)。因此,目镜主要考虑轴外像差。为此,目镜一般由透镜组构成,如图 2.12 所示。靠近十字丝板的透镜称场镜,靠近眼睛的一块透镜称接目镜。场镜的作用是使由物镜射来的轴外光束不过分扩散地折向接目镜,以便接目镜的尺寸尽量减少。测量仪器望远镜的目镜还必须能进行视度调节,使得正常眼睛和非正常眼睛都能看清十字丝分划板及其上的像。

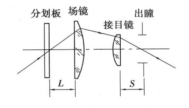

图 2.12　目镜的构成

此外,为了在望远镜的出射光瞳处能放置眼睛,还必须保证有一定的镜目距 S,一般 $S \geqslant 6 \sim 8$ mm。否则,眼睛与望远镜的出射光瞳不重合,视场中会出现阴影,缩小了视场,降低了亮度。

测量仪器中常用的几种目镜类型见表 2.1。

表 2.1　目镜分类表

名称	视场	工作距离 L	镜目距 S	应用举例
强纳尔型	45°~50°	$0.3f'_目$	$0.4f'_目$	DJ_6-1 显微目镜
对称型	40°~42°	$0.75f'_目$	$0.75f'_目$	DJ_6-1、Theo 020
消畸变型	≈40°	$0.75f'_目$	$0.75f'_目$	JGJ_2、T_1、T_2 Theo 010

望远镜的构成,除了上述 4 个基本部分之外,还有望远镜调焦镜筒以及粗瞄准器,限制成像范围的视场光栏,减少杂散光影响的消杂光栏及照亮十字丝的反光片(一般位于镜筒内,横轴与望远镜轴相交处)等。

2.4　望远镜的主要光学性能

望远镜是测量仪器的重要部件之一，它们的质量优劣直接影响测量成果的精度。而望远镜的光学性能和技术指标又决定着它的质量。

2.4.1　视放大率

人眼通过望远镜所见物体的大小与人眼直接观察物体的大小之比，称为望远镜的视放大率 Γ，即

$$\Gamma = \frac{\tan \omega_{望}}{\tan \omega_{眼}} \tag{2.4}$$

由于望远镜观察的物体位于无穷远，因此，有 $\omega_{眼} = \omega_1$，$\omega_{望} = \omega_2$，如图 2.13 所示。

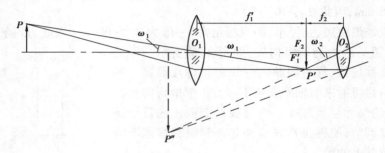

图 2.13　望远镜光学系统

因此，望远镜的视放大率 Γ 为

$$\Gamma = \frac{\tan \omega_{望}}{\tan \omega_{眼}} = \frac{\tan \omega_2}{\tan \omega_1} \tag{2.5}$$

由图 2.13 的关系可得

$$\Gamma = \frac{\tan \omega_2}{\tan \omega_1} = \frac{\dfrac{p'm'}{f_2}}{\dfrac{p'm'}{f_1'}} = \frac{f_1'}{f_2} \tag{2.6}$$

式（2.6）即为望远镜的视放大率公式。

视放大率等于物镜的焦距与目镜的焦距之比。欲增大视放大率，必须增大物镜的焦距或减小目镜的焦距。

根据望远镜光学系统的特性，可绘出如图 2.14 所示的成像原理图。

显而易见

$$\Gamma = \frac{f_1'}{f_2} = \frac{D}{D'} \tag{2.7}$$

式中　D——望远镜的入瞳直径，即物镜的有效孔径；

　　　　D'——望远镜的出瞳直径，即入瞳对目镜所成像的大小。

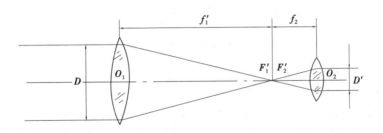

图 2.14　望远镜光学系统成像原理图

　　从式(2.7)可得出这样的结论:望远镜的放大倍率越高,物镜的有效孔径也必须越大。否则,就会变得昏暗。若望远镜物镜和目镜的焦距未知,可用如下简便方法测定之:紧贴物镜设置一块圆形孔板,圆孔的直径 D' 略小于物镜的有效孔径。再将望远镜调焦至无穷远,并朝向明亮的目标,(或用灯光照射)目镜的屈光度圈调节到零或调至十字丝上清晰,以便出射光束为平行光束。于是,在望远镜出瞳平面处可得圆孔 D' 的像(出瞳)。用一小张透明方格纸垂直于望远镜光轴并置于目镜外 10 mm 左右处,稍微前后移动方格纸,至获得一个明亮的孔径最小的光斑。光斑的直径 d',就是出瞳直径。读得 d' 值,则望远镜的视放大率为

$$\Gamma = \frac{D'}{d'} \tag{2.8}$$

如此测定几次,取其平均值即可。

2.4.2　视场角

　　望远镜能够同时观察到的最大范围,就是望远镜的视场,通常用 2ω 来表示。视场的大小主要受视场光栏的限制,而望远镜的视场光栏就是十字丝板圆框。因此,望远镜的视场角就是十字丝板的孔径对物镜的光心(严格地讲是后主点)所构成的立体角,如图 2.15 所示,即 $2\omega_1$。

$$\tan \omega_1 = \frac{a'b'}{2f_1'} \tag{2.9}$$

而

$$\tan \omega_2 = \frac{a'b'}{2f_2} \tag{2.10}$$

$$\tan \omega_1 = \frac{\tan \omega_2 \cdot f_2}{f_1'} = \frac{\tan \omega_2}{\Gamma} \tag{2.11}$$

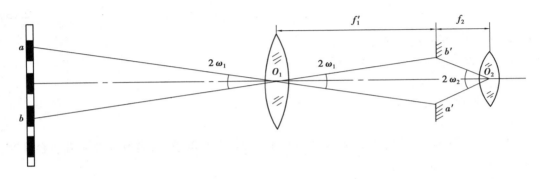

图 2.15　望远镜的视场

假如采用近似公式则有

$$\omega_1 = \frac{\omega_2}{\Gamma} \qquad (2.12)$$

式中　Γ——望远镜的放大率；

　　　ω_2——目镜视场角；

　　　ω_1——物镜视场角，即望远镜的视场角。

由式（2.12）可知，增大视场 ω_1 的结果，将使望远镜的放大率减小。如果要使放大率 Γ 与视场角 ω_1 同时增大，就须选用视场角 ω_2 大的目镜形式。但 ω_2 增大后，一是像差严重，二是结构形式复杂。测量仪器的视场角一般约为 $1°30'$，是比较小的。为了迅速寻找目标，一般在望远镜筒上装有粗瞄器。

测定 ω_1 的方法，可选择远处目标，利用望远镜视场的两边缘对准该目标，所得方向读数之差，即为望远镜的视场角。

2.4.3　亮度

望远镜的亮度是指从望远镜内所看到的物体亮度，与眼睛直接所看到的物体亮度之比值，也称为望远镜的相对亮度。相对亮度越大，所看到的目标就越明亮。相对亮度与进入望远镜内的光能量大小、出射光瞳孔径、眼瞳孔径等因素有关。同时，还取决于观察目标的类型。如图 2.16 所示为望远镜亮度的公式符号。

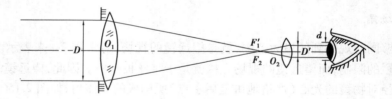

图 2.16　望远镜亮度的公式符号

1）观察点状目标时的相对亮度

对于点状目标，对眼睛的视角很小，在网膜上所成的像小于一个视神经细胞的直径（视神经细胞的直径为 $0.001 \sim 0.003$ mm），如点状光源、天空中的星星等。

眼睛通过望远镜观察点光源时望远镜的亮度 E 为

$$E = \tau \left(\frac{D}{d} \right)^2 = \tau \cdot \Gamma^2 \cdot \left(\frac{D'}{d} \right)^2 \qquad (2.13)$$

式中　τ——望远镜系统的透过系数；

　　　D——物镜有效孔径（入瞳直径）；

　　　D'——出瞳直径；

　　　d——眼睛瞳孔直径；

　　　Γ——望远镜放大率。

由式（2.13）可知，D' 不变的情况下，望远镜的 Γ 越高，亮度越大；当 D' 小于瞳孔直径 d 时，物镜孔径 D 越大，则亮度越大。

2）观察面状目标时的相对亮度

对于面状目标的相对亮度由视网膜上的照度来确定。这种目标较大,在视网膜上所成的像具有较大的面积,如三角测量觇标、各种标牌、标尺等。

人眼通过望远镜观察这一类目标时,望远镜的亮度 E 为

$$E = \tau \left(\frac{D}{\Gamma \cdot d} \right)^2 = \tau \left(\frac{D'}{d} \right)^2 \tag{2.14}$$

由此可知:

①若 D' 小于瞳孔直径 d 时,显然不会得到高的亮度;D' 大于瞳孔直径 d 时,瞳孔不会全部接收从望远镜中射出来的线,因此失效。提高望远镜亮度最合理的就是 D' 等于瞳孔直径 d。因为 $\left(\dfrac{D'}{d} \right)^2 \leqslant 1$,所以亮度 E 也是一个小于 1 的值。说明从望远镜内看目标,总比人眼直接看到的目标要暗。

②在一般情况下,D 越大,望远镜的光量就越多,目标就越亮。

③望远镜的 Γ 越高,其亮度反而越小。

3）减少光能损失措施

光束通过望远镜时,由于光束在光学零件表面的反射和通过介质时的被吸收,使光能受到损失,其中主要损失是零件表面的反射损失。

实验表明,在透镜每个折射面上的反射损失最大可达 4%,若望远镜中有 m 个折射面,则总的透过系数,$\tau = (96/100)^m$。在光学结构复杂的望远镜中,系数 τ 只能达 60%。可见光能损失相当可观。光能损失除了使光学系统成像亮度降低之外,还由于反射光的干扰,使像的清晰度下降,影响像质。

减少光能反射损失的方法如下所述:

①尽量采用胶合透镜组,减少反射面的数目。

②在透镜表面镀上减反射膜(又称透光膜或增透膜),镀有透光膜的折射面的反射损失可降低到 1% 以下。最常用的是化学镀双层透光膜。

我们在物镜前看到镜头呈浅蓝色或浅紫色,就是透镜表面镀了透光膜的缘故。应注意保护透光膜层,不要碰摸损坏它。透镜表面有灰尘污点,可用干净的软毛刷或镜头纸擦拭,或用脱脂棉醮少量酒精、乙醚清洁即可。

2.4.4 分辨率(鉴别率)

光学仪器的鉴别率是指仪器能分辨物体细节的本领,其大小是表明光学仪器成像质量的一种综合指标。

对望远镜而言,被分辨的物体位于无限远,因此鉴别率就以刚能分辨开的两物点对望远镜的张角 α 来表示。而对于显微镜系统,观察的物体在近距离处,就以物面上刚能分辨开的两物体的最小距离 δ 表示。

根据光的衍射理论和实验证明,望远镜鉴别率的理论公式为

$$\alpha = \frac{120''}{D} \tag{2.15}$$

式中 D——物镜的有效孔径,mm。

由式(2.15)可知,欲提高望远镜的鉴别率,必须增大物镜的孔径。由于望远镜是目视光学仪器,因此应使望远镜的鉴别率与人眼的视角鉴别率(通常为60″)相配合,通过望远镜的放大作用,人眼的视角鉴别率为$\dfrac{60''}{\varGamma}$。为使系统的衍射鉴别率与视角鉴别率相配合,应满足下列关系:

$$\frac{60''}{\varGamma} = \frac{120''}{D} \tag{2.16}$$

$$\varGamma = \frac{D}{2} \tag{2.17}$$

按式(2.17)所确定的放大率 $\varGamma$ 称为正常放大率。

测量仪器望远镜的放大率一般提高到正常放大率的1.5x左右。因为正好等于正常放大率时,观测者在观测目标时注意力要很集中,容易疲劳。而手持式军用望远镜,由于手的抖动,倍率高时反而不利于观察,故其放大率一般小于正常放大率。望远镜的鉴别率最好是实际测定。

常用的测定方法分有平行光管和无平行光管两种。

1)有平行光管时

在焦距为550 mm的平行光管内装上条纹鉴别率板,将被测望远镜安置在平行光管前,物镜对准平行光管。调整仪器望远镜的视轴使之与平行光管的光轴大致重合,再调焦至看清鉴别率板。

在十字丝中心附近由粗到细依次观察各单元无条纹,直到在四个不同方向上的黑白条纹都能分辨清楚,至最细单元为止。读出该单元的线条宽度 a,或根据单元的号数从《光学仪器设计手册》中查得 a 值,按下式计算出望远镜的鉴别率为

$$\alpha'' = \frac{2a}{f}\rho'' \tag{2.18}$$

式中　f——平行光管的焦距。

按照我国有关标准的规定,J_6级经纬仪的 α'' 值不应大于4.5″,J_2级的 α'' 值不应大于3.5″。

2)无平行光管时

将图2.17所示的鉴别率图案绘在白纸板上,将仪器安置在距鉴别率图案适当远的地方(图中所注的秒数是指仪器与鉴别率图案相距约40 m时的值),用足够亮的漫射光照亮鉴别率图案。然后在望远镜中观察,确定能分辨出的最小条纹宽度,再按下式计算出望远镜的鉴别率:

$$\alpha'' = \frac{2a}{L}\rho'' \tag{2.19}$$

式中　L——仪器到鉴别率图案的距离,丈量精度至 cm;

　　　a——能分辨出的条纹宽度。

用鉴别率来评定望远镜的成像质量,能给出数量的大小,是评定像质的基本方法。但其结果受眼睛的性能、目标的亮度的影响较大,因此还不能完全说明该系统质量的好坏,往往还要与其他方法(如星点检验)配合使用,才能比较全面而可靠地确定系统的像质。

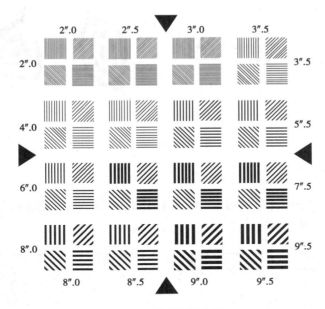

图 2.17　鉴别率图案板

2.4.5　像质及其检验

望远镜的像质也是衡量望远镜性能好坏的重要指标之一,而像差的大小又反映了光学系统像质的优劣。

1) 星点检验法

所谓星点检验,就是将被检验的望远镜对点光源成像,根据所得像点的形状和大小与理想像点比较,来判断系统像质的优劣,并由此找出像质不好的原因。

理想像点的衍射图形应该是一个明亮中心圆斑,外面围绕着同心圆环,如图 2.18 所示。

所谓星点,就是非常小的透光圆孔,若有平行光管,将星点板装上,无平行光管,可在一块黑色纸板上用细针钻一个小圆孔,利用日光或灯光照射此小圆孔则得星点。

检验时将望远镜对星点成像,并把像调整到十字丝中心附近。移动调焦镜使像点分别位于焦点、焦前、焦后 3 个位置上,将像点图形与理想像点的图形比较,来判断像差的种类和严重程度。

①球差,如图 2.19(a)所示。

衍射图形保持圆形,但中央亮斑变暗,而衍射环亮度增大,同时焦前、焦后所得的图形不相同。

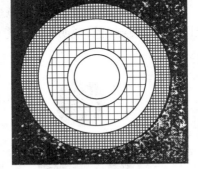

图 2.18　理想像点的衍射图形

②色差:光环上带有的颜色。

③彗差:影像呈彗星状,其尖端最亮,焦前与焦后的图形相似。

④像散,如图 2.19(b)所示。

影像呈椭圆形,且焦前与焦后椭圆图形的长轴方向互相垂直。彗差和像散的存在,表明透镜在装配上有偏心或倾斜现象。图 2.19(c)表明透镜材料内部有应力、条纹等弊端。

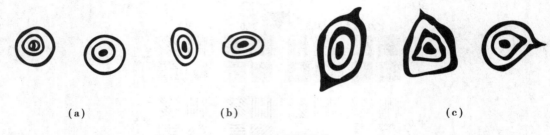

（a）　　　　　　　　　　（b）　　　　　　　　　　　　　　（c）

图 2.19　球差、像散

2）其他检验方法

（1）球差

如图 2.20 所示，用两张黑纸剪成圆孔状和圆环状，圆孔的直径和圆环的内径等于物镜直径的一半，圆环的外径等于物镜孔径。

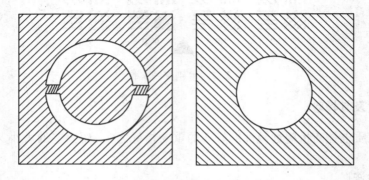

图 2.20　剪成圆孔和圆环状的黑纸片

检验时，分别用圆孔和圆环罩在物镜前，观察远处一目标，若在这两种情况下不必重新调焦，都能看清晰目标，说明无球差或球差很小。

（2）色差

如图 2.21（a）所示，用望远镜观察一明显的图形（如贴在玻璃窗上衬度较大的圆形），若在图形边缘出现颜色，说明有色差存在。

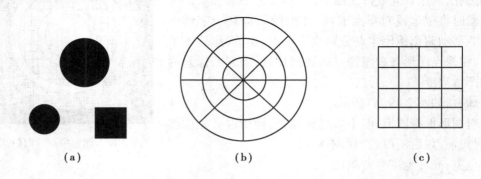

（a）　　　　　　　　　　（b）　　　　　　　　　　（c）

图 2.21　检查色差用的几何图形

（3）像散

如图 2.21（b）所示，若各方向线条都很清晰，则无像散现象。若调焦后，某一方向清楚，另一方向不清楚，则有像散存在。

（4）畸变

如图 2.21（c）所示，若图形为正方形格网，则无畸变产生。若图形变形，呈桶形或枕形，则有畸变存在。

3）减少像差的办法

根据像差的特征，判断像差产生的根源。若属仪器设计，零件加工上的问题，则检修人员难以解决。若是装校不良引起，则可通过对镜重新定心，镜片间互相转动，改变他们的相对位置和分离间距等办法来解决。

此外，安装镜片时固压过紧，将使镜片产生应力或受力不均匀，从而产生像差，此时应调整固压的松紧度即可。

本章小结

本章介绍人眼的特性，望远镜的成像原理，望远镜的内部结构以及衡量其光学性能的主要指标：视放大率、视场角、亮度、分辨率、像质。同时介绍了检验望远镜像差的方法。

第**3**章
水准器及自动安平补偿器

3.1 水准器

3.1.1 水准器概述

测量仪器上的水准器,一般用来将仪器的某一轴线或平面安置于水平或垂直位置。如水准仪可以借助它将望远镜的视线安置水平;经纬仪则借助它将竖轴安置至铅垂位置等。精密的水准器,有时也作为独立的工具用来测量微小的倾角。水准器的构造和精度对仪器的测量精度有直接的影响。

水准器是由普通玻璃管做成的。在早先是将玻璃管放于火上使其弯曲成一定的圆弧,当然这种方法不可能使水准器的曲率均匀的。到 18 世纪中叶,开始用弯曲的钢杆来琢磨玻璃管的内表面,这种方法基本上一直沿用至今。

随着测量仪器制造的不断改进和发展,近年来,已经创造出一种新的安平部件——自动安平补偿器,用来替代古老的水准器已经取得了完满的结果。可以预料,这种新的结构必将得到更广泛的应用。

3.1.2 水准器的分类

测量仪器上所用的水准器,按其形状可分为两类,即管状水准器(也称长水准器或水准管)和圆形水准器(也称圆水准器)。

1) 长水准器

长水准器是用玻璃管将其内壁研磨成一定半径的圆弧,在管内充以液体,封口时使内腔形成一气泡,其结构如图 3.1 所示。由于液体的重力作用,液体的平面要保持水平,使气泡永远处于最高位置。在气泡中点所作的切于圆弧的切线也永远是水平的。当玻璃管的倾斜角改变时,

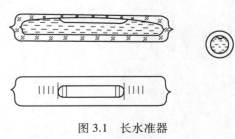

图 3.1　长水准器

气泡就要移动,而且总是移向最高的位置。

为了指示气泡的中点和倾斜程度,在玻璃管的表面刻有一系列的分划,分划间隔一般均为 2 mm;而且因为水准气泡的位置是由它的两端来确定,因此在水准管中间一小部分通常不需要刻分划线。

2)圆水准器

圆水准器的内壁为一球面(见图 3.2),球面半径为 0.2~2.0 m,它是由一圆形玻璃片研磨而成的。圆玻璃片下置一封嘴中空的玻璃座,它们之间用专门的合成胶胶合在一起。在胶合之前,先向其中灌注液体并留出一圆形气泡。由于重力的作用,气泡居中后其中点必居球面之顶点。因此,过气泡中点所作的切面是一水平面。

在圆水准器表面的中央部分,通常有 1~2 个同心圆,作为安置气泡的依据。测量仪器上的圆水准器,一般都作为粗略安平时用。

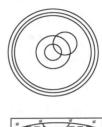
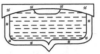

图 3.2　圆水准器

3.1.3　水准器的灵敏度

水准器的灵敏度是指当气泡产生肉眼所能察觉的最小的位移时,水准器倾角的变化量,或者说,当水准器改变这一微小的倾角时,气泡就产生了可察觉的位移。显然,这个倾角越小,灵敏度也就越高。灵敏度是判别水准器质量优劣和是否适用于某一等级测量工作的重要标准之一。

一个水准器灵敏度的高低是由许多种因素所决定的。

1)水准器格值τ的影响

水准器的灵敏度与水准器格值τ有着密切的关系,水准器的格值越小则灵敏度越高。例如,格值$\tau = 2''$的水准器比格值$\tau = 60''$的水准器灵敏度更高。这是因为格值 $2''$ 的水准器,当稍有倾斜时,气泡即能产生移动;而格值 $60''$ 的水准器,在同样倾斜的情况下,就不易产生移动。因此,我们就说,格值 $2''$ 的水准器比格值 $60''$ 的水准器要灵敏得多;或者说,灵敏度更高。

综上可知,所谓灵敏度的高低,在一般情况下,是指它们之间相互比较而言的。

2)所用液体的性质

就化学性质而言,水准器内的液体对于玻璃必须是稳定的;就活动性而言,气泡摆动的消失必须很快。常用的液体有乙醇(酒精)和乙醚。由于乙醚对玻璃内壁的附着力比酒精小,所以在同样的条件下,水准器灌注乙醚要比灌注酒精灵敏度高些。实际上也是这样,很多精密的水准器都是注入乙醚的。然而,乙醚的缺点是,它的沸点太低(+35 ℃),热膨胀系数较大,气泡的长度受气温变化的影响就越大。因此中等精度的水准器,通常采用乙醚和酒精的混合液,而一些较低精度的水准器,则用酒精。

3)水准器内壁研磨的质量

采用顺向研磨法所得出的弧面,对气泡的移动具有较小的阻力,而全圆研磨法的磨纹为横向,所以阻力较大,因而,一般宜用顺向研磨法。然而如果研磨得不好,就会使内壁各个部分的曲率不等,这就会造成气泡移动快慢不均。如果水准器内壁研磨得过于粗糙或稍有伤痕时,就会发现气泡有时会停止不动,有时又会突然走动数格。显然,这样的水准器无法使用。

研磨得好的水准器其内壁应该是毛的,既不能太粗糙也不能太光滑。磨得过光的管子将使液体的流动性太大,以致不能稳定下来。

4) 水准器材料的选择

对于制造管子的材料,应使它对于酒精和乙醚的附着力为最小。目前比较合适的材料只有玻璃,而酒精和乙醚对各种玻璃的附着力几乎都是相等的。不过,玻璃的质料是至关紧要的,因为同一种研磨方法,对不同质料的管子,所得出的管壁光洁度会有相当的差异。若玻璃管的质料不纯,则使同一管内发生不均匀的阻力,使气泡的移动快慢不一。

5) 水准器气泡长度的影响

气泡的长度也是影响水准器灵敏度的一个重要因素,气泡越长则灵敏度越高。这种现象可以这样来解释:气泡在玻璃管内要产生移动,必须克服液体对管壁的附着力,只有当气泡两端的压力差大于其附着力时,气泡才开始移动。

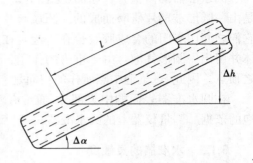

当水准管倾斜 $\Delta\alpha$ 角时(见图3.3),气泡越长,则气泡两端的压力差 Δh 就越大,气泡也就越容易移动,灵敏度也越高。一般来说,在其他条件相同的情况下,水准器的灵敏度与气泡长度成正比。

图 3.3　压力差 Δh 与气泡长度的关系

有人曾对一个质量良好的水准管($\tau = 16''$),用不同的气泡长度,在相同的外界条件下进行试验,得出以下结果,见表3.1。

表 3.1　气泡长度与置中误差

气泡长度/格	4	10	16	20	29
气泡置中误差/s	1.4	0.6	0.4	0.3	0.2

从表3.1可知,气泡置中误差随气泡长度增大而减小。

6) 温度变化的影响

外界温度的变化是水准器设计制造及使用者颇感头痛的事,它对水准器的影响是多方面的。由于温度变化引起的框管变形,从而造成玻璃管产生畸变,这对于水准器的格值及灵敏度的影响极大;对于具有空气气泡的水准器,因温度的升高而引起液体与空气的膨胀,阻碍了气泡的正常移动,严重时甚至会发生炸裂。在水准器玻璃管的单端受热时,也会发生畸变。例如,外业观测中可以看到,当玻璃管和内部液体在太阳辐射影响下而变热时,则气泡移向太阳一边;更明显而又直观的是,由于温度变化而引起气泡长度的改变对水准管灵敏度的影响。

水准器内灌注的酒精或乙醚,都是冰点低而挥发性大的液体,对温度的变化非常敏感。当气温升高时,液体迅速膨胀,气泡体积缩小,长度变短,因此灵敏度降低。但温度变化对气泡长度影响的大小程度,则需看玻璃管内液体和气泡所占体积的比例而定。液体所占的比例越大,温度变化对气泡长度的影响也就越大。有人对不同格值的水准器进行了试验,测定的结果见表3.2。

表 3.2　温度与气泡长度的关系

水准器格值/s	5	10	15	20	30
温度变化 1 ℃时气泡长度变化/mm	1.0	0.8	0.6	0.5	0.4

格值较小的水准器,气泡长度变化较大的原因是由于液体体积和气泡体积相比的比值较大的缘故。例如,对一格值 $\tau = 16''$ 的水准器进行试验。当温度由 0 ℃→+30 ℃时,气泡长度则由 25 格→17 格;即气泡缩短了 16 mm,置中误差增大了约 50%。设法减少温度变化对气泡长度的影响,是测量仪器制造的一项重要任务。

3.2　自动安平补偿器

近些年来,我国已有众多厂家相继研制并生产自动安平水准仪。这种新颖结构的水准仪已逐步普及,测量工作者应掌握它的基本原理,熟悉仪器的构造及检修的一般知识。

3.2.1　自动安平原理

很早以前,人们就发明了应用连通管(见图 3.4)取得水平线的方法。这种最简单而又十分方便的方法,在一些工程建设中,直到今天还发挥着作用。从望远镜问世以后,就有人设计利用望远镜自重平衡的作用来取得水平视线 Z_0Z_0'(见图 3.5)。有的厂家还生产了此类仪器,如法国索姆厂生产的 NCO2 型水准仪。但由于这种仪器的观测精度低,而结构上也存在很大缺陷。故并不实用,但它毕竟揭示了望远镜视线自动水平的新途径。

目前,世界各国生产的自动安平水准仪,品种、类型很多,应用的补偿方法也各不相同。为了介绍一般的基本原理,我们概略地归纳为以下两种类型:

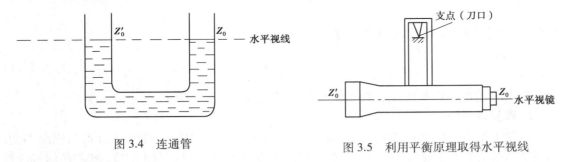

图 3.4　连通管　　　　　　　　图 3.5　利用平衡原理取得水平视线

1)可动十字丝型

将望远镜整置水平时,望远镜视轴 Z_0O 在标尺上读得视线水平时的读数为 a_0,如图 3.6(a)所示。如果仪器倾斜了一小角 α 后,则望远镜的视轴由 Z_0O 变成 $Z'O$,此时视线在标尺上读得的读数为 a'。我们假定在仪器倾斜 α 的同时,能设法使十字丝相对于仪器做反方向摆动,使其由 Z' 摆回至 Z_0 的位置,则标尺上的读数不变仍为 a_0,也就不受仪器倾斜 α 的影响,实现了自动安平的目的。这种形式的十字丝装置是可动的,它是用吊丝将十字丝板悬吊起来,使其能相对于仪器作反方向摆动。问题在于如何使仪器倾斜后,十字丝 z 正好摆回至原来水平时的位置 Z_0。

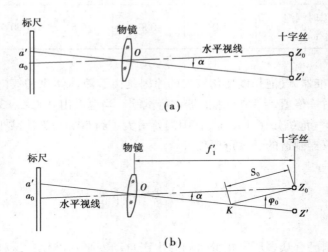

图 3.6　可动十字丝型自动安平原理

在图 3.6(b),当仪器倾斜一小角 α 后,十字丝由水平位置 Z_0 移到 Z'。其位移量 Z_0Z' 为

$$Z_0Z' = f_1' \cdot a$$

若十字丝悬吊在 K 点,吊线长为 S_0,使其反向摆回至 Z_0 位置时的摆动角为 φ_0,则摆动量 $Z'Z_0$ 应为

$$Z'Z_0 = S_0 \cdot \varphi_0$$

由以上两式可得出

$$f_1' \cdot a = S_0 \cdot \varphi_0$$

设

$$\frac{\varphi_0}{a} = V$$

V 称为补偿器的补偿系数,它应为一常数,即有

$$V = \frac{\varphi_0}{a} = \frac{f_1'}{S_0} \tag{3.1}$$

当悬挂点 K 的位置在物镜与十字丝之间时,则要求该补偿器系数 $V>1$。

2) 改变视线型

这种类型的补偿器装置是当仪器倾斜一小角 α 后,十字丝的位置已移到 Z' 后固定不变,而是使标尺上的水平视线读数 a_0,在 K 点改变其方向转到 Z' 时(见图 3.7),把 $Z'O$ 的视线挡去。此时,在倾斜了的十字丝位置 Z' 处所读得的标尺读数,仍为视线水平时的读数 a_0,达到了自动安平的目的。

从图 3.7 知

$$V = \frac{\varphi_0}{a} = \frac{f_1'}{S_0}$$

上式与式(3.1)完全相同。不过,φ_0 角的方向却相反。

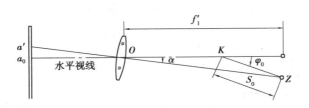

图 3.7　改变视线型自动安平原理

应用上述原理设计的自动安平水准仪,都必须具有一块作为反射光线用的光学零件——自动安平补偿器,一般均采用棱镜。由于光线屈折角 φ_0 是随着仪器倾斜 α 角的不同而改变,因此这个光学补偿器必须是活动的,它是取得视线自动安平的关键部件,也是十分灵敏的元件。目前,补偿器按所用灵敏元件的不同,分为吊丝(包括吊带)式、簧片式、轴承式、液体式 4 种。其中因吊丝式的精度既高且稳,应用最广。簧片式的精度较低,但加工和调整均较方便,多用于经纬仪竖盘自动归零补偿器。

3.2.2　自动安平水准仪补偿器

自动安平水准仪补偿器包括灵敏元件、阻尼元件、限程装置、安全检查元件等。

1)灵敏元件

灵敏元件按其负载情况可分为以下 4 类。

(1)吊丝和弹性丝负载系统

这一类负载系统是现有自动安平水准仪补偿器中应用得最多的。补偿器的摆动部分通过吊丝或弹性丝的负载,而组成补偿器的灵敏元件。根据弹性的大小,又可分为弹性起主要作用的"弹性摆"和弹性起次要作用的"几何摆"。它们的角放大系数,可根据工作方式的不同而在很大范围内选择。补偿器的放大系数 N 的正负及数值大小与负载系统的结构方案,结构参数及弹性丝的力学性能有关。

在现有的自动安平水准仪中,采用吊丝或弹性丝作为负载结构的最常用的结构方案有平行长吊丝、活节四边形吊丝、倒摆弹性丝等。

①平行长吊丝负载系统。该补偿器的补偿元件是用 3 根平行的长吊丝来负载的,如图 3.8 所示。

由图 3.8 可知,当仪器倾斜了 α 角时,所悬挂的补偿元件相对于仪器不产生角位移,而只产生一个线位移量 δ。如果也把它看成是一个摆,则它的角放大系数 $N = 0$(即 $\beta = 0$),因此,补偿作用的产生就只依赖于摆的线位移量。假想吊丝是理想的柔性材料,那么,当它的长度为 L_0 时,悬挂的补偿元件相对于仪器的线位移量应为

$$\delta = -L_0 \cdot \alpha \qquad (3.2)$$

在式(3.2)的右方加上负号是因为摆的摆动方向与 α 相反之故。

图 3.8　平行长吊丝
负载系统

在实际仪器中,必须考虑吊丝弹性的影响,因此吊丝的实际长度应比 L_0 稍大一些。根据

对柔性吊丝弹性变形的分析,吊丝的实际长度 L 可用下式计算为

$$L = L_0 + 2\sqrt{\frac{EI}{P}} \tag{3.3}$$

式中　E——吊丝材料的弹性模量;

　　　I——吊丝截面的惯性矩;

　　　P——单根吊丝所受的拉力。

②活节四边形吊丝负载系统。在这一负载系统中,仪器中的补偿元件被 4 根细金属丝悬挂在望远镜的光略中,这 4 根吊丝上边连接于补偿器的固定部分,下端连接着补偿器的摆动部分,从侧面看去,它们组成了两个四边形。由于吊丝是柔软的,因此四边形是可以活动的,故称为活节四边形。

活节四边形在仪器水平时是一个梯形(见图 3.9),它的几何要素有斜边 a,下底边 b 及锐角 ε,梯形的高为 c,上底边为 $b+2d$。设摆动部分重心的高度 h 位于下底边中央位置以上。通过推导,当只考虑级数展开时的二次项时,得到"V"形活节四边形的角放大系数 N 为

$$N = \frac{\beta}{\alpha} = \frac{\dfrac{bc}{2d} + h}{\dfrac{bd}{2c} + \dfrac{b^2}{4c} + \dfrac{b^2 c}{4d^2} - h} \tag{3.4}$$

式(3.4)也适用于交叉活节四边形摆放大系数的计算,此时需将下底边 b 取为负值,交叉活节四边形可获得 N 为负值的摆,即摆动部分的倾斜方向与仪器倾斜方向相反(见图 3.10)。

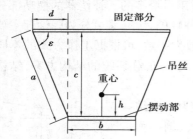

图 3.9　活节四边形吊丝负载系统

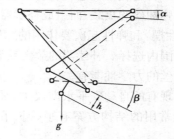

图 3.10　摆动部分的倾斜方向与
　　　　　仪器倾斜方向的关系

由式(3.4)可知,当 h 增大,N 也增大。利用这一特点,摆的角放大系数 N 的大小可通过变更摆的重心高度 h 来调整。

式(3.4)是在吊丝为理想柔软前提下导出的,但实际上吊丝是有一定弹性的。图 3.11 为我国统一设计 TDJ$_6$A 型经纬仪"V"型吊架结构的换算尺寸,单位为毫米。

其理论计算尺寸(理想柔软)为

$$a = 32, b = 17, d = 11, c = 30$$

实际结构尺寸(弹性吊丝)为

$$A = 35, b = 16, d = 12, c = 33$$

③倒摆弹性丝负载系统。在这一负载系统中,补偿元件是用一片或一组弹性片支撑在望远镜光路中,形成一个簧片倒摆,如图 3.12 所示。

目标的光线经物镜 1、调焦镜 2、固定棱镜 3 及活动(补偿)棱镜 4,成像于十字丝板 5 上,

由目镜 6 观察。补偿棱镜 4 固定在簧片 7 上,簧片 7 固定在与望远镜筒连接的支承板 8 上。

当望远镜水平时,簧片直立(见图 3.13(a))。当望远镜倾斜 α 角后,由于重力作用使簧片产生挠曲,则固定在端部的直角棱镜相对于原基准面倾斜了 β 角(见图 3.13(b))。虽然仪器倾斜了 α 角,由于补偿棱镜 4(见图 3.12)的相对位置改变了 β 角(位于粗实线 4′位置),使得水平视线(见图 3.12 实线所示)在补偿棱镜位置改变了 $2\beta - \alpha$ 角后,仍然通过十字丝中心 Z,即水平视线跟随十字丝中心一起倾斜,实现了自动安平的目的。

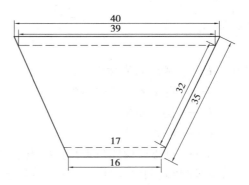

图 3.11　"V"形吊架结构

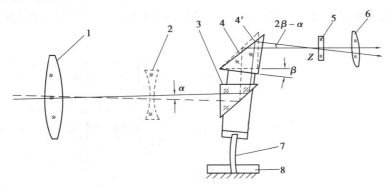

图 3.12　倒摆弹性丝负载系统
1—物镜;2—调焦镜;3—固定棱镜;4、4′—活动(补偿)棱镜;
5—十字丝板;6—目镜;7—簧片;8—承接板

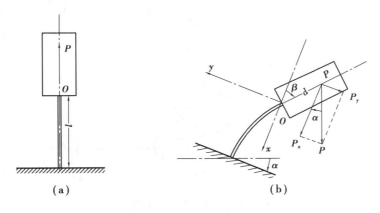

图 3.13　簧片倒摆

这种倒摆簧片式负载系统的角放大系数 N,主要由簧片的物理性能和机械尺寸来决定,其计算公式为

$$N = \frac{\beta}{\alpha} = \frac{1}{\cos l \sqrt{\dfrac{p}{EJ}} - d\sqrt{\dfrac{p}{EJ}} \sin l \sqrt{\dfrac{p}{EJ}}} \tag{3.5}$$

式中　E——簧片的弹性模量；

　　　J——簧片截面的惯性矩；

　　　P——摆体质量；

　　　l——簧片长度；

　　　d——重心至摆体与簧片连接点的距离（见图 3.13）。

在仪器装调和修配时，p、l 及 d 均可作一定调节，最后的精调主要是调节 d（见图 3.13）。

（2）液体负载系统

液体负载系统包括利用液体外表面或内表面反射的灵敏元件；利用光线透过液体对产生折射的液体光楔以及利用圆水准器内液体表面所形成的透镜，作为补偿元件的补偿器。

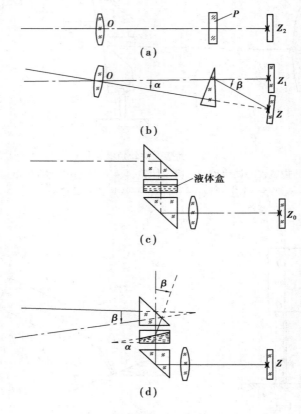

图 3.14　液体负载系统补偿原理

补偿原理如图 3.14 所示，(a)为仪器水平时的情况，(b)为仪器倾斜 α 角时的情况。若玻璃平板 P 能变成一楔镜，则水平视线通过楔镜产生 β 角偏转后，仍可通过十字丝中心 Z，即实现了水平视线跟随十字丝一同倾斜，从而达到自动安平的目的。

实际结构是在望远镜光路中加入"液体盒"，如图 3.14(c)所示，为了使"液体盒"能起补偿作用,要求视线铅垂地通过液体表面。当仪器的望远镜水平时,水平视线通过"液体盒"时不产生偏折(见图 3.14(c)),当仪器倾斜 α 角后,十字丝中心由 Z_0 移至 Z(见图 3.14(d)),此时"液体盒"内的液体由于重力作用,变成一楔角为 α 的楔镜,使通过它的光线产生 β 角的偏折,故光线正好通过倾斜后的十字丝中心 Z_0,由折射定理可知

$$\beta = \alpha(n-1)$$

式中　n——液体的折射率。

一般为 $1.3 \sim 1.6$,如取 $n = 1.5$,则得

$$\beta = 0.5\alpha, N = \frac{\beta}{\alpha} = 0.5$$

放大系数 $N = 0.5$,说明"液体盒"要安放到物镜前面,这样仪器的尺寸将增大。为了把"液体盒"移入物镜与十字丝板之间,必须使 $N > 1$,即 $\beta > \alpha$,采取多个"液体盒"叠加的办法,可以实现这一目的,总的 $\beta = \beta_1 + \beta_2 + \cdots$。

上述起楔镜作用的"液体盒"在水准仪上尚未大量使用,而较多地用在经纬仪竖盘指标自动归零补偿器上。

目前水准仪上采用的"液体盒"是利用液体表面所形成的透镜作为补偿元件的补偿器,如奥普托厂的 Ni4 型自动安平水准仪。望远镜的结构如图 3.15(a)所示,在成像光路上加装一个起凹透镜作用的"液体盒"3,目标的光线经保护楔镜 1(对视线倾斜能作微量调整),经物镜 2 和"液体盒"3,成像在十字丝板 4 上,通过目镜 5 进行观察;起补偿作用的圆水准器——"液体盒"(格值为 $18'/2\ \text{mm}$),同时又用作仪器粗整平,通过放大镜 7 进行观察。该仪器用物镜进行调焦,通过与调焦手轮 6 连接的小齿轮旋转来带动齿条前后移动,8 为无极微动手轮。

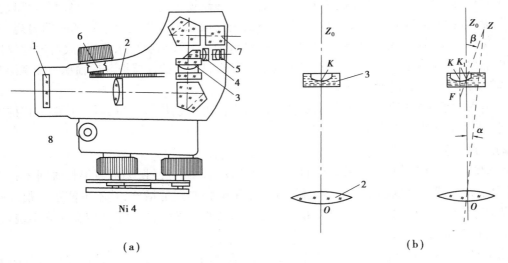

图 3.15　望远镜的结构及补偿原理
1—保护光楔;2—物镜;3—液体盒;4—十字丝板;5—目镜;
6—调焦手轮;7—放大镜;8—无极微动手轮

补偿原理如图 3.15(b)所示,为了便于说清原理,将旋转 90° 的反射棱镜省略。目标之水平视线通过物镜 2 和"液体盒"3 成像于十字丝中心 Z_0 处,当仪器向顺时针方向倾斜 α 角后,

原水平视线倾斜至 OZ 位置,由于重力作用,气泡反方向移动了 K_1K,此时水平视线 OZ_0 不是通过气泡中心 K,而是通过 K_1,即凹透镜边部,因而产生折转而向 K_1Z,也就实现了使水平视线跟随十字丝一起倾斜,达到自动安平的目的。

从图 3.15(b)中明显可以看出

$$\beta = \frac{KK_1}{f'_{补}} = \frac{\alpha \cdot R}{f'_{补}}$$

所以

$$N = \frac{\beta}{\alpha} = \frac{R}{f'_{补}} \tag{3.6}$$

式中　R ——圆水准器内壁的曲率半径;

　　　$f'_{补}$ ——起凹透镜作用的"液体盒"的等效焦距(它取决于液体的折射率 n、气泡弧面曲率,液体盒底部玻璃的曲率等)。

这种结构的补偿器,结构简单,无须阻尼器。但由于它保留了水准器的全部缺点,补偿误差大,只能用于低精度的仪器。

另外,由于"液体盒"的液体对光的吸收,且经过 5 次不同介质的分界面,亮度损失很大,影响读数精度,因此 NJ4 已被采用滚珠轴承负载系统的 Ni42 所取代。

(3)轴承式补偿器

轴承式补偿器是将补偿元件用轴承支撑起来,当仪器倾斜时,补偿元件相对于仪器的转角与仪器的倾斜角相等,但方向相反,从而达到补偿的目的。其工作原理与单摆的作用十分相似。

①滚珠轴承补偿器。其结构简单、牢靠、装调和维修较方便。在一些自动安平水准仪及经纬仪竖盘自动归零结构中使用。由于目前最好的精密滚珠轴承也会有一定的摩擦力矩,因此这种结构还不能用在高精度的水准仪中。因为其对轴承的清洁度要求很高,故对这种仪器的密封性能要求很严格。但由于它具有以上优点,所以,目前有的仪器把滚珠轴承与交叉活节吊丝结构联合使用,从而达到高精度的目的。

②宝石轴承式补偿器。宝石轴承式补偿器只在国外个别仪器上得到使用,由于其抗震性能较差,未能得到普遍推广应用。

2)阻尼元件

补偿器的摆动部分由于灵敏元件的摩擦力矩很小,因而一经摆动就需很长时间才趋于静止,另外它对外界振动的反应也非常灵敏,如果不采取强制阻尼措施,就不可能进行很好的读数。为使摆动部分迅速趋于静止以及抑制外界振动源的干扰影响,除液体容器负载系统以外,均需设置阻尼元件。

阻尼元件一般由摆动部分和固定部分组成,统称为阻尼器。为了不影响摆动部分的灵敏度,要求阻尼器产生的阻尼力与运动部分的运动速度成正比,即运动速度为零时,阻力也为零。显然摩擦阻尼器不适用于这一目的。在自动安平水准仪中,一般采用的阻尼方式是空气阻尼和磁阻尼。

空气阻尼器的形式有多种,但最为常用的是活塞式阻尼器。它的主要部件是阻尼汽缸及阻尼活塞,其构造原理如图 3.16 所示。

阻尼汽缸及阻尼活塞,其中一个安装在补偿器的固定部分,而另一个则装在摆动部分上。在汽缸及活塞之间,留有一个很小的缝隙 δ ,当两者发生相对运动时,使汽缸内的空腔体积发生变化,由于很小的缝隙不能立即吸入或排出空气,使活塞两边的气压不相等,这个压力差就是阻尼力。它近似地正比于活塞对汽缸的相对运动速度。另外,摆的动能由于空气流经缝隙时的摩擦作用而转化为热能,从而使摆动部分很快趋于静止而达到阻尼的目的。当有外界振动干扰时,阻尼器匣摆动部分只产生较小振幅的摆动,故可在一定程度上产生抗振作用。

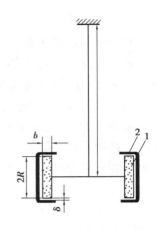

图 3.16　活塞式阻尼器
1—活塞;2—活塞套(汽缸)

阻尼器的阻尼力矩 $M_{阻}$ 可按下式近似求得

$$M_{阻} = \rho \cdot \omega \tag{3.7}$$

式中　ρ——阻尼系数;

　　　ω——摆的角速度。

根据理论力学和流体力学的原理推导出

$$\rho = \frac{6\pi\eta b \cdot l^2 \cdot R^3}{\delta^3} \tag{3.8}$$

式中　η——空气的沾滞摩擦系数。

由式(3.8)可知,为了获得足够大的阻尼系数 ρ ,必须增大活塞半径 R 、活塞边缘宽度 b 及阻尼作用的半径 l ,或者减小缝隙 δ 。实际在仪器中,前三者受仪器空间尺寸的限制,而 δ 的太小,将会给装配带来困难,也容易在使用过程中造成"卡死"而影响仪器的正常使用,所以一般 $\delta \geqslant 0.1$ mm。若仪器内部空间允许的话,可对称地安置两个阻尼盒,阻尼力可增大一倍左右。

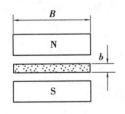

图 3.17　磁阻尼器

磁阻尼器由永久磁铁和一个非磁性金属材料片(如铝片)组成,如图 3.17 所示。永久磁铁安装在补偿器的固定部分上,与悬吊系统连接在一起的非磁性金属阻尼片位于两磁极之间。阻尼片随摆动部分摆动时,因切割磁力线在金属片内部将产生涡流,由于涡流形成的磁场和永久磁场的相互作用而产生阻尼力,同时,涡流消耗了摆动部分的动能,从而使摆动部分迅速趋于静止而达到阻尼的目的。

磁阻尼器的阻尼力 P 在摆的运动速度不很大时,可近似地认为与摆的线速度成正比,即

$$P = c \cdot v$$

式中　c——阻尼系数;

　　　v——摆的线速度。

对于单个阻尼器而言,阻尼系数 c 为

$$c = \frac{B^2 V}{\rho K} \tag{3.9}$$

式中　B——磁极间的磁场强度;

　　　V——磁极间金属阻尼片的体积;

ρ——金属阻尼片的电导率；

K——系数，由实验求得。

从式(3.9)可知，磁场强度对阻尼力的大小起决定性的作用。另外，采用较小的磁极缝隙及薄的阻尼片可使磁力线集中以增大涡流损耗从而提高阻尼效果。磁阻尼器在构造与工艺上较空气阻尼器复杂，且受地磁变化影响，故较少使用。

3)补偿器的限程、安全与检查装置

由于补偿器的灵敏元件有一定的工作范围，控制其范围的机构称限程装置。要求补偿元件与限程装置间为点接触，接触时的黏附力越小越好，如图3.18中所示的限程装置5。

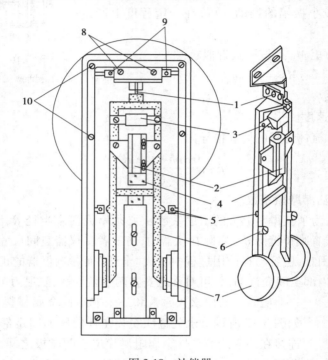

图3.18 补偿器

1—簧片；2—成像透镜；3、4—棱镜；5—限程装置；6—质量平衡螺丝；

7—活塞；8、9、10—螺丝

安全装置主要用来防止仪器在搬站和运输过程中将补偿器震坏，一般采用锁紧结构，将悬吊部件托起，使吊丝或簧片不再受力。

由于补偿器最易出现"靠住"而失灵的现象，目前有的仪器上增加了一个检查装置。这一装置是在望远镜目镜下方设置一弹性按钮，如图3.19所示。它可直接触动补偿器，以检查它是否失灵，如每次触动后，标尺读数改变，而后随即恢复原读数即为正常。

对于经纬仪，则可用脚螺旋使仪器稍作倾斜，此时如竖盘读数随仪器倾斜而变化，则说明竖盘指标自动归零补偿器工作正常。

没有专门的检查装置但有安全锁装置，也可由锁紧装置检查，锁紧、放松、再锁紧、再放松，观察读数是否有变化，若每次放松时读数一致，则说明补偿器工作正常。

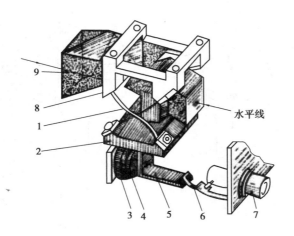

水平线

图 3.19　检查装置

1—弯曲吊带;2—带棱镜的摆;3—阻尼活塞;4—阻尼活塞套;5—活塞翘片;
6—触检簧片;7—补偿器检查按钮;8—补偿器固定架;9—固定棱镜

3.3　经纬仪竖直度盘指标自动归零补偿器

目前经纬仪竖直度盘自动归零补偿装置很多,下面将介绍几种不同的光学零件构成的补偿器,以达到竖盘指标自动归零的目的。

3.3.1　透镜补偿式

采用悬吊透镜的方法,如图 3.20 所示。当望远镜视线水平、仪器的竖轴铅垂时,悬吊透镜的光心 O 和指标 A 都位于竖盘中心的铅垂线上,如图 3.20(a)所示。当仪器倾斜了 α 角以后,指标位移至 A' 点。透镜由于用柔丝悬吊,在重力作用下,由 O 摆至 O'' 的位置,如图 3.20(b)所示。指标 A' 通过摆动后的透镜 O'' 而成像于 90°的位置,如图 3.20(b)中虚线所示,即实现了自动归零的补偿要求。

这种悬吊透镜补偿器的结构非常简单,只是将原有的成像透镜进行悬吊,它既起成像作用又起补偿作用,并未增加任何光学零件。采用这一方式的仪器,有苏联的 OMT-30 型矿用经纬仪,意大利沙漠拉厂 4200 型经纬仪等。

透镜补偿式的灵敏元件,也可不用吊丝而采用簧片,称为簧片式悬挂透镜补偿器。这类仪器的产品为数更多,如蔡司 Theo 020A 型、Theo 010A 型和上海第三光学仪器厂的 DJK-6 型经纬仪等。我国统一设计的 TDJ$_6$ 型光学经纬仪也采用这种结构。

3.3.2　液体补偿式

如图 3.21 所示,为液体补偿式原理图。当仪器倾斜一微角 α 后,由于"液体盒"是固定在仪器上的,也将随同仪器一起倾斜。然而,液面在重力作用下恒保持水平,于是"液体盒"变成了一光楔(见图 3.21(b)),指标 A' 通过它后产生折射而成像于 90°位置。采用这种结构的有瑞士威尔特 T$_1$-A 型,西德奥卜通 Th3 型经纬仪等。

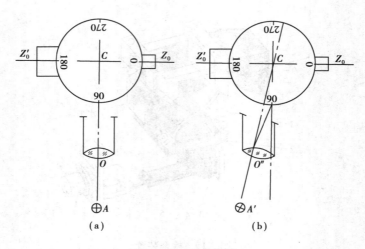

图 3.20　透镜补偿式

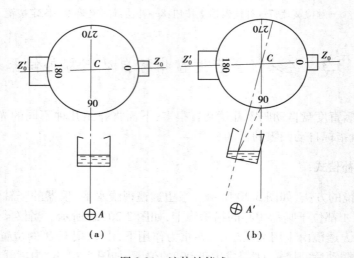

图 3.21　液体补偿式

3.3.3　玻璃平板补偿式

如图 3.22 所示为玻璃平板补偿式原理图。当仪器倾斜了 α 角后,悬吊在仪器上的玻璃平板将随之而倾斜某一角度。指标 A' 通过倾斜后的玻璃平板时将产生一段平移,使之正好成像于 90°的位置。其平移量可通过改变玻璃平板的厚度来达到。

用柔丝悬吊光学零件的悬吊方式一般有两种:一种是如图 3.22 所示的 V 型悬吊;另一种是交叉形(X)型悬吊。两种方式的主要区别在于,前者所吊光学零件的倾斜方向和仪器的倾斜方向相一致,而后者却恰恰相反。

我国统一设计的 TDJ$_6$A 型和 TDJ$_2$ 型光学经纬仪,竖盘指标自动归零都是采用悬吊玻璃平板补偿器。TDJ$_6$A 型用的是 V 型悬吊,而 TDJ$_2$ 型为了获得玻璃平板的反向倾斜,就采用了交叉形(X 型)悬吊。

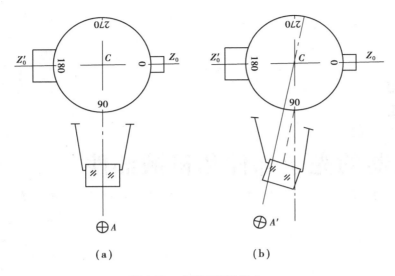

图 3.22　玻璃平板补偿式

3.3.4　竖盘指标自动补偿器常见故障检修

竖盘自动补偿器由活动的光学零件、丝杠、吊丝、吊丝架、阻尼活塞及阻尼活塞盒等组成。当把仪器安装在工作台上,整平后对仪器的指标差检定时,有时会发现这样的现象。

①竖盘自动补偿器开启后产生晃动现象,在视窗中,指标线表现除摆动外,还伴有抖动现象。

原因及解决办法:这种情况的产生,一种是由于吊丝组吊丝的安装不等长造成的。对于此类现象可将吊丝及吊丝架共同取下,安装在调整吊丝的专用工具上,调整吊丝至等长可消除;另一种是由于支撑吊丝架的底盘安装不当造成的,支撑吊丝的底盘上安装有两片相对的弧形弹片,弹片下安装有顶丝,以控制弹片的高度,当弹片安装不等高或者某一弹片的内外两侧不等高时,打开补偿器,由于吊丝架与底盘弹片脱开的时间不一致,从而使吊丝架倾斜而产生抖动现象,消除此现象可调整两弹片下端顶丝,使两弹片高度一致,或调整某一弹片内外两边缘使其等高,即可满足要求。

②当启动竖盘自动补偿器后,指标线不能稳定地停止在同一位置。

原因及解决办法:这种现象有两种情况:一是经几次开启后指标线停点的位置变化较大,而且停点位置不固定,这种情况是由于部件安装误差引起系统灵敏度偏高,需综合调整部件安装位置,降低灵敏度即可解决,这种情况并不常见;二是常见情况,补偿器开启后,指标线停点的位置变化较小,经过多次重复后,其变化均在很小的范围内,而且每次停点位置也不相同。这是由于整个系统重心偏高而造成灵敏度偏高,可降低阻尼器上端的调整螺母,从而使整个系统的灵敏度降到一定范围,可消除此项误差。

本章小结

本章主要介绍水准器的概述、分类、灵敏度高低的决定因素,自动安平水准仪的补偿器的原理、组成,以及经纬仪竖直度盘指标自动归零补偿器的原理和常见故障检修。

第 **4** 章
测量仪器的光学部件和机械部件

4.1 测量仪器的光学部件

4.1.1 光路系统

以北京 DJ$_6$-1 型经纬仪为例,讲解测量仪器的光路系统。图 4.1 所示为北京 DJ$_6$-1 型经纬仪的光路及轮廓示意图。光线从反光镜 1 进入仪器后,在目镜 17 的位置,就能看到如图右上角所示的读数视场。根据度盘上分划线的成像过程,光路包含照明部分、成像部分、显微读数部分、望远镜部分。

1)照明部分

仪器中的竖盘 4、水平度盘 7 及测微尺 13,在它们被透镜成像前,必须加以照亮。照亮的光线主要由棱镜来折转。1、2、3 是为了照亮 4 上面需要成像的分划线。5 是为了进一步照亮 7 上面的分划线。9、12 是为了再进一步照亮分划尺上的分划线及整个读数窗 14。

图 4.1 中,1 为一块装在圆形金属框内的平面反光镜,通过它可将仪器外面亮度最好的那个方向上的光线,利用光的反射原理,以最合适的角度反射到仪器里面去,它既要能转动,又要能分开和合拢。当外界光线很强时,这样直接反射到读数窗上反而刺眼,对读数不利,因此,此反光镜是用一块毛玻璃制成的,这将使光线产生乱反射现象,使光线变得柔和,均匀,同时也消除了外面景物成像对读数视场的干扰。另外,3 是一块竖盘照明棱镜,3 的位置若装得不正确,在视场中就会产生无光或亮度不匀的现象。

2)成像部分

图 4.1 中 4~14 这段光路就称为成像部分。成像过程可分两步进行:第一步,将竖盘 4 的分划线成像到水平度盘 7 的分划面上;第二步,把水平度盘上的分划线,连同竖盘分划线的像,一起成像到读数窗上 14 的指标面上。

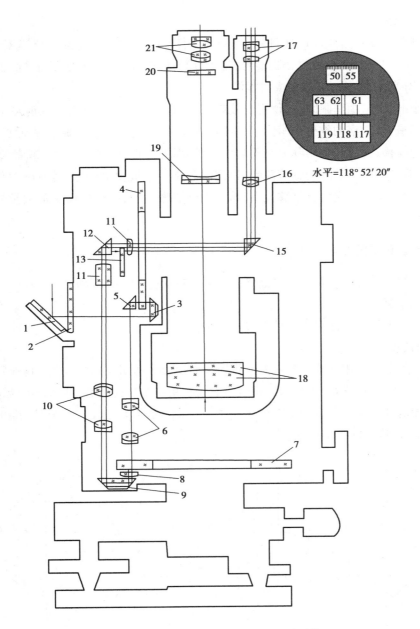

图 4.1　北京 DJ$_6$-1 型经纬仪的光学系统

1—照明反光镜;2—时光窗;3—竖盘照明棱镜;4—竖盘;5—竖盘照准棱镜;6—竖盘显微物镜;7—水平度盘;
8—水平度盘场镜;9—水平度盘照准棱镜;10—水平度盘显微物镜;11—单玻璃平板;12—转向棱镜;
13—测微尺;14—读数窗;15—横轴棱镜;16—转像透镜;17—读数显微目镜;18—望远镜物镜;
19—望远镜调焦透镜;20—十字丝分划板;21—望远镜目镜

3) 显微读数部分

图 4.1 中,14~17 这段光路称为显微读数部分,其主要任务是把指标面上的几种分划线及分划线所成的像进行放大,供人眼所观察。

4)望远镜部分

望远镜部分的作用是瞄准远处目标,由光学零件 18、19、20、21 组成。18 为望远镜物镜,19 为调焦透镜。18 和 19 组成复合物镜组,使远处物体成像在其等效像方焦平面上。20 为十字丝分划板,21 为目镜,经此,放大成为虚像。

同样大小的物体,距离眼睛越近,视角就越大,在眼睛网膜上所成的像也越大,因而也就越感到清晰。但是,被观察的物体,也不能无限地移近眼睛,它必须位于眼睛的近点之外才行。如果继续将物体移近眼睛,则实际上已不起作用了,因为这时虽然视角很大,或者说,网膜上所成的像很大,但已超出了眼睛的调节范围,得到的却是一个极模糊的像。因此,要想使微小的物体,在眼睛的网膜上形成具有足够大小、而又十分清晰的像,必须借助于放大镜或显微镜来进行观察才行。

4.1.2 测量仪器的光学部件

测量仪器的光学部件主要分为平面光学零件和球面光学零件两种。

1)平面光学零件

测量仪器上常用的平面光学零件有以下几种:

（1）直角棱镜

由两个或两个以上相交的反射平面或折射平面组成的透明体称为棱镜。两个平面的交线称为棱,垂直于棱的截面称为主截面。若主截面为直角三角形,则称这种形状的棱镜为直角棱镜。直角棱镜是测量仪器中应用最多的棱镜之一。图 4.2 为直角棱镜。显然,位于主截面的光线通过棱镜时,将在同一平面内。

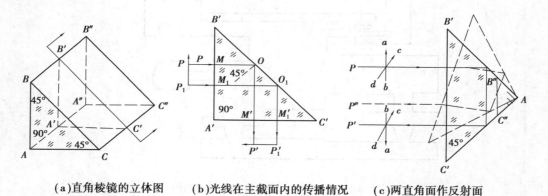

（a）直角棱镜的立体图　　（b）光线在主截面内的传播情况　　（c）两直角面作反射面

图 4.2　直角棱镜

直角棱镜的使用方法一般有 3 种:

①用斜面作为反射面。如图 4.2(b)所示,设有光线 P 垂直于 $B'A'$ 射入棱镜内,在 O 点的入射角为 45°,此角大于玻璃相对空气的临界角,故产生全反射。又因反射角也为 45°,所以光线折射 90°后由 $A'C'$ 面射出。

由此可知,位于主截面内的线段 PP_1 经斜面 $B'C'$ 反射后,其方向将倒转 90°。而垂直于主

截面的线段经斜面 $B'C'$ 反射面,其方向不变。在入射光线方向不变的情况下,若将棱镜转动 α 角,则出射光线的方向也将转动 2α 角。

②用两直角面作反射面。如图 4.2(c)所示,设光线 P 垂直于 $B'C'$ 射入棱镜,并以 45°的入射角射向 $B'A$,经全反射方向折转 90°,经 AC',全反射方向又折转 90°,则出射光线方向相对于入射光线共折转 180°。因此,位于主截面内的线段,其方向将折转 180°,而垂直于主截面的线段,其方向则不改变。

当入射光线方向不变,棱镜转动 α 角时,它也和两个普通平面镜的两次反射一样,出射光线的方向始终保持不变,但位置将发生平移。

为了装配及调整方便,有时将直角切掉一部分(图 4.2 中虚线部分)而成梯形棱镜,其性能与直角棱镜完全一致。

③平行光线平行于斜面入射。如图 4.3 所示,将棱镜这样使用时,称为道威棱镜。当平行光线平行于斜面射入棱镜时,经两次折射和一次全反射之后,出射光线的方向不变。位于主截面内的线段 ab,其方向倒转 180°,而垂直于主截面的线段 cd,则方向不改变。

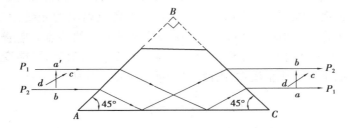

图 4.3　道威棱镜

道威棱镜的另一重要特性:若将其绕入射光线的轴线转动 α 角时,反射后的像即旋转 2α 角。军用的周视瞄准镜,就利用了这一特性达到周视全景之目的。

(2)菱形棱镜

如图 4.4 所示,为菱形棱镜的主截面图。其特点是:AB 面平行于 DC 面,AD 面平行于 BC 面;$\angle BAD$ 和 $\angle BCD$ 均为 45°。光线 P 垂直于 AB 面射入棱镜内,在 AD 与 BC 面上先后两次全反射之后,由 DC 面射出。由于两次反射产生的转角均为 90°,所以出射光线平行于入射光线。同时无论是位于主截面内的线段 ab,还是垂直于主截面的线段 cd,其方向均不发生变化。即交线通过菱形棱镜时,只产生平移,平移的距离等于 h,而不改变方向。在光学经纬仪上,利用菱形棱镜,能避开障碍使光线仍按原方向继续前进。

(3)五角棱镜

如图 4.5 所示,两个反射面的夹角为 45°,另一个夹角为 90°,其余两个夹角均为 112°30′。由于光线入射到反射面时的入射角小于 40°,不可能形成全反射,为了提高反射效果,两个反射面一般都镀有反射膜层,该棱镜可使光线的前进方向改变 90°。而且在入射光线不变的条件下,即使将棱镜转动某一角度 α,出射光线也仍然垂直于入射光线,只发生一些平移而已。因此,在光学经纬仪中常把五角棱镜安装在需使出射光线始终垂直于入射光线,且装调都较困难的部位。

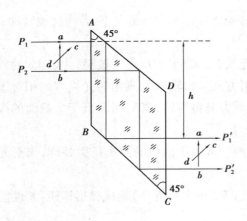

图 4.4　菱形棱镜

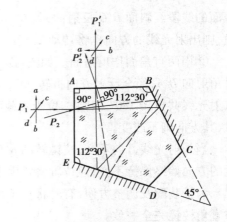

图 4.5　五角棱镜

（4）屋脊棱镜

如图 4.6 所示，凡带有两个互相垂直的屋脊面的棱镜称为屋脊棱镜。在棱镜中通常是用两个屋脊面（见图 4.6 中的 $ABCD$ 及 $ABC'D'$）作反射面来代替一般棱镜的某一个反射面，而使某个方向的像发生颠倒。如图 4.6 所示中，由直线 cd 上各点射出的光线，经两个屋脊面的两次反射后，出射线 cd 的方向倒转了 $180°$，这是屋脊棱镜最重要的特点。屋脊棱镜的两个反射面必须严格垂直，其不垂直度不超过 $5''$。否则，一条直线经其反射后，可能变成一条折线或双线。由于两个反射面不能形成全反射，因此，必须镀上一层反射膜层。

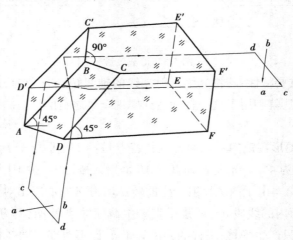

图 4.6　屋脊棱镜

在使用和维修仪器时，应特别注意保护两个屋脊面上的镀膜层和屋脊棱不被破坏。

（5）三棱镜与楔镜

如图 4.7（a）所示，以两个相互倾斜的折射面为界面的棱镜，称为三棱镜。两倾斜折射面的光线，称为折射棱。垂直于折射镜的横断面 A'、B'、C'，称为三棱镜的主截面。

两折射面的夹角 α，称为折射棱角（或称顶角）。折射棱角很小（ $0° \sim 2°$ ）的三棱镜称为楔镜。如图 4.7（b）所示，射入三棱镜的光线 P 经两次折射后，射出时将发生偏转，其偏向角 δ 可按下述方法求取。

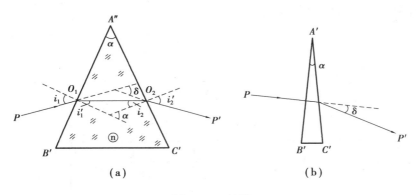

图 4.7　三棱镜

在测量仪器中使用楔镜时，一般入射角都比较小，多用在测微器上。在水准仪中，楔镜主要用作视轴倾角的微调装置之中。

（6）玻璃平板

如图 4.8 所示，由两个相互平行的光学平面形成的光学零件称为玻璃平板（或称平板玻璃）。

在测量仪器中通常利用这两个平行的平面作为折射面，使光线位置发生平移。光线通过玻璃平板后，出射光线与入射光线是平行的。在测量仪器中，玻璃平板被广泛应用于测微器中。

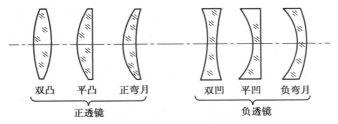

图 4.8　玻璃平板

2）球面光学零件

测量仪器中为了实现成像，放大以及提高相对亮度等目的，使用了许多透镜。

（1）透镜

由两个折射曲面（多为球面，其中一个也可为平面）围限的透明体，称为透镜。在测量仪器中的光学系统内通常由数个透镜按某种球组合而成。虽然单球面很少使用，但由于透镜均由单球面组成，为了研究透镜或由透镜组成的光学系统，应从单球面开始。

①透镜的类型。按形式分为正透镜和负透镜两大类，如图 4.9 所示。

图 4.9　透镜

a.正透镜也称为凸透镜，透镜中央比边缘厚。凸透镜又可分为双凸、平凸、正弯月 3 种形式。

b.负透镜也称为凹透镜，透镜中央比边缘薄。凹透镜又可分为双凹、平凹、负弯月 3 种形式。

②透镜特殊点简介,如图4.10所示。

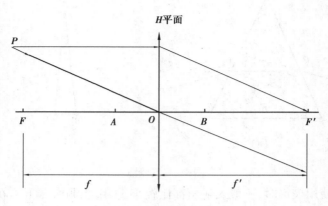

图4.10 透镜的特殊点

a.光轴:通过透镜两个球面曲率中心(即球心)A、B 的直线,称为透镜的光轴。

b.顶点:光轴与球面的交点(A、B)称为顶点。

c.光心:光轴上有一点,当光线通过该点时,其方向不变,该点称为透镜的光心(O 点)。

d.焦点:如图4.11所示,与光轴平行的光束射到透镜上,经过透镜的折射后,从主平面 H 起改变方向前进,并与光轴相交于 F' 或 F 点,该点称为透镜的焦点。分为物方焦点 F、像方焦点 F'。

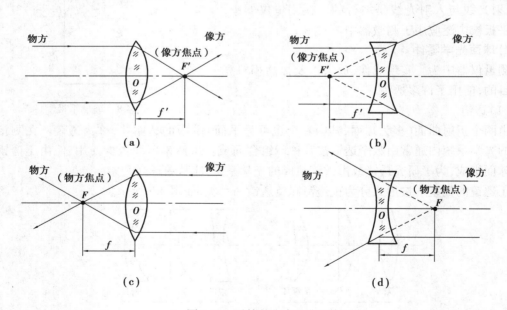

图4.11 透镜的焦点和焦距

e.焦距:焦点与透镜到平面 H 之间的距离。分为物方焦距 f、像方焦距 f'。

f.焦平面:如图4.12所示,通过焦点(F 或 F')垂直于光轴的平面称为焦平面。

特性:从任意方向射来的一组平行光线经过透镜后,其汇聚点 F'' 一点落在焦平面上;反之,从焦平面上任意一点发出的光线,经过透镜后一定相互平行。这种特性,凸、凹透镜都是存在的。

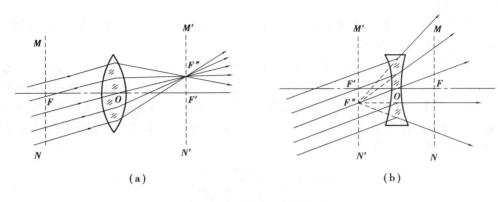

图 4.12 透镜的两个焦平面

（2）薄透镜

若透镜的中间部分的厚度比两球面的曲率半径小很多时，称这样的透镜为薄透镜；反之，则称厚透镜。

薄透镜的成像：在讨论透镜的成像时，主要抓住像的位置、大小、正倒和虚实 4 个方面。一般可采用图解法或公式计算两种方法，这里简单介绍图解法。

如图 4.13 所示，当整个光学系统都置于空气时，根据主平面及焦平面的特性，光学系统的做图法成像规律可归纳为以下 3 条：

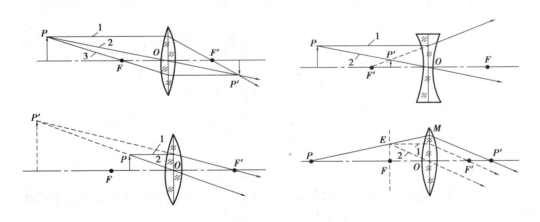

图 4.13 图解法

1—平行于光轴的光线；2—通过透镜光心的光线；3—通过物方焦点的光线

①平行于光轴的光线到达像方主平面后，其出射光线将通过像方焦点。

②通过物方焦点的光线到达物方主平面后，由像方主平面射出时，其方向平行于光轴。

③通过物方主点射入的光线由像方主点射出时，平行于入射方向，即通过透镜光心的光线不改变方向。

若求物方某一点的像，只要找出该物点所发出的任意两条光线的出射光线即可，这两条出射光线的交点就是该物点的像。对于两个主平面相重合的薄透镜，其正透镜用"↕"表示；负透镜用"⅄"表示。

（3）厚透镜

虽说薄透镜成像的做图方法都很简单，但实际中，并不存在有薄透镜，在测量仪器中，所有的透镜都具有一定的厚度，即厚透镜。

①厚透镜的主点和主平面。如图4.14所示为一厚透镜，其中央部分的厚度为d。若有一平行于光轴的光线PM，以h的高度射到M点。根据折射定律，可作出它在玻璃中的折射线MM'。同样可以作出MM'射到空气中的折射线$M'F'$。F'称为厚透镜的像方焦点或后焦点。

由此，可从右方作出平行于光轴的光线$P'N$的折射线$N'F$，F称为厚透镜的物方焦点或前焦点。通过前后焦点可作两个焦平面，其性质和薄透镜中所叙一样。

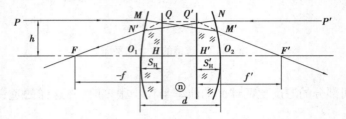

图4.14 厚透镜的主点和主平面

②厚透镜的成像。一个透镜只要给定了两个主点及两个焦点的位置即可用图解法或计算法求得任何位置上物体的像的位置及大小。这里简单介绍图解法求像。

a.物体位于厚凸透镜物方焦点F之外（见图4.15）。作图时，分别作出3条特殊光线。其中通过物方主点的光线PH，由H'射出，出射光线$H'P'$的方向不变，即平移了一段距离。

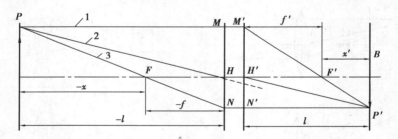

图4.15 厚凸透镜的成像

b.物体位于厚凹透镜像方焦点F'之外（见图4.16）。作图时，要特别注意光线在两主平面之间的过渡。在求虚像时所作的反向延长线，这里有所不同。

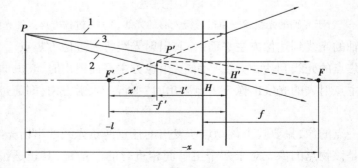

图4.16 厚凹透镜的成像

c.位于光轴上的物点 P 对于厚凸透镜的成像,如图 4.17 所示。这时,上述的 3 条特殊光线就重合为一条,即与光轴重合的光线,因此就求不出像来,此时须作辅助线才行。

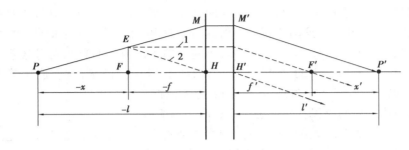

图 4.17　光轴上物点对厚凸透镜的成像

过 P 点作任意光线 PM,为了确定出射光线的方向,必须借助于焦平面的特性。过物方焦点 F 作一焦平面,此焦平面与光线 PM 相交于 E 点,从 E 点再作任意一条特殊光线。而光线 $M'P'$ 的方向,必定与这条特殊光线的出射方向相互平行。由此,P' 点即为所求的像点。

d.位于光轴上物点 P 对于厚凹透镜的成像,如图 4.18 所示。作图时,首先从 P 点作任意光线 PM,再从 M 点作光轴的平行线 MM'。为了求得 M' 出射光线的方向,可借助凹透镜焦平面的特性,作一条辅助光线,即延长光线 PM 与凹透镜的物方焦平面,相交于 E 点。从 E 引光轴的平行线交两主平面于 N 及 N' 点,当这条光线从左边射入时,将由 N' 点射出,其出射方向的反向延长线必通过像方焦点 F'。根据焦平面的性质,M' 出射光线的方向,必与线 $F'N'$ 相互平行。由 M' 的出射光线反向延长,交光轴于 P' 点,则 P' 点即是 P 的像点(虚像点)。

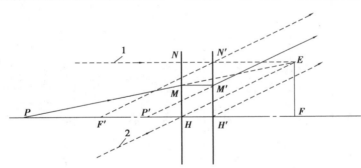

图 4.18　光轴上物点对厚凹透镜的成像

在以上作图过程中,从 E 点也可引出另外一条特殊光线,即连接并延长 EH 方向光线。当这条光线从左边射入时,将从像方主点 H' 射出,且方向不变。然后,从 M' 再作此线的平行线,并反向延长交于 P' 点,P' 点即为像点。

(4)厚透镜组

在光学仪器中,为了得到仪器的某种光学效能,例如消除像差或缩小仪器的体积等,往往不用单片透镜,而采用两片或两片以上透镜组成一组(这些透镜可能是组合在一起的,也可能是分开的)。这种由单片透镜组合而成的光学元件,称为透镜组。

只要组成透镜组的各透镜的主点及焦点能够确定,则透镜组的主点及焦点也就可以求定了。

①等效光学系统。通过引入主平面的概念使厚透镜成像简单化。同样将通过引入等效主

平面和等效光学系统这两个新概念来简化透镜组的成像。

如果已知每块厚透镜的主焦点位置及主平面位置,则可通过作图或计算的方法求出两个新主平面来代替厚透镜组的主平面,物体对这两个新主平面的成像与它对每块厚透镜的主平面依次成像的效果是相同的,这两个新主平面称为等效主平面,等效主平面所构成的这个新的光学系统叫作光学系统。这样,就可以将多块厚透镜的多次成像简称为对等效系统中等效主平面的一次成像。在厚透镜中的一些名词的前面加上"等效"两字,就变成了等效系统的名词,计算公式中的符号及其正负号规定,与厚透镜中一样。

②图解法厚透镜组的成像。图解法求像有两个步骤。

a.确定等效主平面及等效焦点的位置。从物方作平行于光轴的光线 KM_1。它从 M_1' 射出时必定通过像方焦点 F_1',射向第 II 透镜的 M_2 点,然后又从 M_2' 点射出。为了确定射出时的方向,先要借助于焦平面的性质。作一条辅助光线 BB' 的出射光线 $B'F_2'$,从 M_2' 作 $B'F_2'$ 的平行线交光轴于 F' 点,F' 点即为等效系统的等效像方焦点。

延长入射光线 KM_1 和出射光线 $M_2'F'$ 相交于 P' 点,过 P' 作垂直于光轴的平面 $P'H'$,则该平面即为等效像方主平面,H' 点即为等效像方主点,H' 到 F' 的距离即为等效像方焦距 f'。

按照上述步骤,同样可求出等效物方焦点 F、等效物方主平面 PH 及等效物方焦距 f。

b.将物体按等效光学系统进行成像。求出了等效主平面及等效焦点之后,就可按图 4.15 所示的作图方法,利用 3 条特殊光线,求出物体 KQ 的像 $K'Q'$ 来,如图 4.19 所示。

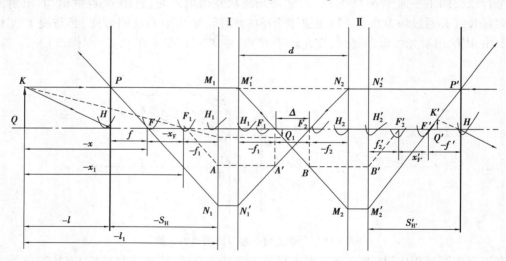

图 4.19　求厚透镜组的等效光学系统

4.2　测量仪器的机械部件

测量仪器的机械部件包括竖轴、横轴、制(微)动机构、拨盘机构、复测机构、三脚架、基座、脚螺旋、支架以及各种连接螺丝等。

以上各零件相互组合构成一个完整的测量仪器,通过各机械零件的运动才能实现测量。

仪器上的每个机械零件在测量过程中都有专门的作用。如三脚架起稳定支承与升降仪器的作用;脚螺旋起安平仪器的作用;竖轴使仪器照准部稳定地围绕铅垂线旋转,并使水平盘中心定位。若仪器中某一机械零件失灵,将影响仪器的正常工作,严重时,可使测量工作无法进行。

仪器的精密度越高,对机械结构及零部件的要求也越严格。作为测量工作者而言,应懂得如何检查与维护机械部分的零部件,以保持其性能,使仪器各部件经常处于良好的工作状态,保证测出好结果。作为仪器检修人员而言,还应熟知各部件的性能,相互关系以及如何保持这些关系,明晰故障的原因以及排除方法等。

4.2.1　竖轴

1)概述

竖轴是测量仪器中关键的精密元件之一,其质量的好坏将直接影响仪器的使用和测量成果的精度。因此,对竖轴的加工要求是相当严格的。

(1)竖轴的要求

①竖轴必须是一个旋转体,其轴心应是一条直线,且垂直于轴心的任何一个截面应该是一个没有扁率的圆形。目前多为圆柱形或圆锥形。

②轴在轴套内旋转时必须平稳且无晃动。即应具有较高的定位及定向精度,要求其很好的吻合,不能有过大的间隙。

③竖轴旋转的灵活性要好,即平滑舒适。

(2)温度对竖轴的影响

温度的升降引起金属材料的胀缩,使轴与轴套的间隙发生变化。在我国南方夏季气温高达 40 ℃以上,而在北方冬季气温又可能低到-40 ℃左右。为了适应温度的变化,轴与轴套就选用同一膨胀系数的材料,以使任何温度条件下轴与轴套间的间隙不变。此外,润滑油的质量高低也会产生竖轴过紧或转不动的现象。

(3)润滑油的作用及要求

在竖轴与轴套之间加上润滑油,不仅大大减小轴与轴套间的摩擦力,同时也有助于防止轴系表面氧化。

①有一定附着力,不流失。

②在低温下有凝固,高温中不蒸发,保证仪器在 30～+45 ℃正常转动。

③油的酸性要小,对金属无腐蚀作用。

2)竖轴的类型

为了提高竖轴定向精度和转动的灵活性,对竖轴的形状和结构进行了不断改进,目前测量仪器上使用的竖轴按形状不同大致可分以下 5 种类型。

(1)圆锥形轴

此轴形最先采用,广泛应用于游标经纬仪中,在高精度仪中也有采用此轴形的。其形状如图 4.20、图 4.21 所示。

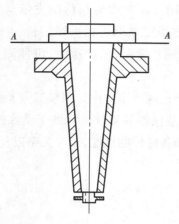

图 4.20　圆锥形轴

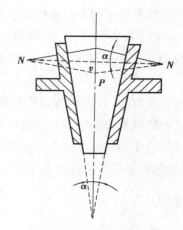

图 4.21　轴套所受压力

①圆锥轴形的优点如下所述：

a.在加工设备较差,工艺技术水平不高的情况下,通过轴与轴套的相互研磨,可得到很高的吻合精度。

b.维修较方便。轴与轴套之间的间隙可采用切修端面的方法来调整,也可利用调整装置调节轴与轴套的间隙。

②圆锥轴形的缺点如下所述：

因仪器大部或全部质量,均由竖轴斜面来支承,使轴与轴套面间产生巨大压力,造成很大的转动摩擦力,甚至带动基座或三脚架扭转,给测量成果带来误差。

在图 4.21 中,设仪器上部的质量为 P,圆锥形轴的半锥角为 α。竖轴对轴套的总压力为 N,则有：$N=\dfrac{p}{2\sin\alpha}$,由此可知,半锥角 α 越小,轴与轴套所承受的总压力越大,如当 $2\alpha=9°$ 时 $N=6P$,当 $2\alpha=4°$ 时 $N=14P$。

而总压力越大,产生的摩擦力也越大。锥角 2α 加大,可减小摩擦力,但 2α 不能太大,否则仪器上部承受横向力量的能力将急剧减小。试验表明,当 $2\alpha>15°$ 时,旋转照准部就可能引起竖轴跳动。目前锥形轴的 2α 角一般为 $4°\sim15°$,精密仪器 2α 角多为 $4°$。

竖轴的长度一般为最大直径的 3~4 倍。为了减小锥形轴与轴套间的摩擦力,目前经纬仪中常采用以下措施:其一,将竖轴的中段表面剪去一部分,使轴与轴套只在两端部接触,这样既减少了相互摩擦的面积又不致降低仪器旋转的稳定性。其二,在轴的下端(或上端)中心,用一滚珠或半球形突起部分来支持,使仪器上部质量大部分压在滚珠或半球形突起部分上,以减小其对轴套的压力。

（2）标准圆柱形轴

如图 4.22 所示,该轴形由圆柱形轴和圆轴形轴套组成,目前已普遍应用于绝大多数的水准仪及 J₆ 级以下中、低精度经纬仪之中。其特点是仪器上部的质量由轴的端面 A(见图 4.22（a）)或轴的球形末端(见图 4.22（b）)或滚珠轴承(见图 4.22（c）)来承受,轴套不承受荷重,它仅在照准部旋转时起定向作用。

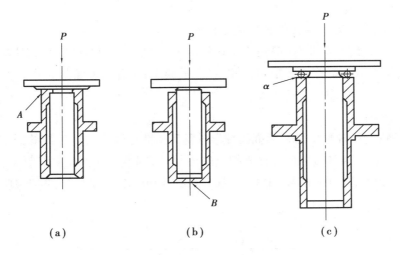

图 4.22　标准圆柱形轴

①标准圆柱形轴的优点如下所述：

a.形状简单,加工方便。

b.轴与轴套的接触面积大,能承受一定的冲击或震动。

②标准圆柱形轴的缺点如下所述：

a.轴与轴套的接触面积较大,因而摩擦力矩较大。

b.轴与轴套之间隙无法调整,因而间隙小时摩擦力大,间隙大时易产生照准部晃动。

（3）半运动式圆柱形轴

如图 4.23 所示,为了克服柱准圆柱形轴的"咬死"(转不动)现象,许多经纬仪都改进成了该轴形,如国产 DJ$_6$-1 型,蔡司 Theo 010 型等,半运动式柱形轴是目前经纬仪使用轴系中较为满意的一种轴形。由标准圆柱形轴改进而来的。在国产仪器 J$_{07}$、J$_1$、J$_2$、J$_6$ 级以及国外生产中、高等精度的光学经纬仪都采用了该轴形。

①半运动式圆柱形轴的优点如下所述：

a.滚珠与轴套锥面具有自动定心作用,间隙的大小对轴的晃动影响不敏感,在同样的参数条件下,竖轴的晃动角比标准圆柱形轴小。

b.采用了多粒滚珠支承,支承处是滚动摩擦,摩擦力矩小,旋转时,启动灵活,磨损小,寿命长。对温度变化不敏感,低温时一般也不致发生"咬死"现象。

c.装配时研磨工作量小,利于批量生产。

②半运动式圆柱形轴的缺点如下所述：

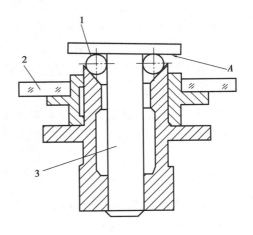

图 4.23　半运动式圆柱形轴
1—滚珠;2—度盘;3—竖轴

a.制造工艺要求高。

b.竖轴的中心线与支承端面的垂直度要求高。

c.对滚珠尺寸的精度要求高(偏差约为 0.5 μm),该轴形使用时间太长或仪器纵向受力太大后,轴与轴套锥面处可能产生压痕,转动时会产生噪声,或造成水准器不易安平,故使用仪器时应轻拿轻放,避免上述现象的产生。

(4)平面滚珠轴

如图 4.24 所示,该轴形也是在标准圆柱形轴基础上改进而成的。仪器的照准部通过一圆滚珠压在基座上,利用滚珠接触的平面来控制轴的晃动,起定向作用,而短竖轴与轴套只起共轴及定心作用。如克恩厂的 DKM1、DKM2,意大利的 4150-NE 及莫姆厂的 TE-D1 型经纬仪采用了该轴形。

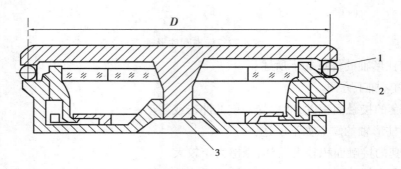

图 4.24　平面滚珠轴
1—滚珠;2—度盘;3—竖轴

①平面滚珠轴的优点如下所述:

a.利用平面接触起定向作用。

b.降低了仪器高度,减小了仪器体积。

c.控制竖轴晃动。

由图 4.24 可知,竖轴的晃动角 α 取决于滚球环直径 D 的大小,接触平面的平面度允许偏差 F 及滚珠的几何形状误差 E(椭圆度和直径的不等度),其关系为

$$\alpha'' = \frac{E + F}{D} \cdot \rho''$$

式中　F——滚珠环平面度的允许差;

　　　D——滚珠环的直径;

　　　E——滚珠直径不等的误差。

一般滚珠环直径约 100 mm;F 可达 0.2 μm,E 可达 0.5 μm 以下,将数据代入上式,则得:$\alpha = 1.4''$。

②平面滚珠轴的缺点如下所述:

由计算结果表明,要达到较高定向精度,工艺上并不是很困难,但实践表明平面滚珠轴精度并不稳定,转动也过于灵活,因此,往往使用黏度较大的油脂,以增加转动的平稳性及减小噪声。

（5）球面滚珠轴

如图 4.25 所示，该轴形的特点是照准部的底部做成环形的球面，然后通过一圈滚珠支持在基座上。照准部底部 6 的环形球面，通过钢珠 7 压在支承平面 C 和导向柱面 B 上，竖轴 1 的上端与照准部轴套 2 相配合，起定心和共轴作用。如西安光学仪器厂、上海第三光学仪器厂、武汉光学仪器厂生产的 J$_6$ 级经纬仪及莫姆厂生产的 TE-B1 型经纬仪采用了这种轴。该轴形保存了半运动式轴的部分。

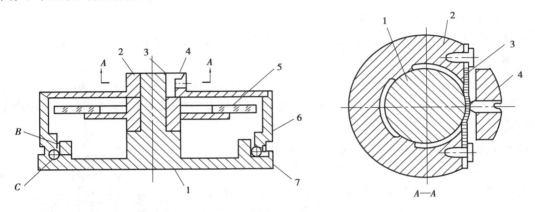

图 4.25　球面滚珠轴

1—竖轴；2—轴套；3—簧片；4—调整螺丝；5—度盘；
6—环形球面；7—钢珠

球面滚珠轴的优点如下所述：

a.轴的下端由滑动摩擦变为滚动摩擦，减小了照准部旋转时的阻力。

b.因采用了球面照准部下端具有自动定心作用，且定心作用点在球面的球心上，相当于延长了照准部的竖轴长度，在同样间隙的条件下，其照准部的晃动量较圆柱形轴小。

c.由于球面的加工可采用加工光学透镜球面的工艺，在几何形状与光洁度方面，都比加工半运动式柱形轴的锥面方便。然而它又保留了半运动式柱形轴工艺上的难点，即球面的中心要保持在轴套 2 的轴心上。

3）竖轴轴系

竖轴轴系一般由 3 个部分组成：一部分与基座联系；一部分与度盘联系；一部分与照准部联系。由于其间联系的方式不同，就构成了各种不同的轴系。常见的有以下几种形式，如图 4.26所示。

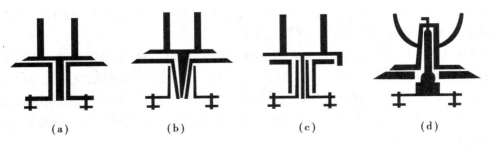

（a）　　　　　　　（b）　　　　　　　（c）　　　　　　　（d）

图 4.26　竖轴轴系

目前,使用最多的经纬仪轴系可归纳为以下两种:复测轴系(见图 4.26(b))——照准部的轴套可以旋转的轴系;方向式轴系(见图 4.26(c))——照准部的轴套不能转动的轴系。

(1)复测轴系

①该轴系的主要特点:与照准部相连的竖轴和与度盘相连的轴套直接摩擦接触,其刻制度盘工艺水平不太高。

②该轴系应满足以下两个条件:

a.照准部旋转时,度盘不应受任何微小带动。

b.照准部既可单独转动,又可和度盘连在一起转动,且此时度盘不应有滞后现象。

③该轴系的主要缺点:

a.由于照准部和竖轴旋转时直接与度盘轴套有摩擦,故此时度盘可能被带动。

b.当度盘与照准部一起旋转时,由于度盘轴套与基座套的摩擦及其自动的惯性,往往产生度盘的滞后现象。

由于上述不足,所以目前经纬仪上很少采用此轴系。

(2)方向轴系

方向轴系的主要特点是基座轴套将照准部和度盘隔开了。这样,照准部旋转时不会直接带动度盘,只有使基座扭转时才能带动度盘偏转,因此,该轴系的带动误差比复测轴系要小得多。

4.2.2 横轴

在经纬仪的横轴(也称水平轴)上固定着望远镜和竖直度盘,当望远镜和竖盘旋转时,横轴在照准部支架的轴承内旋转。横轴应垂直于竖轴。

测量仪器上广泛采用的是圆柱形横轴,只有部分平板仪采用的是圆锥形横轴。游标经纬仪横轴的结构一般较简单,

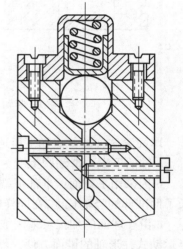

图 4.27 游标经纬仪的横轴

如图 4.27 所示。它主要由轴颈和轴承组成,为了减小横轴旋转时的摩擦力,采用了 V 形轴承支承的柱形轴颈,故轴颈与轴承的接触往往仅为直线状接触。光学经纬仪的横轴一般采用柱形支承的圆柱形空心轴,这是由于其读数成像光线还要沿横轴线方向传递之故。

如图 4.28 所示为 DJ$_6$-1 型仪器之横轴,它由横轴主体 3 和接轴 6 联合组成。横轴主体上装有竖盘 1。主体一端围绕轴心 2 转动,而另一端则通过接轴 6 在偏心环 5 的内环中转动。轴心 2 与偏心环 5 分别固定在仪器照准部左右支架 4 之上。

光学经纬仪中横轴的校正装置,常采用偏心轴瓦(也称偏心轴承,见图 4.29)使横轴一端升降的办法,以调整横轴的水平性。偏心轴瓦其外圆面 A 与仪器支架相配合,圆心为 O;偏心轴瓦的内圆面 B 和与横轴主体联结的接轴 6 相配合,其圆心为 O'。且内外圆并不同心,偏心距 $OO'=e$。当松开固定偏心轴瓦的 3 个螺丝并旋转偏心轴瓦时,由于偏心距 e 的影响,横轴将被偏心轴瓦抬高或压低。

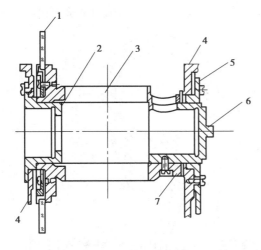

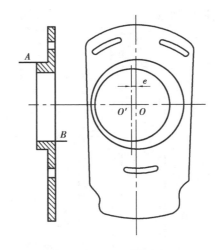

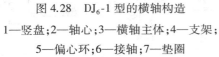

图 4.28　DJ$_6$-1 型的横轴构造

1—竖盘;2—轴心;3—横轴主体;4—支架;

5—偏心环;6—接轴;7—垫圈

图 4.29　偏心轴瓦横轴校正装置

由图 4.29 可知,当偏心轴瓦转动 α 角后,横轴此端的竖直调整量 h 为

$$h = e \cdot \sin \cdot \alpha$$

由此所引起的横轴倾斜变化角量 i'' 为

$$i'' = \frac{h}{L} \cdot \rho'' = \frac{e \cdot \sin a}{L} \rho''$$

式中　L——横轴长度。

当 $L=70$ mm,$e=0.5$ mm,$\alpha=5°$ 时,则横轴的倾斜校正量 $i'' \approx 128''$。

随着仪器加工工艺水平的提高,有的仪器已将横轴的校正装置取消,使横轴的水平性靠仪器的加工制造来保证。若个别仪器因使用过久而出现横轴不水平现象,可在支架的连接处垫上极薄的金属箔加以校正。

4.2.3　制动、微动机构

为使经纬仪或水准仪的望远镜能精确地瞄准目标,反用手来控制仪器是十分困难且费时的。因此在仪器上安装制动、微动装置是十分必要的,它能实现照准部迅速而准确地瞄准目标的目的。测量仪器所使用的制(微)动机构的结构形式花样繁多,但原理基本相同。

1) 普通式

如图 4.30 所示为常见的制(微)动机构,如苏光 JGJ$_2$ 级经纬仪就采用这一结构。横轴 5支承在支架 7 上,制动微动环 6 套在横轴 5 上,制动手轮 1 安装在制(微)动环的上部。旋转手轮 1(用力不要过猛)通过万向接头 2 传动螺丝 3,可使制动压块 4 压紧横轴,从而使横轴与制(微)动环连成一整体。由于制动微动环 6 下方已被微动螺杆 8 与微动弹簧套 10 顶紧限定,故横轴也就不能转动,从而达到了制动之目的。制动之后,旋转微动螺杆 8,使弹簧 9 压缩或伸长,使制微动环连同横轴一起绕轴产生微小转动,从而实现使望远镜视准轴发生微小仰俯之目的。

如图 4.31 所示,也是一种常见之制(微)动机构,其制(微)动原理同 4.30 所示,但有一大特

69

点,即微动机构之螺旋 5 暴露于大气之中,易进灰尘受到磨损,故适用于精度不高的仪器之中。

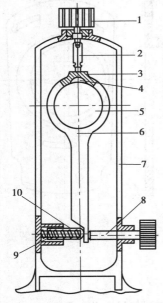

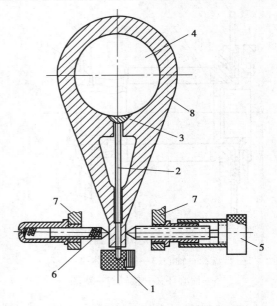

图 4.30　普通式之一制(微)动机构
1—手轮;2—万向接头;3—螺丝;
4—制动压块;5—横轴;6—制动微动环;
7—支架;8—微动螺杆;9—弹簧;10—弹簧套

图 4.31　普通式之二制(微)动机构
1—制动螺旋;2—传动杆;3—制动块;
4—竖轴轴套;5—微动螺旋;6—弹簧;
7—固定架;8—制动微动环

2)杠杆微动式

如图 4.32 所示,此结构适用于精度较高的光学经纬仪之中,如威尔特 T2、T3 型,制动架 1 套在基座上,照准部壳体上的一个凸块 6 插在制动架上的微动弹簧 5 与微动杠杆 8 之间。

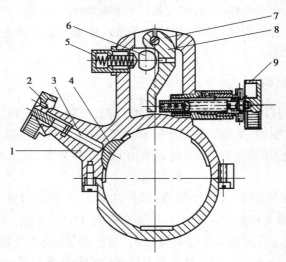

图 4.32　杠杆微动式
1—制动微动架;2—制动螺旋;3—传动杆;4—制动块;
5—弹簧;6—照准部凸块;7—小轴;8—杠杆;9—微动螺旋

当旋进制动螺旋 2 时,制动块 4 被推动压紧在基座的轴上,制动架 1 被制动,而凸块 6 被杠杆 8 与弹簧 5 顶紧,因此照准器就被固定了。旋转微动螺旋 9 推动杠杆 8,可使照准部上的凸块 6 在一定范围内作微小转动,起微动照准部的作用。

旋松制动螺旋 2,照准部即可自动转动,同时借助凸块 6 带动制动架 1 与照准部一起旋转。

3) 摩擦制动式

如图 4.33 所示,此结构多用于体积小、质量轻的光学经纬仪及水准仪上。

制动环 4 的一端被安装在照准部壳体 1 上的微动弹簧 7 和微动螺旋 2 所卡住,其制动作用依靠制动环和轴套 3 间的摩擦力来实现的。

旋紧或旋转螺丝 5 时,借助弹簧 6 的弹力可调节摩擦力的大小,当仪器照准部无外力作用时,由弹簧 6 的张力所产生的制动环 4 与轴套 3 之间的摩擦力使照准部制动。当旋转微动螺旋 2 时,由于制动的摩擦力大于照准部旋转时的摩擦力,也大于弹簧 7 的弹力,从而迫使与微动螺旋相连的照准部产生微动。当作用力于照准部的外力大于制动环与轴套之间的摩擦力时(如用手转动照准部)外力克服摩擦力使照准部与制动环一起转动。

此种结构的缺点如下所述:

当用手顺时针旋转照准部时,为克服这种摩擦力,必将微弹簧 7 压紧,松手后,照准器在弹簧张力作用下又被弹回一些,故难以瞄准目标。另外,还存在微动螺旋顶端与制动环会发生碰撞的现象。为了克服上述缺点,在有些水准仪上作了下述改进:把制动环的外圆制成蜗轮状用蜗杆 4 代替了微动螺旋和微动弹簧的作用。其微动范围是无限的,如图 4.34 所示。

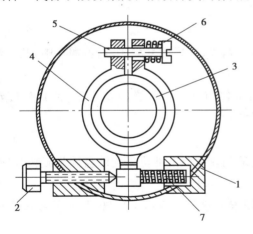

图 4.33　摩擦制动式一

1—照准部壳体;2—微动螺旋;3—竖轴轴套;

4—制动环;5—调节螺丝;6—弹簧;7—微动弹簧

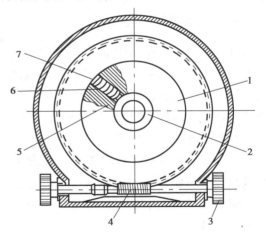

图 4.34　摩擦制动式二

1—蜗轮制动环;2—轴套;3—微动手轮;

4—蜗杆;5—制动块;6—弹簧;7—调节螺丝

4) 同轴结构式

为了操作方便,近年来国内外一些仪器已将制微动螺旋同装在一个轴上,称为同轴结构。如国产 J_6-2 型经纬仪,如图 4.35 所示,微动螺旋 4 套在制动螺杆 5 的外面,两者同一轴线。当旋转制动螺旋 5 时,可带动万向接头 3 及偏心凸轮 2 转动,凸轮 2 即推动顶杆 6 及制动块 7,使制动环 9 和轴套 8 依靠摩擦力紧连在一起,产生制动作用。此时,如再旋转微动螺旋 4,由于制动环及制动螺旋都已固定,故只有照准部 1 能相对于微动螺旋 4 移动,产生微动作用。

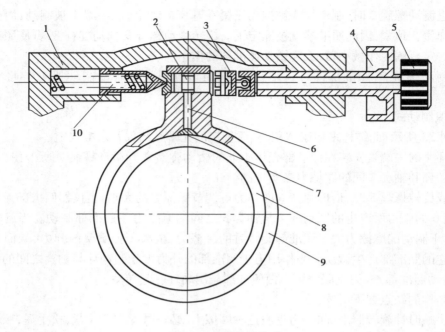

图 4.35 同轴结构式

1—照准部;2—凸轮;3—万向接头;4—微动螺旋;5—制动螺旋;
6—顶杆;7—制动块;8—轴套;9—制动环;10—弹簧

4.2.4 复测机构

在工程测量和矿山测量中,为了提高测量速度和精度,常采用复测法,这就需在中、低等精度经纬仪安置一复制机构——复测器(复测卡)。

该卡子安装在仪器照准部的壳体上,借助它可卡住与度盘相固连的复测盘(片),使度盘和照准部同步旋转,当松开卡子时,照准又可单独旋转。

1)复测卡应满足的要求

①卡子必须具有足够的夹紧力,以便卡子卡住复测盘后照准部可带动度盘同步旋转,以确保度盘读数不变。

②卡子开口大小要合适,安装位置要恰当,以便卡子松开后照准部旋转时,不使度盘有任何带动现象。

③安装卡子时,力求使卡力的方向垂直于复测盘面,且上下卡片应同时接触复测盘面。

2)常见复测器的结构

(1)搭机式复测器

国产 DJ$_6$-1 型,意大利 T4150NE 型经纬仪均采用此结构,如图 4.36 所示。它安装在照准的壳体上,扳手 6 是一个偏心凸轮,当它扳下时,在弹簧 5 及簧片 2 的弹力作用下,顶轴 4 及垫块 7 往后退,使两粒滚珠 3 的间距变小,于是两块簧片 2 的间距也缩小,从而夹紧了与度盘固连的复测盘 1。这时,度盘便随同照准部一起旋转。反之,若扳手 6 往上扳,则滚珠将两块簧片顶开,复测盘 1 随即脱离,照准部就可单独地旋转。这种复测卡的缺点是仪器长期使用后,簧片的弹性容易减弱而失效。

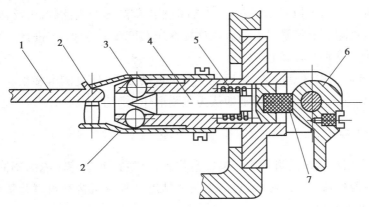

图 4.36　搭扣式复测器

1—复测盘;2—簧片;3—滚珠;4—顶轴;5—弹簧;6—扳手;7—垫块

（2）杠杆式复测器

这种复测器的结构如图 4.37 所示。扳手 7 是一根杠杆,向下扳时,即可绕着小轴 8 转动,与扳手相连的下簧片 9 即顶起顶杆 10 及上簧片 11,随即将与度盘相边的复测片 1 卡紧在上簧片 11 和压块 2 之间,度盘就随照准部一起旋转;同时顶块 6 在弹簧 5 的弹力作用下绕着小轴 4 向外顶出,将扳手 7 卡在顶块 6 的下一台阶上面,以阻止扳手恢复原位。反之,当用手压下顶块 6 时,扳手 7 随即恢复水平位置（如图 4.37 中所示）,复测片被松开,照准部就单独地旋转。我国杭州红旗厂 CJH-1 型光学经纬仪及蔡司 Theo 030 型光学经纬仪应用了这种复测卡。

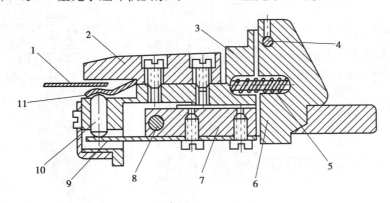

图 4.37　杠杆式复测器

1—复测片（环）;2—压块;3—照准部壳体;4—小轴;5—弹簧;

6—顶块;7—扳手;8—小轴;9—下簧片;10—顶杆;11—上簧片

3）复测卡工作可靠性检查的内容

（1）检查复测卡不工作时度盘是否有带动现象

将复测卡扳手扳开（向上扳）,整平仪器用望远镜瞄准任一目标并读数,顺时针方向旋转照准部 10 周后,并瞄准同一目标并读数。然后逆时针旋转照准部 10 再瞄准同一目标读数。3 次读数应无明显差别,否则即认为有带动现象。

（2）检查复测卡工作时卡紧是否可靠

将复测扳手扣上（向下扳）读取读数。然后将照准部顺转两周读数，再反转两周读数，3次读数不变，即说明复测卡卡紧是可靠的。该项检查应在度盘上每隔30°进行一次。

（3）检查复测卡作用的正确性

将照准部固定后读取度盘读数，然后上下多次扳动扳手，使复测卡多次夹紧，松开同时观察读数窗内的读数应无明显变化，否则即认为复测卡作用不正常。

4.2.5　拨盘机构

拨盘机构的作用是在观测过程中变换度盘位置，以便在度盘等间隔的不同位置上观测同一目标，减小水平盘刻画误差的影响，提高测角的精度。复测机构都可以起拨盘作用，但拨盘机构不能起复测机构的作用。

下面介绍两种拨盘机构：

1）拨盘机构一

如图4.38所示机构，应用较多，结构简单。水平盘轴套6上安装着度盘5与拨盘齿盘4，照准部的壳体上装有前端带有齿轮7的拨盘手轮2。需要拨动度盘时，打开手轮护盖1用手紧压手轮2使齿轮7和拨盘4啮合，同时转动拨盘手轮2即可拨动度盘。除在拨盘手轮上装有护盖外，还借助弹簧3的弹力使手轮2经常被顶起，齿轮7和齿盘4经常处于分离状态，这样即使误拨手轮，也不会转动度盘。

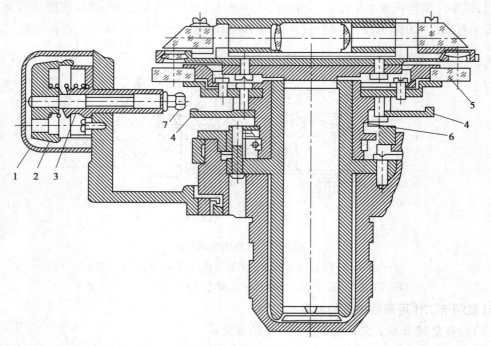

图4.38　拨盘机构一

1—手轮护盖；2—拨盘手轮；3—弹簧；4—拨盘；5—度盘；6—度盘轴套；7—齿轮

2) 拨盘机构二

如图 4.39 所示,改进后的拨盘机构拨盘手轮 1 与滑杆 5 相连在拨盘手轮座 4 上有一螺孔,孔中有弹簧 3,其弹力可通过螺丝来调整,当压力调到一定程度时,由于弹簧压力的作用使手把 7 与滑杆 5 产生较大摩擦力,可保证当滑杆头部的伞齿轮插入齿盘 8 后,不致因 3 个弹簧 2 的弹力作用而退出。该机构使用方便,因拨盘时无须压紧手轮。拨完度盘后,按下手把 7,由弹簧 3 所引起的手把 7 与滑杆 5 间的摩擦力消失,手轮 1 及滑杆 5 即被 3 个弹簧 2 自动弹出,之后手把 7 的头部正好落在滑杆 5 的凹槽内,卡住 3 滑杆,这时即使再用力也不可能把手轮 1 推入,避免了误转手轮而拨动度盘。只有再将手把 7 按下并推入手轮 1 后,拨盘手轮才能再起拨盘作用。国产 TDJ$_2$ 经纬仪均采用此种拨盘机构。

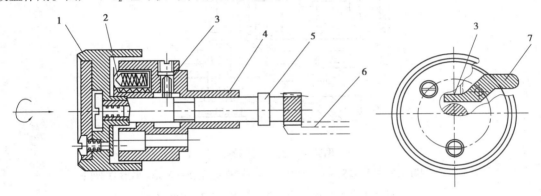

图 4.39　拨盘机构二

1′—螺丝;1—拨盘手轮;2、3—弹簧;4—手轮座;5—滑杆;6—小轮;7—手把;8—齿盘

4.2.6　脚螺旋

脚螺旋也称安平螺旋,其作用是借助于水准器的指示,将仪器精确地安置在理想位置上。精密仪器上的脚螺旋,螺杆与螺母一般是配对研磨而成,拆修时注意不要互换搭配。早期的仪器上使用的脚螺旋结构简单,如图 4.40 所示。

简易脚螺旋的缺点如下所示:

①螺杆和螺母之间容易沾染灰尘,加速螺纹的磨损,致使整个仪器发生晃动。

②大多数无调整螺杆与螺母之间间隙的机构。

目前应用最多的是具有调整机构的封闭式脚螺旋,如图 4.41 所示。

用螺旋环 2 将脚螺旋座 4 紧紧压入三角基座 1 内;在脚

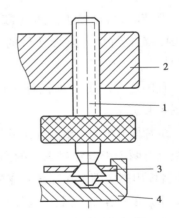

图 4.40　简易脚螺旋

1—螺杆;2—三角基座;

3—三角弹性板;4—三角底板

螺旋座 4 和螺杆 10 之间放入一个鼓形(枣形)螺母 5,鼓形螺母 5 的两端分别开有 3 条长槽,当旋转调节罩 8 时,锥形帽 7 挤压鼓形螺母,能使螺母两端略微收紧,从而调节了脚螺旋的松

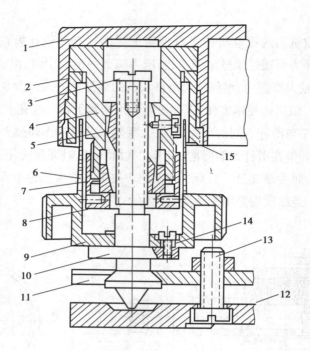

图 4.41 封闭式脚螺旋

1—三角基座;2—螺旋环;3—反牙螺丝;4—脚螺旋座;5—鼓形(枣形)螺母;

6—调节孔;7—锥形帽;8—调节罩;9—手轮;10—螺杆;

11—三角弹簧板;12—三角底板;13—螺丝;

14—3个小螺丝;15—定位螺丝

紧。调节时,可用校正针通过调节孔 6 来拨调节罩 8。为防止鼓形螺母的转动,使定位螺丝 15 的一端正好插入鼓形螺母的宽槽中。反牙螺丝 3 的作用则防止螺杆 10 旋出过多以致脱出。

我国曾生产了一种代替三角弹簧压板的簧片,如图 4.42 所示。

簧片厚 0.5 mm,中间伸出 6 块长条形舌板,每条舌板上有两个用以穿过螺丝的圆孔。把其中较短的 3 块簧板用螺丝固定在三角基座的中央底部,较长的 3 块固定在三角底板上。这样,在簧片的弹力控制下,每个脚螺旋不但可以自由旋转,而且降低或升高螺旋端的三角基座时,三角底板和三角基座之间也不可能发生相对扭转。实验表明,这种结构有效地控制了脚螺旋晃动对测量精度的影响。国产 TDJ$_6$、J$_6$-2、TDJ$_2$ 型仪器采用了这种结构。

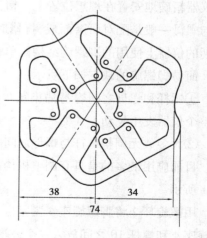

图 4.42 防扭簧片

4.2.7　对中结构

1) 垂球对中

使用垂球对中,在最理想的条件下对中精度可达 1 mm 左右。但有些经纬仪用垂球在测点之上对中时,精度往往很低,甚至出现不能容许的对中误差。由图 4.43(a)可知,架头顶面倾斜角 $\alpha=8°$,中心连接螺旋 $L=100$ mm 时,则得对中误差 $e=L\cdot\sin\alpha=14$ mm。例如,有些经纬仪的垂球挂钩设在三脚架中心螺旋的下端(见图 4.43(b)虚线所示),垂球挂在 A 处进行对中,当三脚架顶部安置不平使中心螺旋倾斜时,就要产生很大的对中误差 e。正确的垂球悬挂点位置应在中心螺旋的顶部仪器中心线上。对于这种不准确的挂钩,只能作为粗略的对中使用(如安置三脚架),然后再用经纬仪上的光学对点器精确地对中。对于不附设光学对点器的经纬仪(如 DJ_6-1 型经纬仪),必须将这种结构加以改装。

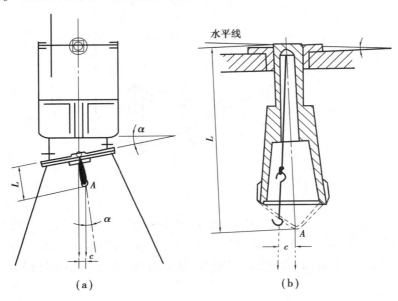

图 4.43　垂球对中

2) 光学对点器

如图 4.44 所示,光学对点器由物镜、直角棱镜、分划板及目镜组成。分划板上的标志是一圆圈,通过调节分划板,直角棱镜及目镜的相对位置来看清楚测点标志。物镜光心与分划板上标志的圆心的连线称为光学对点器的视轴,该视轴必须与仪器竖轴中心线重合。

光学对点器的安置有两种情况:其一是安在照准部,可随照准部一同旋转,如苏光 JGJ_2 型等仪器。其二是安装在仪器基座上,如威特 T_2 型等。

3) 一次对中机构——导向板

在安放三脚架时,其顶部平面一般仍是一个倾斜面,经纬仪在其上整平对中过程中,仪器难免有转动。这时,

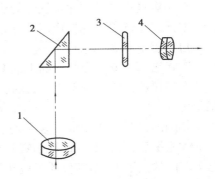

图 4.44　光学对点器
1—物镜;2—转向棱镜;
3—分划板;4—目镜

对中的仪器水平性必然被破坏,又须重新整平,随即又要重新对中,有时需反复多次才行,若仪器整平后,如何设法使它只平移不旋转一次完成整平,对中的目的是什么? 在目前生产的经纬仪中(如国产 TDJ$_6$、TDJ$_2$ 型仪器中)就增加了一次安平对中装置,即对中整平导向板(见图 4.45)。在三角底板下方有 3 个螺钉正好通过孔 2、3、5 挂住了导向板,使仪器在导向板之间只能 yy 方向移动。在三脚架平面上装有两个凸起的圆柱头螺钉,仪器安置于三脚架时,应使该螺钉分别插入 1、4 孔内,此时导向板对于三脚架头只能沿 xx 方向平移。

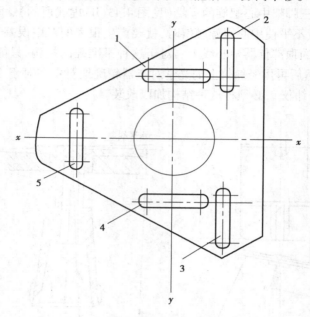

图 4.45　快速对中整平导向板

由图 4.45 可知,仪器在三脚架顶面只能沿 xx、yy 方向产生平移,而不能有任何旋转从而使仪器整平之后再进行对中时,其水平性不被破坏,从而加速了整平对中的过程。

4.2.8　三脚架

在测量过程中必须保持仪器的稳定性,才能得到精确的测量成果。然而在实际工作中,人们往往只注意仪器本身的稳定性,而忽视了三脚架的稳定性对仪器精度的影响。

1)检验三脚架

①将三脚架安放在坚实的土地上,踩踏脚架顶尖使之插入地面。

②将仪器安置于脚架之上,在离脚架一定的距离上设置两个标志,使其对仪器中心所成的张角为 6′。

③瞄准目标 1 并读水平盘读数,然后用于扭转三脚架架头,使望远镜尽可能照准标志 2。

④松手后,旋转照准部微动螺旋从新照准标志 1,再次读取水平盘读数。前后两次瞄准标志 1 方向的读数差:精密仪器不应超过 0.1′;一般仪器不得超过 0.3′。

2)对三脚架的要求

对三脚架各部分的结构必须十分严密、牢靠。

3)影响三脚架稳定的因素

影响三脚架稳定的因素有架头、架腿和脚尖以及箍套(伸缩式架脚的中段)。

4.3　测量仪器的稳定性

观测精度在一定程度上取决于仪器的稳定性,而仪器的稳定性又取决于仪器机械结构的合理精确与严密。

1) 影响仪器稳定性因素

①观测过程中度盘被带动,然而被带动的因素可能来自以下 3 个方面:

a.脚螺旋的螺杆与螺母之间有残留的空隙。

b.由于弹簧板开口处被脚螺旋下端磨损,脚螺旋下端在三角底板槽内产生移动。

c.三脚架架头,架腿或各连接处残留间隙所造成的扭转。该因素引起的误差在向某一方向旋转的开始表现尤为明显。但随着照准部的继续转动而减弱。早在我国《国家三角测量和精密导线测量规范》(以下简称《规范》)中规定:二、三、四等三角测量时,每半测回开始前,应先将照准部旋转 1~2 周,然后依此方向旋转照准部去照准各个目标,半测回过程中不允许有任何相反方向的转动。

②微动螺旋对仪器稳定性的影响。用微动螺旋使望远镜对准目标时,当微动弹簧弹力不足时,它就不可能推动照准部均匀地旋转,并有可能产生跳动现象,这不仅会带来较大误差,甚至使望远镜难以精确照准目标。为此规范规定:无论照准部向那个方向转动,精确瞄准时,微动螺旋必须以旋进方向使望远镜的十字丝趋近并瞄准目标。

2) 观测的检查工作

①使用复测经纬仪时(如 DJ_6-1 型)应检查仪器照准部是否有带盘现象。

②复测卡是否满足前述的 3 项要求。

③检查竖轴的晃动量是否符合规定要求。

④检查制微动机构及竖轴、横轴的运行情况。用 $2C$ 变化检查仪器的稳定性《规范》规定:对于 J_1 级经纬仪—测回方向的 $2C$ 值(即二倍视准差)的变化不得超过 9″;对于 J_2 级经纬仪不得大于 13″;J_6 级不得超过 30″。否则说明仪器的稳定性遭到了破坏。此时应逐步详细检查仪器各部分的稳定性,直到找出故障,逐一修好为止。

⑤检查三脚架的稳定性。

本章小结

本章主要介绍了测量仪器的光学部件:平面光学零件、球面光学零件,以及机械部件:竖轴轴系、横轴(水平轴)、复测(拨盘)机构、脚螺旋(安平螺旋)、对中结构等,最后简单介绍了仪器的稳定性。

第**5**章
读数设备

如果仪器机械与光学部分的性能都很好，瞄准精度也很高，但读数设备的精度却很低，那么仍然不能成为一台高精度的仪器。

用指标读数的方法由来已久，过去为保证读数精度，便尽量增大度盘尺寸，致使仪器变得十分笨重。游标的发明与使用，曾使读数方法前进了一大步。但此后又停滞不前，直到采用了具有光学系统的读数设备后，仪器制造才向着精度高、体积小、质量轻、操作方便的方向大步迈进。

5.1 概 述

测量仪器上的读数设备，包括度盘和指标。由于简单的指标满足不了测角精度的要求，在现代的经纬仪上，均采用了放大或显微机构，将度盘的刻度放大，并使用测微装置精确地测出不满度盘一格的小量。因此，在现今的读数设备中，均包括有度盘、放大机构和测微装置三大部分。

5.1.1 读数设备的分类

读数设备中的测微装置是较为复杂而又关键的部分。按测微装置的不同，可将读数设备分为：

①机械的：游标。

②光学的：光学游标、显微估计器、带尺显微镜、光学测微器等。

③光学机械的：显微测微器。

上述 3 种不同类型的读数设备，在光学经纬仪中最常用的是光学读数设备。

5.1.2 读数方法

读数设备的种类虽多，但读数方法却不外乎下述 3 种：

1）估读法

估读法就是估读最小间隔的 1/10。经验证明，估读时最适宜的间隔宽度 a 为 1.0～1.5 mm，而格线及指标线本身的宽度为 0.10～0.15 mm。在这种情况下能达到较高的估读精度，此时估读的极限误差大约为 $a/10$。按眼睛的明视距离（取 250 mm）换算成极限误差角值为 80″～120″，这与眼睛的分辨角（60″～120″）相近似。

采用估读法的读数设备有显微估计器（见图 5.1）和带尺显微镜（见图 5.2）两种。

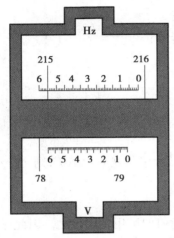

图 5.1　带尺显微镜图

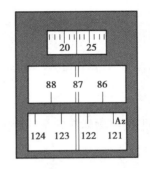

图 5.2　单玻璃平板光学测微器

2）平分法

使一条直线对称地处于另外两条直线的中央，称为平分法。据试验，用眼睛直接平分的极限误差为 10″～30″。

采用平分法的读数设备，常见的有单玻璃平板光学测微器（见图 5.2）。

3）符合法

使一条直线与另一条直线的延伸方向相符合，称为符合法。据实验，用眼睛符合的极限误差为 8″～15″。

采用符合法的读数设备，有游标和符合读数系统的光学测微器（参见图 5.2）。

从以上图 5.1 及图 5.2 中不难看出，采用平分法或符合法读数的光学测微器，其最后一位读数也是需要估读的。

5.2　放大镜和显微镜

5.2.1　放大镜

最简单的放大镜，就是一块短焦距的凸透镜。将其假定为一薄透镜，则放大原理如图 5.3 所示。物体位于透镜的物方焦点 F 以内，眼睛置于透镜的像方焦点 F′ 处观察（在这个位置能较充分地利用放大镜的视场和亮度），利用放大镜使物体成像在明视距离 G 的位置上。放大

镜的角放大率 V 是指用放大镜看物体时所成的视角和没有放大镜看物体时（位置也在明视距离 G 处）所成的视角之比，即

$$\gamma = \frac{\omega_{放}}{\omega_{眼}} \tag{5.1}$$

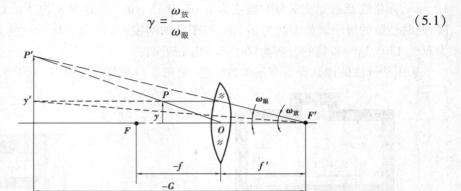

图 5.3　放大镜的原理

如果按照物体在眼睛网膜上成像的大小之比来确定放大镜的视放大率 Γ，则

$$\Gamma = \frac{\tan \omega_{放}}{\tan \omega_{眼}}$$

以上两式在实际上并不矛盾。当视角 ω 很小时，其角值即可用正切代之。因此一般并不需要严格区分，概称为放大镜的放大率。由图 5.3 可知

$$\Gamma = \frac{\tan \omega_{放}}{\tan \omega_{眼}} = \frac{\dfrac{y'}{-G}}{\dfrac{y}{-G}} = \frac{y'}{y} = \frac{-G}{f'}$$

式中　G——眼睛的明视距离。

从上式可知，放大镜的放大率与观察者的明视距离 G 的大小有关。同样的一块放大镜，对于明视距离较远的远视眼来说，可以得到较大的放大率，而对于明视距离较近的近视眼来说，所得到的放大率却较小。一般正常人的眼睛，取明视距离 $G = -250$ mm，于是，求得放大镜的放大率 Γ 为

$$\Gamma = \frac{250}{f'} \tag{5.2}$$

式中　f'——放大镜的像方焦距，mm。

式（5.2）说明，应当采用焦距较短的透镜作放大镜。但焦距太短的透镜，加工后必然是又小又凸又厚，眼睛观察起来很不方便，且像差也较大。因此，采用单块透镜的放大率，一般不超过 7~8 倍。一般均采用平凸透镜，并使平面朝向眼睛凸面向物（见图 5.4），这样像质较好。当需要放大率为 7~15 倍时，就应采用由两块平凸透镜组成的消像差放大镜（见图 5.4）。若放大率还需增大，则只有采用显微镜。

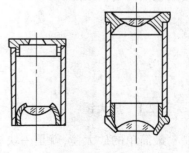

图 5.4　放大镜

5.2.2 显微镜

显微镜的成像及放大原理如图 5.5 所示。物体 AB 通过物镜以后,构成一倒立的、放大的实像 $A'B'$,$A'B'$ 位于目镜物方焦距以内的焦点 F_2 附近,由目镜将实像 $A'B'$ 再放大成虚像 $A''B''$。虚像 $A''B''$ 的位置,可借助目镜筒的移动使其正好处在明视距离 G 处。

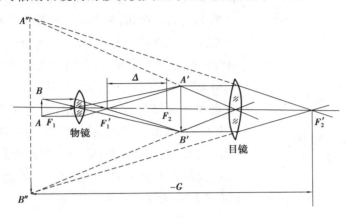

图 5.5 显微镜的原理

显微镜的放大特性和放大镜类似。因此显微镜实质上是复合光学系统的放大镜。因此,显微镜的放大率公式为

$$\Gamma = \frac{-G}{f'} = \frac{250}{f'} \qquad (5.3)$$

式中 f'——显微镜物镜和目镜的等效像方焦距。

由前述的等效光学系统可知:$f' = -\dfrac{f'_1 \cdot f'_2}{\Delta}$,代入式(5.3),得

$$\Gamma = \frac{\Delta}{f'_1} \cdot \frac{G}{f'_2} \qquad (5.4)$$

式中 f'_1 和 f'_2 分别为物镜和目镜的像方焦距。由于 $A'B'$ 成像在 F_2 附近,所以 $\Delta \approx x'_1$,而 $\dfrac{\Delta}{f'_1} \approx \dfrac{x'_1}{f'_1}$。由式(1.9)可以写出:$\Gamma_物 = -\dfrac{x'_1}{f'_1} \approx -\dfrac{\Delta}{f'_1}$。再参照式(5.1),最后将式(5.4)化成:

$$\Gamma = \Gamma_物 \cdot \Gamma_目 \qquad (5.5)$$

上式表明,显微镜的放大率等于物镜和目镜放大率的乘积。在一些专用显微镜的物镜和目镜上,均标有放大倍数,如物镜 100 倍、目镜 15 倍,则显微镜的放大率为 1 500 倍。一般采用更换不同的物镜或目镜,来获得所需要的显微镜放大率。但放大率过大往往也不好,这时影像的亮度将会显著地减弱,视场也缩小,以致使成像模糊,观察也不方便。显微镜为了获得良好的像质,其物镜和目镜也都采用多片透镜组成的消像差透镜组。

在测量仪器上所使用的读数显微镜放大率,一般均不超过 80 倍。放大倍数过大,将给度盘制造及仪器的装调带来很大的困难。

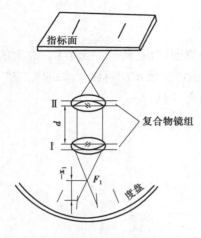

指标面

复合物镜组

度盘

图 5.6　测量仪器中的
显微物镜

在测量仪器中的读数显微镜，在结构上还有一些特点。由于显微放大系统和测微装置是结合在一起的，在物镜与目镜之间，物镜的成像平面上，安置如读数窗、指标线、分划尺等读数设备，这些设备的位置都是固定的，因此；对度盘格线通过物镜成像的位置和放大倍数就有严格的要求。例如，对于带尺显微镜读数设备，要求度盘一格经显微物镜放大后的宽度，与分划尺总格数（一般为60格）的宽度严格相等，否则就会产生"行差"；成像位置和分划尺应在同一平面内，否则就会产生"视差"。由于度盘和分划尺的位置是固定的，为了实现对"行差"与"视差"的调整，显微物镜广泛采用由两组透镜 Ⅰ、Ⅱ 所组成的复合透镜组（见图5.6），用改变两组透镜的间距 d 来改变复合透镜组的等效焦距 f'，以达到改变物镜组放大率的目的。其原理，可以用等效透镜组垂轴放大率公式来说明，即：

$$\beta = \frac{f'_1 \cdot f'_2}{(f'_1)^2 + x_1 \cdot \Delta}$$

式中　x_1——第一块透镜的物方焦点 F_1 到物体的距离；

　　Δ——第一块透镜的像方焦点到第二块透镜的物方焦点之间的距离。

要改变度盘经物镜组后成像之大小，有 3 条基本途径：

①保持两透镜之间的距离 d 不变（即固定 Δ 不变），通过改变 x_1 来满足所需的 β 值。

②保持 x_1 不变，通过改变 Δ（即移动第二块透镜）来满足所需的 β 值。

③x_1 与 Δ 均改变（如移动第一块透镜），来满足所需的 β 值。

通过上述 3 条途径的调整，就能改变指标面上度盘成像格线的宽度，以期达到消除"行差"的目的。但又可能出现另一种情况，就是度盘格线的像，不是刚好落在指标面上，面是落在指标面的前面或后面，即出现"视差"。当有视差现象存在时，在读数视场中就会出现度盘格线的像和指标线不能同时都调得清晰的现象。消除视差的方法，也需要通过移动两组透镜的位置才能达到目的。

以上说明，在调整行差的过程中会影响视差，而调整视差时又会影响行差。可见，行差与视差在调整过程中是存在着矛盾的。因此在光路调整时，往往须多次反复、逐渐趋近。这是一项极其细致而耐心的工作。

显微物镜组只设一组透镜是不行的。因为一组透镜只存在一个特定的位置和一个特定的焦距才能保证行差与视差都同时满足要求。而由于光路中的各零部件，不可避免地存在加工和装配误差，最后，又不可能保证这组透镜刚好符合这个特定的焦距和处在这个特定的位置上。

5.3　带尺显微镜和单平板玻璃光学测微器

5.3.1　显微估计器和带尺显微镜

1) 显微估计器

显微估计器是利用显微镜成像的原理,将度盘的格线放大,同时在物镜成像平面处装一指标线(构造见图 5.7),利用指标线可以估读至度盘格值的 1/10。显微估计器的读数视场如图 5.8 所示,图中的读数为 92°34′。

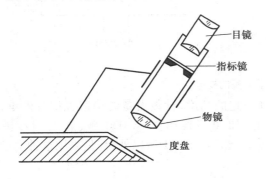

读数: 92°34′

图 5.7　显微估计器的构造读数　　　　图 5.8　显微估计器的视场

显微估计器对度盘格线的放大,并没有很严格地要求,因此不存在行差的问题,故显微物镜组只要一组透镜就可以了。因此,它的构造较为简单,读数也简便,但精度不高,只在一些较为轻便的勘测经纬仪和某些带度盘的水准仪上可以见到。

显微估计器在结构和使用上,需要满足下列两项要求:

①度盘格线应该成像在指标线平面上。所以显微物镜必须是可以调节的,一般可用伸缩的物镜筒进行对光。

②指标线必须与度盘格线平行。这一点可通过旋转显微镜镜筒(连同指标线)来调整。

2) 带尺显微镜

带尺显微镜也称显微带尺或显微分划尺,这是在显微物镜的成像平面上用一带尺(也称分划尺)代替显微估计器的单指标线。采用这种方法,在同一度盘直径的情况下,可提高读数的精度。此外,为了满足对行差的调整,显微物镜组必须由两组透镜所组成。其构造原理及读数视场如图 5.9 所示。

带尺显微镜应满足下述条件:

①带尺从 0~n 格的总宽度,应等于经显微物镜放大后的度盘格宽;而且度盘格线也应成像在带尺的平面上。亦即应无"行差"和"视差"。

②带尺分划格线应与度盘分划格线平行,其相互位置应有部分重叠,以便于读数。

带尺显微镜的设计应使经显微镜放大后的度盘格线的粗细,最好为 0.1~0.15 mm,度盘格线的宽度,最好为 1.0~1.5 mm。过宽和过窄都会影响读数精度。某些进口仪器由于达不到上述要求,给估读带尺格值的 1/10 带来一定的困难。

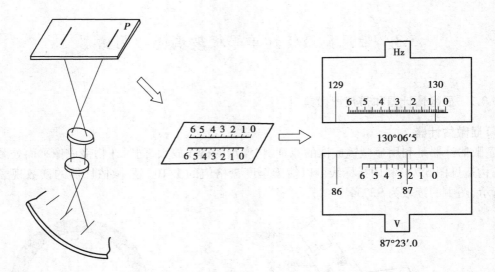

图 5.9　带尺显微镜的构造

由于带尺显微镜的读数直观方便,又能保证一定的精度,读数设备的构造也比较简单,所以被广泛地应用于 J_6 级以下的工程经纬仪上,如德国蔡司 Theo 030 型、意大利沙漠拉 T4150NE 型等。我国生产的 J_6 级光学经纬仪,除北光厂的 DJ_6-1 型以外,都是采用这种类型的结构。

5.3.2　单玻璃平板光学测微器

1)测微器原理

单玻璃平板光学测微器的原理如图 5.10 所示。这是在显微物镜与读数窗指标线之间,安置了一块可以绕着固定轴转动的玻璃平板,利用转动玻璃平板能使通过它的光线产生平行位移的特点而制成的。由式(5.6)可知,当玻璃平板旋转一个小角度 i 后,光线通过玻璃平板产生的平移量 h 可按下列近似公式求得

$$h = d\left(\frac{n-1}{n}\right) \cdot i \qquad (5.6)$$

对于一定尺寸的玻璃平板,它的厚度 d 和玻璃折射率 n 均为一常量。例如,K_9 号玻璃 $n = 1.516\ 3$,取 $d = 10\ mm$,则

$$h = 10\left(\frac{1.516\ 3 - 1}{1.516\ 3}\right) \cdot \frac{i}{57.296} = 0.06i\ (mm) \qquad (5.7)$$

式中　i——以度为单位。

式(5.7)说明,度盘格线的像在指标面上的移动量 h 是与玻璃平板的旋转角 i 成正比的。但是,玻璃平板旋转角本身并不是度盘格线的移动角值,因而还必须通过一种特殊的设备,把玻璃平板旋转角归化为度盘格线的移动角值。这种设备就是利用与玻璃平板连接在一起转动的测微尺(一般是一段圆弧,刻有 n 个分划)。当度盘格线影像移动一整格时,测微尺移动了 n 格,于是,测微尺的格值 t 为

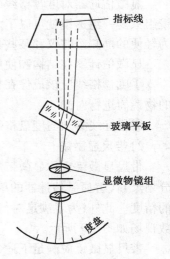

图 5.10　单玻璃平板
测微器原理

$$t = \frac{v}{n} \tag{5.8}$$

式中　v——度盘最小格值。

例如,瑞士 WILDT:经纬仪的度盘最小格值 $t=1°$,测微尺刻有 $n=60$ 格,则测微尺格值 $v=60'/60=1'$。

这种测微结构所用的玻璃平板,其倾斜角不能过大,否则将会影响测微精度,并使度盘影像变形。因此,玻璃平板的最大转动角度,一般为 $10°\sim15°$。

2)北京 DJ$_6$-1 型经纬仪测微器的构造

北京光学仪器厂生产的 DJ$_6$-1 型经纬仪所采用的单玻璃平板测微器,其结构比较典型。在图 5.11 中,与测微手轮 1 相连接的小齿轮转动时,带动扇形齿 2,绕小轴 3—3 旋转,此时图 5.12 北京 DJ$_6$-1 型读数视场与之固连在一起的玻璃平板 4 也一同旋转,其转动量通过与之固连在一起的弧形测微器 5 表示出来。由于玻璃平板的转动,使度盘格线产生平移,当度盘格线平移至固定双指标线的中央时(视场见图 5.12),即可读得度盘读数为 $5°13'30''$。

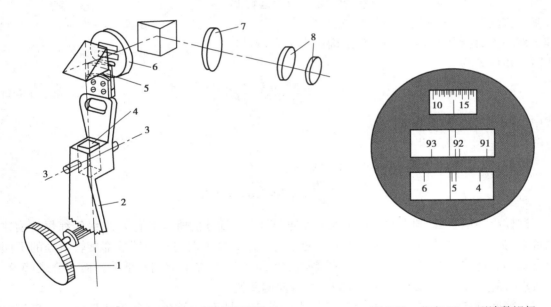

图 5.11　DJ$_6$-1 型单玻璃平板测微器构造　　　　图 5.12　北京 DJ$_6$-1 型读数视场

1—测微手轮;2—扇形齿;3—小轴;4—玻璃平板;5—弧形测微器;
6—读数窗(指标面);7—转像透镜;8—目镜

这种仪器的竖直度盘(竖盘)和水平度盘(平盘)共用同一测微器,两读数必须分别读取。当读取平盘读数时,固定双指标线必须对准平盘格线的中央;而读取竖盘读数时,双指标线则又必须对准竖盘格线的中央。因此,读数窗(指标面)6 上的两个度盘的影像必须要一样宽才行。这一要求可通过调节竖盘成像透镜组的位置来达到。

这种测微器的结构,仅仅多了一块玻璃平板及其转动机构,然而度盘的刻画工艺却比较简单,度盘的格线可以允许较粗(0.005~0.012 mm),测微器使用也稳定可靠,精度又能满足工程经纬仪的要求,因此在 J$_6$ 级精度的光学经纬仪中,目前应用的也不算少。

5.4 度盘对径分划符合读数的原理及测微装置

5.4.1 符合读数的原理及符合光学系统

1) 照准部偏心差对读数的影响及其消除

经纬仪在测角时,照准部(指仪器的旋转部分,包括望远镜、支架及制微动设备等)带着指标相对于水平度盘旋转。照准部旋转时有自己的旋转中心 C',度盘有自己的刻画中心 C,理论上要求它们是重合的,但由于仪器零部件在制造和装调上允许有公差,C' 和 C 实际上并不重合。这就是说,仪器存在着照准部偏心差。在图 5.13 中表示存在这种偏心差的情况。当望远镜瞄准某一方向时,其正确读数指标位在 A 处,由于存在照准部偏心差,得到的读数为 A',与正确读数的差数 AA' 所对的角值 ε 为

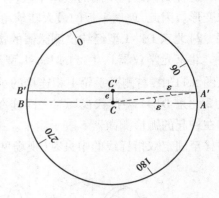

图 5.13　照准部偏心差

$$\varepsilon'' = \frac{AA'}{AC}\rho'' = \frac{e}{r}\rho'' \tag{5.9}$$

式中　e——照准部偏心量;

　　　r——度盘刻画半径。

例如,假定取 $e = 0.002$ mm,$r = 47$ mm,则

$$\varepsilon = \frac{0.002}{47} \times 206\ 265'' = 8.8''$$

这样小的偏心量,却引起了这么大的方向偏差。在前述的所有的有关 J_6 级经纬仪的读数设备中,都包含着这种由偏心量 e 所引起的方向误差。这个误差对于照准部旋转所处的不同位置是不一样的。因此,在两个方向相减所得出的角值中,并不能相互抵消。而在公式(5.9)中所求得的 e 值,为偏心量 e 所引起的最大方向偏差值。

对精度较高的经纬仪(如 J_2 级),这样大的偏心差是不允许的,必须设法消除之。最简单的办法是在照准部旋转中心 C' 的对径 180° 方向装置两个指标,取两个指标读数的平均数作为某一方向的读数,即可得到消除偏心差的正确读数。其原理如下所述:

从图 5.13 可知,当 C' 与 C 重合时,某方向的正确读数为 A、B,指标读数是一致的,只是相差 180°,即 $B - 180° = A$。当取两个指标的平均数时:

$$\frac{A + (B - 180°)}{2} = \frac{A + A}{2} = A \tag{5.10}$$

若 C' 与 C 不重合,则两个指标的读数分别为 A' 和 B',当取其平均数时得到某方向的读数 A_0 为

$$A_0 = \frac{A' + (B' - 180°)}{2} \tag{5.11}$$

由于 $A' = A - \varepsilon, B' = B + \varepsilon$。代入上式得

$$A_0 = \frac{A - \varepsilon + (B + \varepsilon - 180°)}{2} = \frac{A + (B - 180°)}{2} = A \qquad (5.12)$$

式(5.12)说明,只要能用两个指标 A' 和 B',然后取其读数的平均值,即可得到某一方向不受照准部偏心差影响的正确读数。在老式的游标经纬仪上就是这样做的,但每瞄准一个方向就得增加一次读数,同时须计算出两次读数的平均值,而且在读数时还要围着仪器转,作业很不方便。而采用对径分划符合读数法就能解决这个问题。

2)度盘对径分划符合读数的原理

上节已经讲到,仪器存在照准部偏心差,只要取对径的两个指标读数,由公式(5.11)即可求得某一方向(如 N_A)不受偏心影响的正确读数,即

$$N_A = \frac{A' + (B' - 180°)}{2} \qquad (5.13)$$

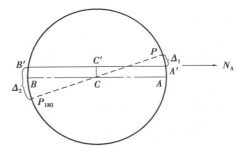

图 5.14 照准部偏心差

在图 5.14 中,设 P 为最靠近指标 A' 的度盘分划线,其读数可直接从度盘刻度上读出,Δ_1 为不满度盘一格的尾数。则指标 A' 读数为

$$A' = P + \Delta_1$$

同理,设 P_{180} 为最靠近 A' 的度盘分划线。由于偏心差 ε 值相对于度盘格值而言是很小的,绝不可能会差去一格。所以:$P_{180} = P + 180°$。则指标 B' 读数为

$$B' = P_{180} + \Delta_2 = P + 180° + \Delta_2$$

将 A' 和 B' 代入式(5.13)并化简得

$$N_A = P + \frac{\Delta_1 + \Delta_2}{2} \qquad (5.14)$$

由于存在偏心,$\Delta_1 \neq \Delta_2$,取 $\Delta_{平} = \frac{\Delta_1 + \Delta_2}{2}$,则

$$N_A = P + \Delta_{平} \qquad (5.15)$$

式(5.15)说明,要获得某一方向 N_A 的正确读数,其关键是设法一次读取 $\Delta_{平}$。为此,可通过一光学系统,将度盘分划线成像在它的对径 180° 分划线附近(见图 5.15),不放大也不缩小,方向也不改变,但使其相切。那么,用测微器只要能求出 $\frac{1}{2}(PA' + P_{180}B') = \Delta_{平}$ 即可。

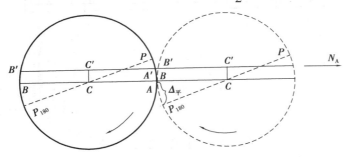

图 5.15 对径分划符合读数原理

求取 $\Delta_平$ 值的测微器,主要是两个相同的能作等速反向运动的光学零件,度盘分划线通过此光学零件后,其影像 P 和 P_{180} 亦作等速反向移动并互相符合,分划线的移动量 $\Delta_平$ 可从测微尺上读出,视场情况如图 5.16、图 5.17 所示。

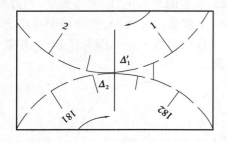

图 5.16　使对径分划作等速反向移动　　　　图 5.17　用测微尺确定 $\Delta_平$ 值

从上述的符合读数原理不难看出,这种读数法可以不用指标,读数时,只要使对径的分划线上下符合,即起了指标线的作用。事实上有些仪器,如德国蔡司 Theo 010 型、我国苏光 JGJ$_2$ 型等均没有设指标线。至于如何实现度盘对径分划线的符合,将在下面进行介绍。

3)度盘对径 180°分划的符合方法

(1)透射式符合光学系统

这种系统的结构如图 5.18 所示。光线经过保护玻璃 1,照亮了度盘 2 在 0°附近的分划格线,此分划格线经屋脊棱镜 3 及 1∶1 成像透镜组 4 和直角棱镜 5 成像在对径 180°分划线附近,其像平面和度盘分划平面重合。成像情况,如图 5.18 中右上角所示,此成像系统犹如将度盘左侧分划平移至右侧分划一边。度盘注记方向见右下部俯视图,并用 x、y 加箭头来表示。在这里,还要注意度盘注记在成像过程中箭头方向的变化。

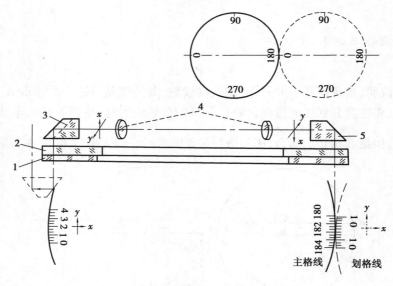

图 5.18　透射式符合光学系统
1—保护玻璃;2—度盘;3—屋脊棱镜;4—1∶1成像透镜组;5—直角棱镜

这种符合系统的对径部分两组分划格线,所经过的光学零件并不相同,副格线(见图 5.18 中 0°附近的)较主格线要多通过一组较复杂的成像系统,故影像不如主格线清晰。两个像的衬度也有所差别,这是透射式符合系统的主要缺点。但是,这种系统的光学零件制作工艺比较简单,装调比较方便,因此应用较广。如蔡司 Theo 010 型以及我国统一设计的 TDJ$_2$ 型光学经纬仪等均采用此种结构。

(2)反射式符合光学系统

这种系统的结构如图 5.19 所示。照明光线从度盘中心部分射入,经过棱镜 1 的反射进入符合棱镜 2 并照亮度盘 3。由于度盘刻画背面镀有银反射层 4,带有度盘刻画的光线再反射回符合棱镜 2,从度盘中心部分反射上去。对径部分(图中右侧)的光路与此相类似。度盘注记方向如下部俯视图所示。对径分划符合位置在度盘中心部分。右上角为对径分划符合示意图。

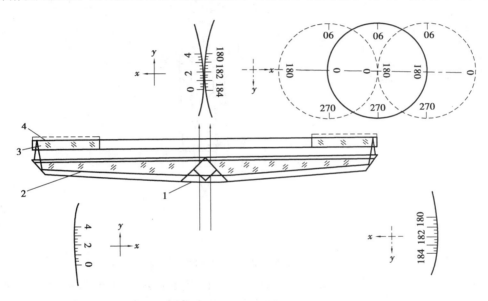

图 5.19 反射式符合光学系统
1—棱镜;2—符合棱镜;3—度盘;4—反射层

这种符合系统的对径两组分划格线所走的光路相同,结构对称,符合的分划可以同样地清晰,成像质量较好,符合精度较高。但这种结构在工艺上要求比较高,两只符合棱镜反射面的角度要求严格,对度盘的平面性、平行性和光洁度,以及度盘所镀的反射层等要求都较高,反射层的稳定性、清洁程度等都是不容易保证的。在长期的使用中发现,威尔特 T2、T3 型经纬仪的度盘,均有反射银层变质发黄和出现麻点等现象,有的甚至严重到不能使用,必须将其"翻新"。但经重镀后,一般效果尚好,还能继续使用。

4)符合读数系统中的分像器

上述的对径分划符合光学系统,只能使对径分划圆弧形相切或部分重叠,而我们在读数视场中所见到的对径分划,却都是平直相切的,这是由于分像器所起的作用。平直相切的对径分划,能提高符合读数的精度,而且读数方便,因而得到普遍采用。下面谈谈分像器的结构和原理。

(1)折射式分像器

这种分像器的结构和原理如图 5.20 所示。分像器为两块相同的菱形棱镜胶合在一起所组成（见图5.20(a)）。由于入射光线不垂直于菱形棱镜的入射面,通过菱形棱镜后的出射光线将会产生一段平移,如图5.20(b)中阴影线所示。在阴影线之间为对径分划的重叠部分称为"切割区"。在"切割区"内的光线,因越过胶合面以后将进入另一块菱形棱镜,并最后射向我们在镜筒中所看到的视场之外,如图中虚线所示。因而使"切割区"这部分的光线被分隔掉,形成如图5.20(c)所示的视场。

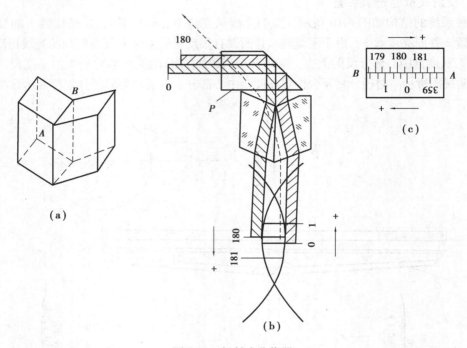

图5.20　折射式分像器

读数窗指标面位于直角棱镜底面 P 上。不难看出,读数视场中所见到的细而直的符合线 AB,是两块菱形棱镜胶合面上端线 AB 通过放大系统后所形成的影像。分像器在仪器光路中所处的位置。分像器右面一块菱形棱镜的右上角,还加工成一小平面,这是为了能透过一小部分的光线,借以照亮测微盘之用。

这种分像器的优点是结构可靠,对径分划线通过的光程相同,主副像亮度一致。在威尔特 T_2、T_3 型光学经纬仪和我国统一设计的 TDJ_2 型光学经纬仪等均采用这种结构。但这种结构对两块菱形棱镜的加工及胶合工艺要求很高,稍有缺口、脏点和剩胶等现象,经放大后均是不能允许的缺陷。这部分在修理过程中也要注意,一般不宜拆下,在清洗时,注意清洁液不要渗入胶合面,以免造成脱胶。

（2）反射式分像器

这种分像器的结构及原理如图5.21所示。分像器是由一块上半部镀银的直角棱镜和一块一面全部镀银的玻璃平板胶合而成（见图5.21(a)）,玻璃平板镀银的一面靠外（见图5.21(b)）顶面加虚线部分。度盘分划线的成像光线如阴影线所示。"切割区"内的分划线为棱镜的镀银面所分隔（见图5.21(b)）粗虚线所示,不能进入视场。不难理解,读数视场中所见的平直的符合线 AB（见图5.21(c)）,即直角棱镜镀银的分界线 AB（见图5.20(a)）。

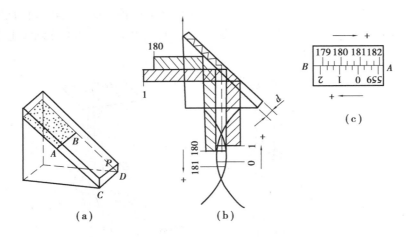

图 5.21 反射式分像器

实际应用中,均将平板玻璃削成一个很小的小角(30′～50′),形成楔角很小的楔镜,以便更有利于观察。在这里,为了装配上的方便,将分像器与读数窗胶合在一起。

反射式分像器的优点是:结构简单,加工和装配均比较容易,故应用至今。如蔡司Theo 010型,苏联 TB-T 型及我国苏光 JGJ$_2$ 型经纬仪等均采用此种结构。

但是,这种分像器对镀银的工艺要求很高,分界线要平整,并与直角棱镜的棱 CD 平行。经长期使用后发现,镀银层极易变质、发黄和出现斑点;尤其是符合线 AB 部分,由于胶层的腐蚀使变质更甚,甚至有的仪器仅用几年就无法读数了。如匈牙利莫姆厂生产的经纬仪,大都有这个问题,就连蔡司厂较老的产品也不例外。

这种结构的另一个缺点是,对径两部分分划所走过的光程不等。图 5.21 中右侧的 1°分划线要穿过直角棱镜和玻璃平板,一直到玻璃平板的外表面才反射,多走了玻璃平板内的一段光程。为了补偿与左侧 180°分划的光程差,就不得不将其 1°分划部位(即右侧)光路上的测微光楔加厚。

5.4.2 双平板玻璃测微器

为了使度盘对径 180°的分划线作等速反向移动,并使它们精确符合,必须有一个能使度盘对径 180°分划线影像作相反运动的测微元件。同时,分划线的移动量 $\Delta_{\text{平}}$ 还要从这个测微元件上读出。因此,这个测微元件,就包括了能使对径分划线作反向运动的一对光学零件和为了读取 $\Delta_{\text{平}}$ 而与之固连在一起的测微尺。

在符合读数系统中最常用的测微元件,有双玻璃平板光学测微器和双楔镜光学测微器。此外,也有少量仪器采用了特殊结构的单玻璃平板光学测微器,如瑞士克恩厂的 DKM1、DKM2 型和意大利伽利略厂的 TG$_1$b、TG$_2$b 型等。在这里,将对前两种光学测微器的构造和原理进行介绍。

1) 双玻璃平板测微器的结构原理

单玻璃平板测微器的原理在前面章节已叙述,即根据玻璃平板转动程度来测量度盘分划通过它之后的位移量,双玻璃平板测微器的原理也与此类似,所不同的是还要解决用两块玻璃平板实现等量反向转动的问题,如图 5.22 所示。度盘对径分划中 1°与 181°分别通过各自的玻璃平板 1 与 1′。当转动测微盘时,必须同时使两块玻璃平板各自反向旋转,使通过两块玻璃平板的度盘对径分划线各自相对移动 $\Delta_平$。如图 5.22(b)所示的 1°与 180°分划线上下精确符合,$\Delta_平$ 的角值就用测微盘的分划来表示。

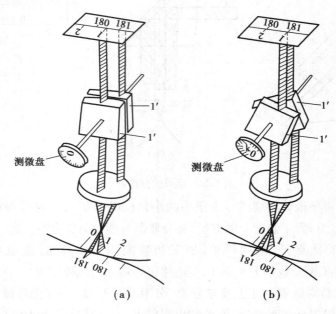

图 5.22　双玻璃平板测微器原理

2)双玻璃平板测微器的构造

这种测微器的构造如图 5.23 所示。测微手轮连同测微盘 4 绕旋转轴 O 旋转,而与测微盘 4 连接在一起的金属板上刻有阿基米德螺旋槽尺。杠杆(架臂)Q、Q' 上端的球形轴头嵌在螺旋槽尺内,杠杆 Q、Q' 下端固定有两块相同的玻璃平板直 1、1′,它们可以各自绕小轴 g、g' 旋转。当测微盘 4 按图上箭头所示的方向转动时,杠杆 Q、Q' 均沿螺旋槽向外推动,此时玻璃平板 1 绕小轴 g 顺时针方向转动,玻璃平板 1′则逆时针方向转动,即实现了反向转动的要求。由于阿基米德螺旋槽在其旋转过程中任意位置的径向位移量是相等的,那么,只要两根杠杆的零件尺寸一致,两玻璃平板的等量转动也就能够实现了。

图 5.23 中 2 就是菱形棱镜分像器;3 是转向棱镜,棱镜的底面是读数窗;6 是读数窗场镜;5 是测微盘的照明棱镜,同时也是测微盘的读数指标棱镜。

这种测微器结构的主要优点是:结构紧凑、体积较小,使用性能比较稳定可靠。最早采用这种结构的仪器,就是威尔特 T_2、T_3 型经纬仪。我国统一设计的 J_2 级光学经纬仪 TDJ_2 型也采用了这种结构。

这种类型测微器的主要缺点是:制造和装配较复杂;零件较多;平面螺旋槽加工困难,工艺要求严格,测微盘与玻璃平板不固连成一体,而转动部位又比较多,很容易出现所谓"隙动差"——测微盘的读数变动了而玻璃平板尚未转动。

3)双玻璃平板测微器的隙动差

产生隙动差的原因与部位如下所述:

①杠杆 Q、Q' 上端的球形轴头与螺旋槽不密合,轴头在槽内晃动时,玻璃平板即随之转动,

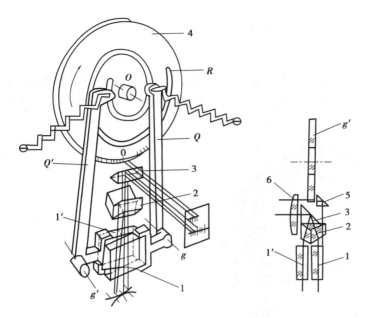

图 5.23　双玻璃平板测微器构造

1、1′—平板玻璃;2—分像棱镜;3—转向棱镜;4—测微盘;

5—测微盘照明棱镜;6—场镜;Q、Q'—杠杆(架臂);R—阿基米德螺旋槽;

O—测微盘旋转轴;g、g'—玻璃平板与杠杆(架臂)的转轴

此时的度盘分划线也产生了位移,但测微盘并没有旋转,测微盘读数也并没有改变。

②转轴 g、g' 有间隙,产生晃动。

③测微盘的转轴 O 也可能出现晃动。

为了减小或消除隙动差的影响,在球形轴头部位各加一条拉簧,使轴头永远靠在螺旋槽的外侧,小轴 g、g' 也靠向一侧。这样,即使有点间隙,晃动现象也能基本消除。但当仪器经过一段时间的使用后,拉簧仍有可能失效,因此必须经常注意检查。检查时,用正反旋测微盘使分划线符合,两次读数差数,就是隙动差。我国《国家三角测量和精密导线测量规范》(以下简称为《规范》)规定,J_2 级经纬仪的隙动差不应超过 2″,超过此值的仪器需要进行检修。修理时,一般只需将拉簧剪去 1~2 扣,然后再装上试试,直到拉簧生效为止。

在三角测量外业工作时,为了减小或消除隙动差对观测成果的影响,在上述《规范》中还规定了度盘分划线符合时,一律采用测微器的"旋进"方向。所谓"旋进",即顺时针方向。如图 5.23 中的"旋进"方向为箭头所示的相反方向,也就是拉簧的受力方向。

符合读数法的测微盘格值是这样计算的:当度盘对径上下分划相对移动一格时,实际上两排分划只各自移动 1/2 格,故测微盘格值 t 为

$$t = \frac{v}{2} \cdot \frac{1}{n}$$

式中　v——度盘格值(对于 J_2 级仪器,$v = 20''$);

　　　n——测微盘总格数(对于 J_2 级,$n = 600$)。

对于 J_2 级光学经纬仪,一般测微盘格值:$t = 1''$,其读数视场如图 5.24 所示。

5.4.3 双楔镜(光楔)光学测微器

1)双楔镜测微器的原理

楔镜测微器是利用楔镜能将通过它的光线偏转一个小角的原理制成的。利用楔镜的直线运动,就能使通过它的度盘分划线产生位移,位移量与楔镜的运动量成正比(见图 5.25)、楔镜的运动量,可通过与楔镜连接在一起的测微尺读数的变化表示出来。

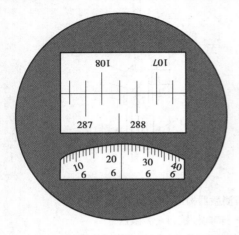

图 5.24 双玻璃平板测微器的读数视场 图 5.25 楔镜测微原理

光线通过楔镜产生偏向角 β,根据本教材 P46 中介绍液体负载系统补偿原理中可知有

$$\beta = a(n - 1)$$

楔镜沿光轴方向移动 l,使光线在垂直于光轴的平面内产生了位移 h。由于 β 一般很小,于是

$$h = \frac{\beta}{\rho} \cdot l = \frac{a(n - 1)}{\rho} \cdot l$$

对于某一固定的楔镜来说,a、n 均为常量。因此 $h = Kl$,其中 K 为一常量。

这就说明了光线的位移量 h 与楔镜的移动量 l 成正比。而玻璃平板测微器则存在着非线性误差,即当玻璃平板旋转角度比较大时(如大于置 10°),光线通过玻璃平板的位移量与玻璃平板的旋转角之间的关系,不再是简单的线性关系,而要用复杂的函数式来表示。另外,阿基米德螺旋槽线与玻璃平板之间的传动关系,也非简单的线性关系。仪器设计者为了计算上的方便,均采用了近似的简单线性公式。当玻璃平板旋转角增大时,这种非线性误差将明显地反映出来。

应用于符合读数法中的楔镜,要使对径分划作反向运动与上下符合,一定要采用两块相同而又互相倒置的活动楔镜(测微楔镜)。在活动楔镜的下部,为了防止光线偏离主光轴太远和消像差的需要,还对应设置了一对倒置的固定楔镜(补偿楔镜)如图 5.26 所示。测微尺与两块活动楔镜紧固成一体,用测微尺移动量 0~K 来表示 $\Delta_\text{平}$ 的值。测微尺的格值 t,同样为

$$t = \frac{v}{2} \cdot \frac{1}{n}$$

例如,对于蔡司 Theo 010 型、苏光 JGJ_2 型等 2 s 级经纬仪而言,$v = 20'$,$n = 600$,则 $t = 1''$。

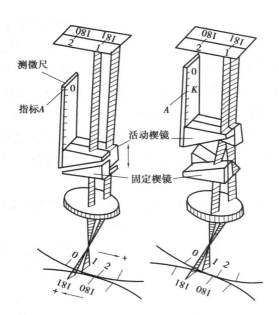

图 5.26 双楔镜测微器原理

2) 双楔镜测微器的构造

双楔镜测微器的构造,如图 5.27 所示。固定楔镜 9、活动楔镜 10,测微尺 12、分像棱镜 11 和读数窗 1 等均安装在右支架的盖板上。转动测微手轮 5 时,由紧固在一起的小齿轮 6 带动齿条 3 上下滑动,与齿条 3 固连的滑架 4 沿着直线导轨 7 有规则地滑动。滑架上固定着的活动楔镜 10、测微尺 12 也随之规则地上下滑动。隔离板 2(涂黑的薄铜片)用来隔离对径分划在成像过程中的互相干扰。

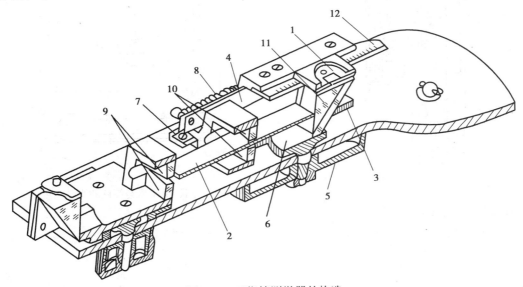

图 5.27 双楔镜测微器的构造

1—读数窗;2—隔离板;3—齿条;4—滑架;5—测微手轮;6—小齿轮;7—导轨;
8—拉簧;9—固定楔镜;10—活动楔镜;11—分像棱镜;12—测微尺

整个测微器是竖直安装的,如图5.28所示为双楔镜测微器的侧面图。测微器的滑架,由于自重的作用往往发生下滑,因此装一拉簧8,以期能与自重相互平衡。然而,由于测微尺在不同部位时,弹簧所受的拉力各不相同,而自重又始终不变,因而从原理上讲也无法平衡。事实上,这种测微器就存在着自动下滑和回弹现象。解决的办法只有增加滑架的摩擦力,这可用调节滑架与导轨的间隙来达到。测微手轮的摩擦力,也直接影响滑架的运行情况。这种"下滑"和"回弹"现象,是双楔镜测微器的主要缺点,但由于它的加工工艺比双玻璃平板测微器简单,而且活动楔镜与测微尺固连成一体,从原理上讲不会产生"隙动差",精度较高,因此得到广泛的应用。

在双楔镜测微器中,两块活动楔镜的厚度是不一样的,有一块明显地较厚,这是为了补偿反射式分像器所产生的度盘对径分划光程不相等的缘故。

如图5.29所示为应用双楔镜测微方法的苏联TB-1型经纬仪的光学系统。其他如蔡司Theo 010型、苏光JGJ$_2$型等J$_2$级经纬仪的光学系统也大致相仿。

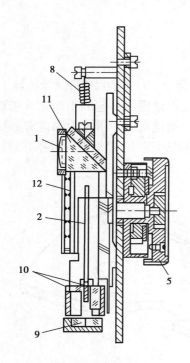

图5.28　双楔镜测微器侧面图

1—读数窗;2—隔离扳;5—测微手轮;

8—拉簧;9—固定楔镜;10—活动楔镜;

11—分像棱镜;12—测微尺

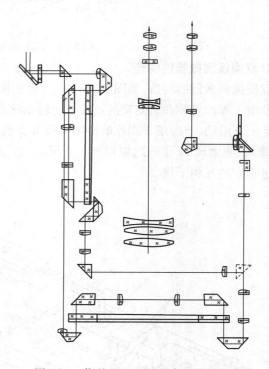

图5.29　苏联TB-1型经纬仪的光学系统

本章小结

本章主要介绍经纬仪读数设备的分类、经纬仪读数设备的读数方法;放大镜和显微镜的工作原理;带尺显微镜和单平板玻璃光学测微器的工作原理;度盘对径分划符合读数的原理、方法及测微装置的工作原理。

第3篇
光学测量仪器

第**6**章

光学水准仪的检修

6.1　DS₃水准仪的构造

6.1.1　光学水准仪概述

水准测量所使用的仪器和工具有水准仪、水准尺和尺垫。水准仪是一种能精确给出水平视线的仪器,我国将水准仪按其精度划分为 4 个等级:DS_{05}、DS_1、DS_3 和 DS_{10}。字母 D 和字母 S 分别为"大地测量"和"水准仪"汉语拼音的第一个字母,其后的数字代表仪器的测量精度,即在不考虑外界环境和人为因素的影响下仪器本身所存在的误差,如 DS_1 表示本仪器每千米往返测量的偶然误差为±1.0 mm,DS_3 表示仪器每千米往返测量的偶然误差为±3.0 mm。根据观测精度的要求选用不同的仪器不仅能保证观测质量同时也能提高观测的工作效率。一般 DS_{05}、DS_1 型的水准仪用于三等以上的水准测量以及对建筑物的变形观测等高精度水准测量工作,DS_3 型的水准仪主要用于四等及以下的水准测量、工程放样、井下测量等测量工作。当前水准仪按其结构可分为两大类,即光学水准仪和电子水准仪。

光学水准仪分为微倾式水准仪(见图 6.1)和自动安平水准仪(见图 6.2)。微倾式水准仪是借助于微倾螺旋获得水平视线的一种常用水准仪;自动安平水准仪是借助于自动安平补偿器获得水平视线的一种水准仪。电子水准仪一般都属于高精度水准仪,配有专门的水准尺,具有自动读数等功能。本节着重介绍 DS_3 型光学水准仪。

图 6.1　微倾式水准仪(钟光 DS₃-Z)

图 6.2　自动安平水准仪(科力达 KL-30)

6.1.2 DS₃ 微倾式水准仪的基本结构

如图 6.3 所示为 DS₃ 型水准仪的基本结构。该水准仪由以下 3 个部分所组成：

1) 基座部分

基座部分包括三角板、脚螺旋、竖轴套、制动环和制动螺旋等。

2) 竖轴与托板部分

竖轴与托板部分包括竖轴、微动螺旋、圆水准器、托板和微倾机构等。

3) 望远镜与水准器部分

望远镜与水准器部分包括望远镜、长水准器和符合棱镜系统等。

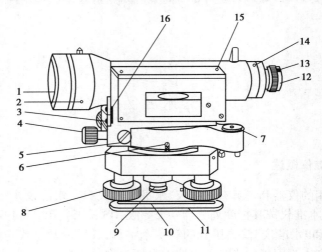

图 6.3 DS₃ 型水准仪

1—物镜；2—物镜座止头螺丝；3—簧片压板固定螺丝；4—制动螺旋；

5—微动螺旋弹簧座；6—紧固螺丝；7—圆水准器；

8—脚螺旋；9—紧固螺母；10—三角压板；12—透镜焦度环；

13—透镜焦度环止头螺丝；14—目镜座止头螺丝；

15—护罩固定螺丝；16—连接簧片

6.2 DS₃ 水准仪的拆卸

拆卸水准仪时，可以将仪器拆卸分为 3 个部分，即基座部分、竖轴与托板部分、望远镜与水准器部分。具体拆卸步骤如下所述：

6.2.1 竖轴部分的拆卸

①旋下如图 6.4 所示的微动螺旋弹簧座 5，拉出弹簧，再旋松（可不旋下）连接螺丝 6。

②用一手握住基座，另一手握住望远镜缓缓旋拔，此时，照准部与基座即可分开。注意：复装时应将防脱片的位置放正，以免仪器旋转时与其他零件接触。

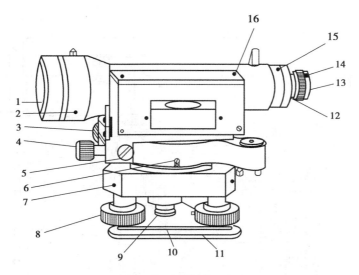

图 6.4　微倾式 DS₃ 水准仪外观

1—物镜;2—物镜座止头螺丝;3—簧片压板固定螺丝;4—制动螺旋;
5—微动螺旋弹簧座;6—竖轴与轴套连接螺丝;7—脚螺旋座止头螺丝;
8—脚螺旋;9—竖轴调节螺丝固紧螺母;10—三角弹性板;
11—三角底板;12—目镜座;13—屈光度环;14—屈光度环止头螺丝;
15—目镜座止头螺丝;16—护罩固定螺丝

6.2.2　望远镜托板部分的拆卸

①旋下如图 6.4 所示连接簧片 3 的 4 个固定螺丝,取下压板及连接簧片。

②旋下如图 6.5 所示弹簧板控制螺丝 8,此时望远镜与托板 12 即可分离。

③圆水准器是安装在托板上的,需要更换圆水准器时,旋下在其底部的 3 个校正螺丝和它们中间的一个连接螺丝,则圆水准器连同座子可从托板上拆下。

6.2.3　微倾(动)机构的拆卸

①旋下如图 6.6 所示的微动螺旋止头螺丝 1,则整个微倾(动)螺旋即可从托板上旋下。

②用校正针插入如图 6.7 所示的松紧调节罩的调节孔 9 内,旋下调节罩 2,则微倾(动)螺旋即可从微动套中抽出,其结构如图 6.7 所示。

③用专用工具插入如图 6.7 所示的反牙防脱螺丝环 5 的槽口内,顺时针方向将其旋下。

④将枣形螺母 8 旋下,也可取下松紧调节罩。

6.2.4　制动环的拆卸

①用两脚扳手插入如图 6.8 所示的对径拆卸孔 3 内。

②旋下制动环压圈 4 和制动环 2 即可取下。

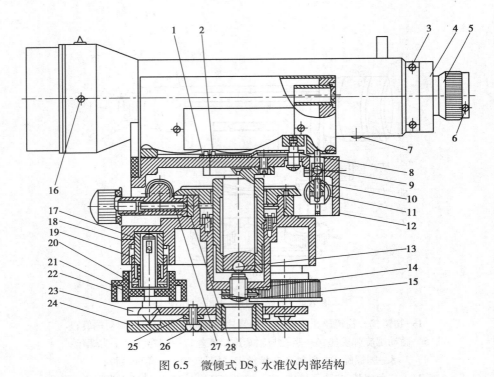

图 6.5 微倾式 DS₃ 水准仪内部结构

1—弹簧板;2—弹簧板固定螺丝;3—目镜座止头螺丝;4—目镜座套;5—屈光度环;6—屈光度环止头螺丝;

7—调焦镜限程螺丝;8—弹簧板控制螺丝;9—俯仰板转轴螺丝;10—顶针调节螺丝;11—固紧螺母;

12—托板;13—滚珠;14—竖轴调节螺丝;15—调节螺丝固紧螺母;16—物镜座止头螺丝;

17—脚螺旋座;18—脚螺旋座止头螺丝;19—松紧调节罩;20—调节孔;21—脚螺旋螺杆固连螺丝;

22—脚螺旋手轮;23—三角弹性压板;24—三角底板;25—螺丝帽;26—固连螺丝;27—顶杆;28—制动块

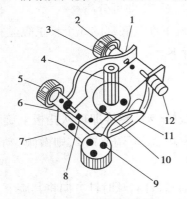

图 6.6 竖轴与托板结构

1—微动螺旋止头螺丝;2—松紧调节罩;

3—微动手轮;4—竖轴;5—微倾手轮;

6—微倾俯仰板;7—俯仰板转轴螺丝;

8—调节螺丝孔;9—圆水准器校正螺丝;

10—竖轴固定螺丝;11—托板;12—微动弹簧座

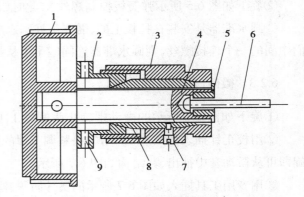

图 6.7 微动螺旋结构

1—微动螺旋手轮;2—松紧调节罩;

3—微动套;4—螺杆;

5—反牙防脱螺丝环;6—顶杆;

7—枣形螺母定位螺丝;

8—枣形螺母;9—调节孔

6.2.5　脚螺旋的拆卸

①将 3 个脚螺旋均匀地旋出至极限位置,再分别旋松脚螺旋座的止头螺丝 7(见图 6.4)。

②用校正针插入松紧调节罩 19 的调节孔 20 内(见图 6.5),旋下松紧调节罩,此时 3 个脚螺旋即可从基座中拔出。

③用起子按顺时针方向旋下如图 6.9 所示的反牙防脱螺丝 1,即可旋下鼓形螺母 3,并取下松紧调节罩 4。

④脚螺旋座 17(见图 6.5)一般不拆。

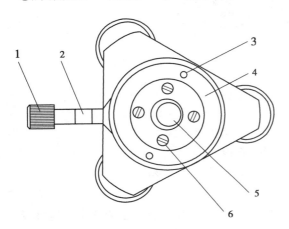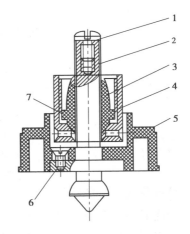

图 6.8　基座部分
1—制动螺旋;2—制动环;
3—对径拆卸孔;4—制动环压圈;
5—竖轴套;6—竖轴套固定螺丝

图 6.9　脚螺旋内部结构
1—反牙防脱螺丝;2—螺杆;3—鼓形螺母;
4—松紧调节罩;5—脚螺旋手轮;
6—脚螺旋螺杆固连螺丝;7—凸块

6.2.6　望远镜部分的拆卸

1)目镜部分的拆卸

①旋下目镜座的 3 个止头螺丝 15(见图 6.4),则整个目镜座即可拔出,其结构如图 6.10 所示。

②旋下十字丝分划板座压圈 1(见图 6.10),则十字丝分划板座 2 即可取下。

③旋下屈光度环 3 的 3 个止头螺丝 4,屈光度环 3 即可取下(不取下屈光度环也可以,因为它不影响下一步拆卸)。

④目镜筒 7 可直接从目镜座上旋下来,再从目镜筒中旋出压圈 9,则可将目镜片 6、8 和垫圈 5 倒出。但在一般情况下,进行清洁时,不必将目镜片倒出,也不必将压圈 9 旋下。若需拆卸应记住目镜片的平、凸、凹面的朝向。

2)物镜部分的拆卸

①旋下物镜座的一个止头螺丝 2(见图 6.4),物镜座即可旋下。

②视距乘常数调节圈可随之取下。

③若需拆下物镜片,旋出压圈,取出弹性垫圈即可。但应注意,拆卸时应做好记号,以便尽量按照原样复原。并且还应进行望远镜像质及分辨率的测定。

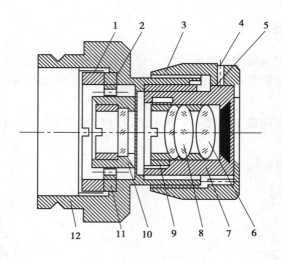

图 6.10　目镜座结构

1—十字丝分划板座压圈;2—十字丝分划板座;

3—屈光度环;4—屈光度环止头螺丝;5—垫圈;

6、8—目镜片;7—目镜筒;9—压圈;

10—十字丝分划板;11—十字丝板压圈;12—目镜座

3)调焦镜部分的拆卸

①旋下调焦手轮中间的固连螺丝,将手轮取下,即可见到螺旋轴座上有 3 个固定螺丝。

②旋下这 3 个固定螺丝,即可将轴座连同齿轮一起取下。

③旋去调焦镜的限程螺丝 7(见图 6.5),则调焦滑筒即可从物镜端抽出,其结构如图 6.11 所示。

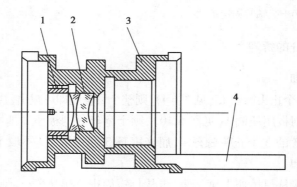

图 6.11　调焦滑筒结构

1—压圈;2—调焦镜片;3—调焦滑筒;4—齿条

6.2.7　符合水准器部分的拆卸

①将符合水准器组护罩的 4 个固定螺丝 16(见图 6.4)旋下,取下护罩,即可见符合水准器的内部结构,如图 6.12 所示。

②旋下符合棱镜组座的两个固定螺丝 8(见图 6.12),则整个棱镜组座 7 可从仪器上取下。

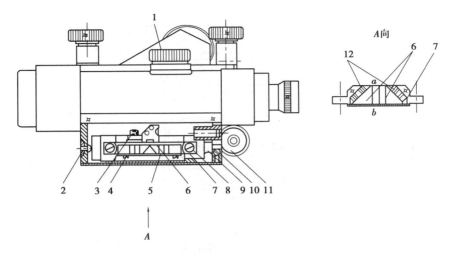

图 6.12　符合水准器内部结构俯视图

1—望远镜调焦手轮;2—球形螺丝轴固连螺丝;3—直角棱镜座固定螺丝;

4—符合棱镜压板固定螺丝;5—棱镜压板;6—符合棱镜;

7—棱镜架座;8—棱镜架座固定螺丝;9—水准管座;

10—水准管校正螺丝;11—圆水准器;12—符合棱镜压片固定螺丝

注意:一般不必再将棱镜拆开,以免损坏。

以上是 DS$_3$ 水准仪各部分的拆卸方法,当各部件拆下后,即可进行清洁或加油。各部件的安装步骤一般均与拆卸的顺序相反进行即可。

6.3　水准仪的检验与校正

6.3.1　水准仪几何轴线及其关系

微倾式水准仪有 4 条主要轴线,即望远镜视准轴 CC、水准管轴 LL、圆水准轴 $L'L'$ 和仪器的竖轴 VV。根据水准测量的原理,水准仪必须满足以下 3 个条件:

①圆水准器轴应平行于仪器的竖轴。

②望远镜十字丝的横丝垂直于仪器竖轴。

③水准管轴应平行于仪器视准轴。

为了保证仪器的测量精度,轴线之间必须相互垂直或相互平行。这种轴线间的相对位置关系,在测量上称为仪器的几何关系。一般仪器出厂时都经过严格的检验,轴线间的条件应该是满足要求的,但由于仪器长期使用或运输过程中震动等原因,会使各轴线间关系产生变化,因此,对于使用过一段时间的仪器或经过长途搬运的仪器以及在外业工作开始之前都要对水准仪进行检验和校正。

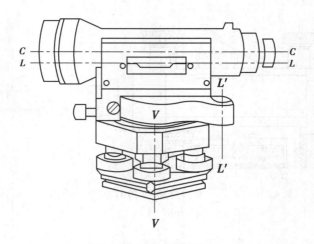

图 6.13 水准仪轴线图

6.3.2 水准仪的检校

1) 圆水准器轴平行于竖轴的检验与校正

（1）检验

安置仪器后,用脚螺旋使圆水准气泡居中,然后将仪器绕竖轴旋转 180°,如果气泡仍然居中,则圆水准器轴平行于仪器竖轴,如果不居中,出现气泡偏移,则圆水准器轴不平行于仪器竖轴,需校正。

（2）校正

在仪器绕竖轴旋转 180°后,气泡出现了偏移,这时根据气泡的偏移大小及偏移方向首先用脚螺旋调节气泡向偏移的反方向移动偏移量的一半,然后用校正针拨动圆水准器的 3 个校正螺丝,调节气泡继续往气泡偏移的反方向移动使气泡居中。

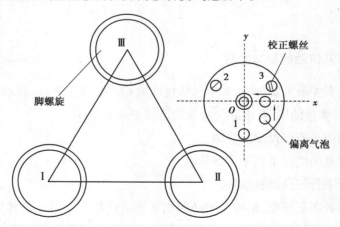

图 6.14 圆水准轴的校正

（3）校正注意事项

①由于气泡偏移方向和偏移量的大小都是通过眼睛来估计,因此在校正过程中使用脚螺旋或拨动校正螺丝来移动气泡都可能出现不均匀,从而会造成在第一次校正结束后并没有达

到校正要求,但会减少气泡的偏移量,所以检验与校正应反复进行,直至望远镜转到任何位置时气泡都居中为止。

②为提高检验与校正的效率,在检验时让望远镜的视准轴平行于任意两个脚螺旋,调节脚螺旋使气泡居中并旋转 180°,需校正时先用脚螺旋调节气泡偏移量的一半,再用校正针使气泡居中,因为第一次调节偏移量的大小及方向用脚螺旋较容易掌握。

③利用校正针来调节气泡居中时,应分别调节 3 个校正螺丝不能光使用其中的一个或两个,防止单个螺丝在校正结束后过紧或过松从而导致螺丝损坏或脱落。

④如按上述校正方法无法把气泡调节居中时,应检查仪器水准器、竖轴及其他部件是否松动、变形。

2) 望远镜十字丝的横丝垂直于仪器竖轴的检验与校正

水准测量读数一般使用十字丝的横丝来进行读数,当横丝不处于水平位置时就有可能使读数出现偏差,如图 6.15 所示。因此,十字丝的检验主要是检验横丝是否水平或横丝是否垂直于竖轴,而十字丝的竖丝和横丝之间的垂直性在仪器制造时能够得到保证,一般不用检验。

(1)检验

安置、整平仪器,瞄准目标并用横丝一端瞄准目标,使用水平微动螺旋转动仪器,观察横丝和目标的相对位置情况,如果照准目标一直在横丝上则说明横丝是水平的,如果目标在横丝移动过程中偏离横丝则横丝不水平,需要校正。

(2)校正

对十字丝不水平的校正一般是通过调整十字丝分划板来完成,十字丝分划板的调整就是通过整体旋转十字丝分划板,来让十字丝的横丝水平。

首先,卸下目镜筒上的十字丝保护罩,用螺丝刀松开十字丝分划板的 4 个固定螺丝,如图 6.16 所示,按十字丝倾斜的相反方向整体转动十字丝分划板,直到横丝水平,最后旋紧分划板的固定螺丝,拧好十字丝保护罩。

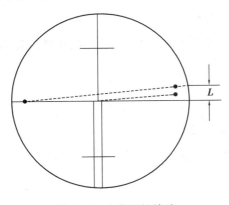

图 6.15　十字丝的检验

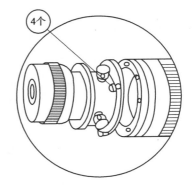

图 6.16　十字丝的校正

(3)校正注意事项

①十字丝分划板的 4 个固定螺丝不要完全旋出,只要把固定螺丝松开后就可以转动十字

丝分划板。

②转动分划板让横丝水平后,在旋紧固定螺丝时 4 个螺丝要逐渐旋紧,避免一次性旋紧某颗螺丝造成分划板偏移。

③如出现松开固定螺丝后分划板不能旋转时,检查校正部位是否是由锈蚀的原因造成,应修复后再校正。

3)水准管轴与望远镜视准轴平行的检验与校正

长水准管的内表面是一个规则的圆弧面,过对称圆弧顶做圆弧的切线,该切线即为长水准管轴,如图 6.13 所示的直线 LL。它和望远镜的视准轴 CC 是空间的两条直线,该两条直线在水平面上的投影如果不平行将产生交叉误差;在垂直面上的投影如果不平行将产生视准误差,其值常用两线的夹角 i 来表示,故又称 i 角误差。

(1)i 角误差的检验与校正

①检验方法。如图 6.17 所示,在一较平坦的场地上相距 61.8 m 处设站 J_1、J_2,J_1、J_2 之间等分为 $D = 20.6$ m 的 3 段。等分点 A、B 点上做固定标志,供安置水准尺。分别在 J_1、J_2 点安置仪器,用水准测量的方法对 A、B 点上的水准尺进行读数。每一站均需观测红、黑面读数,取其中数来进行技术。

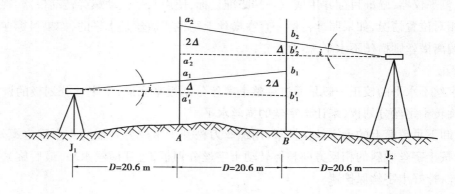

图 6.17　i 角误差的检验

设在 J_1 测站上,有 i 角影响的 A、B 标尺的读数中数为 a_1、b_1;无 i 角影响的正确读数为 a_1'、b_1';在 J_2 测站上,相应的有 a_2、b_2 和 a_2'、b_2',由图 6.17 可知:

$$\Delta = \frac{i''}{\rho''} \cdot D$$

$$a_1' = a_1 - \Delta ; b_1' = b_1 - 2\Delta$$

$$a_2' = a_2 - 2\Delta ; b_2' = b_2 - \Delta$$

$$\Delta = \frac{1}{2}(h_2 - h_1)$$

$$i'' = \frac{\rho'' \cdot \Delta}{D} \approx \frac{206 \times 10^3 \times \Delta}{20.6 \times 10^3} = 10\Delta$$

②校正方法。用于三四等水准测量的仪器 i 角不得大于 20″,超过该值时应予以校正。

对于微倾式水准仪,在 J_2 处,瞄准 A 尺,用竖直微动螺旋使仪器横丝读数为 a_2'。此时,视准轴处于水平位置,但水准管气泡不居中,水准管轴的位置随着微倾螺旋的升降发生变化,使得原来居中的管水准气泡偏离中央位置。在保持读数不变的条件下,通过调节管水准器一端的上下两个相对位置的校正螺丝,如图 6.18 所示将管水准器的一端抬高或降低使偏离的气泡居中。这时,水准管轴也就水平了。

（2）校正注意事项

①在计算 i 角时,要特别注意各个计算值的正负号,否则 i 角会越校越大。

②第一次校正完成后,要旋转仪器重新照准或用手轻轻拍一下仪器,看气泡是否居中,否则应继续校正。

③在校正时所量取的距离主要是为了计算的方便,在实际校正中可根据场地情况来调整。

4) 交叉误差的检验与校正

水准轴与视准轴在水平面上的投影不平行而产生的交角即为交叉误差。当仪器垂直轴处于垂直位置时,即使存在交叉误差,在置平水准轴后,水准轴也必定水平,不会对标尺读数产生影响。然而观测中用圆水准器概略整平仪器后,垂直轴一般不严格位于铅垂线上。这时望远镜的视准轴也就不水平了,这样测出来的高差就存在误差。但在实际工作中,除了用于国家一等、二等水准测量的仪器外,精度要求较低一些的仪器一般不作此项检校。

（1）检验方法

如果仪器存在交叉误差,如图 6.19 所示,整平仪器后,若望远镜绕视准轴左右旋转,管水准气泡就会向不同方向移动。

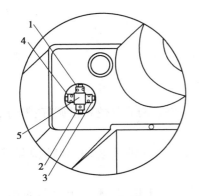

图 6.18　水准管校正螺丝
1、2—上下校正螺丝;
3、4—左右校正螺丝;
5—水准管盒端面

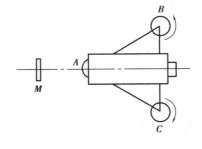

图 6.19　交叉误差的检校

①置水准仪距标尺约 50 m 处,并使其一脚螺旋位于望远镜至标尺之视准面内。用微倾手轮使管水准气泡精密重合,并在尺上读数。

②将视准面侧方之一脚螺旋向一方向转动两圈,使仪器向一方倾斜,同时转动另一侧方脚螺旋,以使中丝仍保持上述之读数。

③此时观测气泡两端是否吻合或相互离开若干距离。然后反向转动两侧的脚螺旋,以使

中丝保持原有读数的情况下气泡两端恢复吻合的位置。

④同法,使仪器向另一侧方倾斜,并在中丝保持原有读数的情况下气泡两端是否吻合或相互离开若干距离。

⑤仪器在上述向两侧倾斜的情况下,若气泡两端保持吻合或同向离开相同的距离,则表示没有该项误差;若气泡两端异向离开,而数值大于 2 mm 时,必须校正。

（2）校正方法

校正时将管水准器水平方向之一校正螺丝放松,旋紧另一侧方校正螺丝,使气泡两端吻合时为止。必须注意,此项校正一般应在 i 角校正之前完成。同时,在此项校正完成后,两侧校正螺丝必须夹紧以免松动。

6.3.3 自动安平水准仪的检校简述

自动安平水准仪在结构方面的最大特点就是取消了管水准器,而借助自动安平补偿器将望远镜的视准轴自动安至水平。其校正内容主要是:圆水准器校正、i 角的校正。其中圆水准器的校正同微倾式水准仪。i 角的校正,对于自动安平水准仪,则是通过调节望远镜十字丝的横丝上下移动到正确读数来进行校正 i 角。

6.4 水准仪常见故障的处理方法

6.4.1 脚螺旋部分

1）要求

应平稳、顺滑、无过松或过紧、卡滞及晃动等现象。

2）常见故障及其处理

（1）脚螺旋旋转时过紧,不顺滑、卡滞

①产生原因:一般是脚螺旋的螺母、螺杆缺油、有污垢、松紧调节罩位置没调好;螺母、螺杆变形以及螺纹碰伤等。

②排除方法:将脚螺旋拆卸下来,清洗(汽油、煤油均可),涂油复装,并调整调节罩位置即可。

若碰伤螺丝,螺杆变形,则需用干净油调氧化铬(绿粉)涂于螺母、螺杆上进行对磨,直至符合要求为止。最后再清洗、加油、复装即可。

（2）脚螺旋旋转时过松或晃动等现象

①产生原因:一般是螺母、螺杆用油不当或松紧调节罩没旋紧。

②处理方法:可将脚螺旋拆卸下来清洁干净,加上较稠的油脂并将调节罩拧紧,即可清除。

若调节罩旋至极限(尽头)位置仍不能消除晃动,可将调节罩取下,用锉刀将其锉短一些或在砂纸上磨短一些,这样调节罩还能继续旋进,直至无晃动为止。

（3）脚螺旋转动过程中有时顺滑,有时过紧

①产生原因:一般是脚螺旋受到碰撞使螺杆变形引起的。

②处理方法:可将螺杆拆下,放在木板上和小木榔头从相反方向敲打,直至将螺杆校直为止。但应注意不要敲坏螺丝。

(4)脚螺旋失效(即不起升降作用)

①产生原因:螺母与螺杆一起转动。

②处理方法:将调节罩旋下,使脚螺旋座上的凸块插在螺母侧面的宽槽内,再拧紧调节罩即可。若脚螺旋座上的凸块折断了,无法固定螺母,则需进行更换。

6.4.2　竖轴部分

1)要求

旋转照准部时,竖轴在轴套内旋转必须灵活、平稳、不紧滞等现象。

2)常见故障及其处理

(1)竖轴转动紧滞,松紧不一或卡死

产生原因及处理方法如下所述:

①竖轴与轴套内缺油;用油不当或不清洁。则将竖轴拔出,用汽油清洗干净,加上仪表油即可。

②竖轴与轴套的接触面有锈斑。则将竖轴拔出,用刀片将轴(或轴套)上的锈斑小心刮去,然后用棉签将轴(或轴套)上的锈末清洁干净,再用银光砂纸或研磨膏在锈斑部位轻轻抛光,最后用汽油清洁干净,涂油复装。应注意,在除锈时要特别小心,切勿将竖轴或轴套碰伤。

③制动环不清洁或缺油引起的。则将制动环拆下清洗,涂油复装之。

④轴套内加油不均匀引起的。则将竖轴拔出,沿着竖轴和轴套全圆周涂油复装即可。

⑤微动螺旋的顶针和弹簧套的尖头未顶在微动杆的圆窝内引起的。则将其拆下来重新安装即可。

⑥竖轴(或轴套)变形引起的。则将其拆下,用干净油将氧化铬(绿粉)调成糊状,用干净调布(或绒布)沾上氧化铬,均匀地单向全圆研磨轴(或轴套),研磨好后,将其刷洗干净,涂油复装之。应注意,在研磨过程中,要勤试,以免造成竖轴与轴套之间因间隙较大而引起竖轴晃动。

(2)竖轴转动时晃动

产生原因及处理方法如下所述:

①竖轴与轴套因磨损而致使间隙加大而引起的。则将竖轴拔出,进行清洁,再涂上浓稠较大的油脂,复装即可。

②竖轴与托板的连接螺丝松动或轴套与基座的连接螺丝松动引起的。则将竖轴拔出,旋紧连接螺丝即可。

6.4.3　基座部分

1)产生原因

脚螺旋晃动或三角弹性板变形。

2)处理方法

属脚螺旋晃动,只需把脚螺旋的故障排除即可。若属三角弹性板变形,则需取下三角弹性板反向敲整之。

6.4.4　制动螺旋部分

1）产生原因

制动螺旋失效,一般都是顶杆缺损,顶杆长度不够,顶杆前面的制动块丢失或螺杆与螺丝滑丝引起。

2）处理方法

只需重配顶杆(或制动块)即可消除故障。

6.4.5　微动(微倾)螺旋部分

1）要求

应顺滑、平稳有效、顶针活动自如。

2）产生原因

只因鼓形螺母侧面凸块未插入微动套的槽内。

3）处理方法

将微动(微倾)螺旋拆下来重新安装,使螺母侧面凸块插入微动套槽内,旋紧调节罩即可。

6.4.6　望远镜部分

1）要求

调焦时应平稳、灵活、无松紧、卡滞现象产生。

2）常见故障及处理

(1)调焦螺旋转动时过紧或有杂声

因调焦齿轮、齿条沾有脏污油垢或缺油引起的。则将调焦螺旋拆下来,清洁干净,涂油复装即可。

(2)调焦螺旋转动时有晃动现象

因调焦齿轮与齿条磨损较大引起的。则将调焦螺旋拆下来,抽出调焦滑筒,用汽油将齿轮、齿条刷洗干净,涂上油脂,即可消除晃动现象。

(3)调焦滑筒在望远镜筒内运行太松或太紧

因磨损较大或变形引起的。则将调焦筒拔出,调整其上的弹性凸块。太松时将其扳开点;太紧时将其压紧点即可。

(4)调焦螺旋失效

因调焦齿轮与齿条未啮合好引起的。则将调焦螺旋拆下来,重新安装,使之啮合即可。

(5)望远镜成像不清

①产生原因:望远镜的光学零件上有灰尘、油迹或生霉、起雾;物镜、调焦镜及目镜装反或碎裂引起的。

②处理方法:若为前者引起的,则应判断脏点位置,并迅速清除。若为后者引起的,则应重新组装,反复调试直至清晰为止。若光件破碎,则需重配。

6.4.7　视距乘常数不等于 100 的校正

当仪器距标尺 100 m 时,从望远镜视场内上下视距丝在标尺上所截取的视距读数不等于

100 cm,则需校正。

校正时,应判明常数偏大还是偏小。偏大时,将调节圈加厚;偏小时,将调节圈修薄。反复检查修正,直至视距乘常数值满足测量误差要求为止。

6.4.8　符合水准器部分

1) 长水准器分划线影像错开

长水准器分划线影像错开如图 6.20(a)所示,其产生原因及调整方法如下所述:

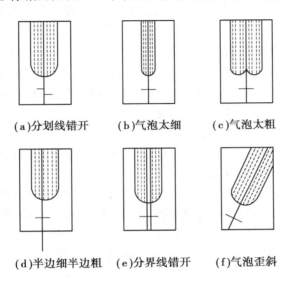

(a)分划线错开　　(b)气泡太细　　(c)气泡太粗

(d)半边细半边粗　(e)分界线错开　(f)气泡歪斜

图 6.20　符合气泡影像的常见故障

长水准器分划线影像错开是两符合棱镜组在水准管纵向方向上的位置不正确。调整时,将整个符合棱镜组沿着水准管轴线 mn(见图 6.21)方向上移动,直至两分划影像对成一条重合直线为止。

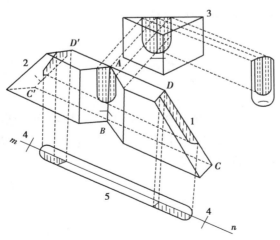

图 6.21　符合水准器结构

1、2—符合棱镜;3—直角棱镜;4—水准管分划线;5—气泡

2)符合气泡影像太细

符合气泡影像太细如图 6.20(b)所示,其产生原因及调整方法如下所述:

符合棱镜组的棱面在水准管横向方向上的位置不正确。调整时,将整个符合棱镜组在垂直于轴线 mn 的方向上向里(靠右侧)移动,直至气泡影像粗细适中,气泡两头呈现圆滑弧形为止。

3)符合气泡影像太粗

符合气泡影像太粗如图 6.20(c)所示,其产生原因及调整方法如下所述:

与符合气泡影像太细的原因相同,只是符合棱镜棱面的偏向位置与其相反。调整时,整个符合棱镜的移动方向也相反。

4)符合气泡影像半边细半边粗

符合气泡影像半边细半边粗如图 6.20(d)所示,其产生原因及调整方法如下所述:

符合棱镜面不通过水准管轴线,而是与轴线相交。调整时,在水平方向旋转整个符合棱镜组,直至气泡影像左右粗细相同,宽度合适为止。

两符合棱镜的棱面不在同一平面内,而是前后错开或成一交角。调整时,移动或旋转其中一块(或两块)符合棱镜,使两棱面处于同一平面内,并使气泡影像左右、宽度合适为止。

5)符合气泡分界线影像过粗或错开

符合气泡分界线影像过粗或错开如图 6.20(e)所示,其产生原因及调整方法如下所述:

两符合棱镜的棱面存在缝隙,调整时移动两棱镜,使之对齐成一条细线为止。

两符合棱镜不在同一平面内,则将其调整到同一平面内即可。

两符合棱镜的相接棱有缺陷或破损,则应更换新的符合棱镜。

6)符合气泡影像歪斜

符合气泡影像歪斜如图 6.20(f)所示,其产生原因及调整方法如下所述:

主要原因是直角棱镜的直角棱不平行于两符合棱镜的相接棱。调整时,则要摆正直角棱镜的位置,使直角棱平行于相接棱即可。

课间实训一:DS$_3$ 水准仪拆卸,详见附录 1。

课间实训二:DS$_3$ 水准仪的检校,详见附录 1。

本章小结

本章介绍了国产光学 DS$_3$ 水准仪的结构,详细讲解了仪器的拆卸步骤、维修与常见故障的排除方法。为延长仪器的使用寿命和保证仪器的观测精度,本章还介绍了对日常使用和经过维修的水准仪的几何关系的检验与校正。

第 **7** 章
光学经纬仪的检修

7.1　光学经纬仪的构造

光学经纬仪是用来进行水平角和垂直角的观测。要完成角度测量,经纬仪必须具有瞄准目标用的望远镜、望远镜绕之转动的竖轴和横轴系、角度基准器水平度盘和垂直度盘、支承和整平仪器用的基座以及转轴的制动和微动机构。在这些结构中,其主要结构望远镜和读数系统都使用了光学零件并构成光学系统。

经纬仪要正常地使用完成测角工作,必须具备几条轴线,这几条轴线间互相间有严格的位置关系。如图 7.1 所示,这些轴线是竖轴、横轴、视准轴、水准管轴。并要求水准轴垂直竖轴、视准轴垂直横轴、横轴垂直竖轴、视准轴、横轴和横轴三轴相交。为保证这些轴线精确地位置关系,一般仪器都设有必要的调整环节,以方便校正仪器。

普通光学经纬仪的结构组成大致可分为基座、度盘、照准部 3 个部分,如图 7.2 所示。

7.1.1　TDJ$_6$ 经纬仪概述

按我国测量仪器系列规定,经纬仪的代号为"J",在注释写明使用该仪器观测时,一测回的方向中误差,J$_6$ 型经纬仪即一测回的方向中误差为 ±6″"。J$_6$ 型光学经纬仪是中等精度的光学经纬仪(见图 7.3)。广泛运用于工程测量、矿山测量及低等控制测量等测量领域中。

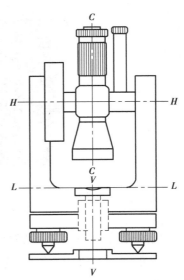

图 7.1　光学经纬仪的几何结构示意图

V—V—竖轴;H—H—横轴;

L—L—水准管轴;C—C—视准轴

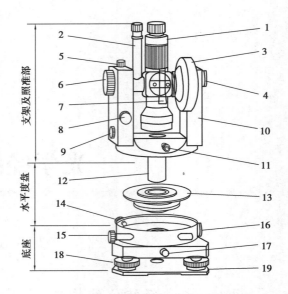

图 7.2　光学经纬仪的基本组成结构

1—望远镜；2—读数显微镜；3—竖直度盘；4—竖盘进光镜；5—竖盘制动螺旋；

6—测微轮；7—瞄准镜；8—竖盘微动螺旋；9—水平、竖直度盘转换螺旋；

10—仪器外壳支架；11—对中器；12—仪器中心旋转轴套；13—水平度盘；

14—水平制动螺旋；15—水平微动螺旋；16—水平度盘进光镜；

17—仪器中心旋转轴套制动螺丝；18—脚螺旋；19—底座连接板

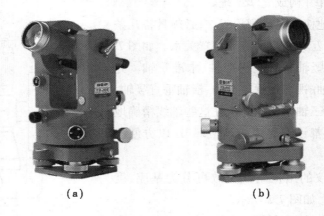

　　　　（a）　　　　　　　　　　　　　（b）

图 7.3　国产北京博飞 TDJ$_6$ 光学经纬仪

　　常见的 J$_6$ 光学经纬仪读数视窗有分微尺读数视窗和单平板玻璃读数视窗两种形式，如图 7.4 所示。国产博飞 TDJ$_6$ 型光学经纬仪采用了"V"型吊丝式自动补偿器，其读数装置为带分划尺测微器读数，如图 7.4（a）所示。可在读数显微镜中直接读数，方便、简捷、工作效率高。在读数显微镜内能同时看到水平度盘影像（H）、竖直度盘影像（V）。度盘分划从 0～360°，每格一度，度盘上 1°的间隔放大后与分划尺全长相等，分划尺为 60 格，因此分划尺每格 1′，可以估读 0.1′。该类型经纬仪具有复测扳手，可变动度盘读数。压下扳手，度盘与照准部连接一起，使读数固定不变；扣上扳手后，照准部与度盘分离转动照准部即可变动读数。

118

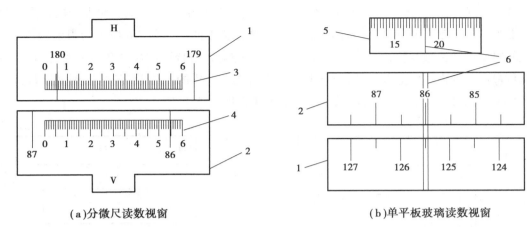

（a）分微尺读数视窗　　　　　　　　　　　　（b）单平板玻璃读数视窗

图 7.4　光学经纬仪读数视窗

1—水平度盘视窗；2—竖直度盘视窗；3—主度盘刻度线；

4—分微尺；5—测微尺；6—基准游标参考线

7.1.2　TDJ$_2$ 经纬仪概述

TDJ$_2$ 型经纬仪属于精密经纬仪，主要用于低等平面控制测量和工程测量。其编号中，字母"T"代表全国统一设计类型的经纬仪，字母"D"代表大地测量，字母"J"代表经纬仪，数字"2"代表室外一测回水平方向中误差不超过 2″。如图 7.5 所示为北京博飞 TDJ$_2$ 型光学经纬仪结构图。

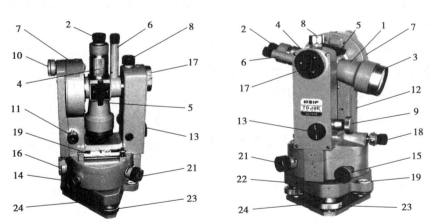

图 7.5　北京博飞 TDJ$_2$ 型光学经纬仪结构图

1—望远镜；2—望远镜目镜；3—物镜；4—物镜调节螺旋；5—光学瞄准器；6—读数显微镜；

7—竖直度盘；8—望远镜制动螺旋；9—望远镜微调螺旋；10—竖直度盘进光镜；

11—竖直度盘补偿器；12—仪器外壳支架；13—水平、竖直度盘换像手轮；

14—水平度盘制动螺旋；15—水平度盘微调螺旋；16—水平度盘进光镜；

17—测微器调节手轮；18—光学对中器 19—水准管；20—水准盒；

21—度盘离合、变位手轮；22—底座；23—脚螺旋；24—底座连接板

　　TDJ$_2$型光学经纬仪与TDJ$_6$型光学经纬仪相比,在结构上除望远镜的放大倍数较大,照准部水准管的灵敏度较高外,主要是读数设备及读数方法不同。如图7.6所示为目前国产J$_2$经纬仪的典型设计读数视窗,这种视窗结构是在J$_2$双像对径符合读数视窗基础上改进后的数字化读数视窗。视窗主度盘刻度读数:读取"度"的整数、"分"的十位数;测微尺刻度读数:读取"分""秒"的整数;最小刻度估读数;按规定对最小刻度估读1/10。

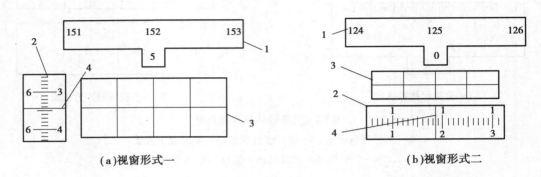

（a）视窗形式一　　　　　　　　　　　　（b）视窗形式二

图7.6　数字化读数视窗

1—主度盘窗口;2—测微尺窗口;3—影像重合显示窗口;4—测微尺游标指示线

1)TDJ$_2$型精密光学经纬仪的结构

①望远镜为内调焦式,大物镜采用单片加双胶合式。

②竖轴系选用半运动式柱形轴。

③读数系统,TDJ$_2$为数字化读数形式,水平和垂直光路单独进光照明,度盘采用透射式对径分划符合读数。

④仪器采用双平板测微器。

⑤X吊丝式竖盘指标自动补偿器,空气阻尼。

⑥基座选用快速整平对中机构及防扭簧片。

⑦采用光学对点器。

2)TDJ$_2$型精密光学经纬仪的主要技术参数

（1）仪器精度

一测回水平方向中误差(室外)±2″。

（2）望远镜

放大率	30 倍
物镜有效孔径	40 mm
视场角	1°30′
视距乘常数	100
视距加常数	0
最短视距	2 m
长度	172 mm

（3）水准器格值

　　照准部水准器　　　　　　　　　20″

　　圆水准器　　　　　　　　　　　8′

（4）水平度盘

　　分划直径　　　　　　　　　　　90 mm

　　分划值　　　　　　　　　　　　20′

　　读数系统放大率　　　　　　　　45.8 倍

（5）竖盘

　　分划直径　　　　　　　　　　　70 mm

　　分划值　　　　　　　　　　　　20′

　　读数系统放大率　　　　　　　　58.8 倍

（6）竖盘自动归零补偿器

　　工作范围　　　　　　　　　　　±2′

　　补偿精度　　　　　　　　　　　±1′

（7）光学对中系统

　　放大率　　　　　　　　　　　　2.5 倍

　　视场角　　　　　　　　　　　　5°

　　调焦范围　　　　　　　　　　　0.8 ~ ∞

7.2　DJ$_6$ 型光学经纬仪的拆卸

7.2.1　横轴系的拆卸

1) 左支架的拆卸

①旋下固定左盖板的 6 颗螺丝，取下盖板即可见如图 7.7 所示的结构。

②旋下竖盘水准器微动弹簧筒 10。

③旋下固定水准器架上的 4 颗螺丝 11 后，即可取下水准器架。

④旋下 4 颗固定螺丝 9，取出测微器架。此时左支架一侧的内部结构如图 7.8 所示。

2) 右支架的拆卸

①旋松望远镜制动扳手的夹紧螺丝，取下制动扳手及制动杆。

②旋下右盖上的 4 颗固定螺丝，取下盖板、防尘圈和弹簧，此时右支架如图 7.9 所示。

③旋下微动螺旋的弹簧筒 2（见图 7.9）及制微动环的 4 颗固定螺丝 5，即可取下制微动环 3。

3) 横轴的拆卸

①旋下 5 颗竖盘护盖固定螺丝 4（见图 7.8），使护盖与支架分离。

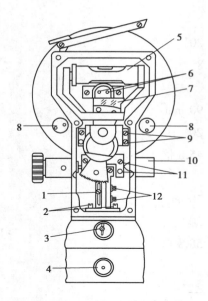

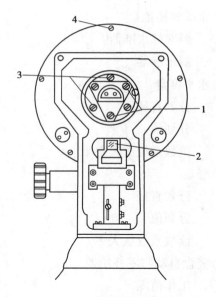

图 7.7　左支架内部结构一

1、3—水平度盘显微物镜调节螺丝；

2—水平度盘显微物镜筒固定螺丝；

4—水平度盘转向棱镜座调节螺孔；

5—竖盘指标水准器；6—转向棱镜调节螺孔；

7—测微尺；8—竖盘护壳堵盖；

9—测微器架固定螺丝；

10—竖盘水准器微动弹簧筒；

11—水准器架固定螺丝；

12—竖盘成像透镜调节螺丝

图 7.8　左支架内部结构二

1—读数窗座固定螺丝；

2—竖盘转向棱镜；

3—短横轴固定螺丝；

4—竖盘护盖固定螺丝

②旋下左支架短横轴的 3 颗固定螺丝 3(见图 7.8)，取下左轴承，这时横轴左端已失去支撑，则用左手握住望远镜筒，右手抓住横轴右端的望远镜微动架，旋转拔出，最后将横轴与望远镜从支架内向上提出。

7.2.2　竖轴和水平度盘的拆卸

①扳上复测卡手把 1(见图 7.10)，旋下复测卡的两个固定螺丝，水平拉出复测卡。注意：拆卸前对其位置做一记号，以便复装。将仪器的照准部从基座中取出，卧放在铺有橡皮的工作台上。

②旋下水平度盘外壳底部的 4 个固定螺丝，然后一手托着度盘外壳，另一手握着支架轻轻转动护壳部分，直到转动灵活时，旋转着拔出竖轴，随即将其放在安全处。注意：轴套顶端的一圈钢珠不得弹落。

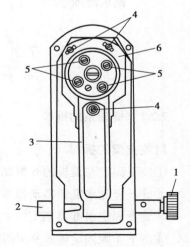

图 7.9　右支架内部结构

1—望远镜微动螺旋；

2—微动螺旋弹簧筒；

3—望远镜制微动环；

4—横轴偏心轴承固定螺丝；

5—制微动环固定螺丝；

6—横轴偏心轴承

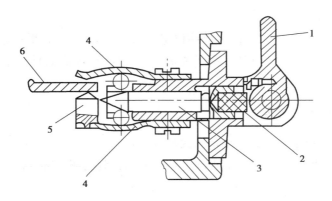

图 7.10　复测器结构

1—复测器手把;2—垫块;3—顶轴;

4—上、下簧片;5—铆钉;6—复测盘

③将仪器下部放回基座中,旋紧基座固定螺丝,取下水平度盘轴套上端的钢丝弹簧片圈及两块半圆形卡环和一个弹性垫圈。然后将度盘护壳适当倾斜,避免水平度盘场镜挂住复测盘。用手捏住度盘外缘或度盘轴套,轻转并顺势向上提,拔出水平度盘连同其轴套,将水平盘放于安全处,并用钟罩盖好。

至此,DJ$_6$ 型经纬仪的拆卸完毕,安装时可按拆卸的相反顺序进行。

7.3　光学经纬仪的检校

7.3.1　光学经纬仪几何轴线及其关系

由角度测量原理可知,为了精确测量水平角和竖直角,经纬仪各轴系之间必须满足一定的几何条件,如图 7.1 所示。

1)经纬仪结构的主要轴线

①经纬仪的旋转轴—竖轴(VV),是指经纬仪照准部旋转的中心线,当度盘水平时,竖轴应保持铅垂。

②望远镜的旋转轴—横轴(HH),是指望远镜旋转的中心线,当度盘水平时,水平度盘应保持水平。

③望远镜的瞄准线—视准轴(CC),是指十字丝中心与物镜光心的连线。

④长水准管内壁圆弧中点的切线—水准管轴(LL)。长水准管轴气泡居中,水平度盘水平。

⑤圆水准气泡内壁球面中心的法线—圆水准轴(LL)。圆水准气泡居中,竖轴铅垂。

2)经纬仪主要轴线应满足的条件

①水准管轴(LL)应垂直于竖轴(VV)。

②圆水准轴(LL)平行于竖轴(VV)。

③视准轴(CC)应垂直于横轴(HH)。

④横轴(HH)应垂直于竖轴(VV)。

经纬仪除了满足上述 4 个条件外,经纬仪竖盘指标差应为零,光学对点器的光学垂线与仪器的竖轴应重合。为保证经纬仪各轴系间关系的正确性,在仪器的日常维护中应对仪器进行检验与校正。

7.3.2　光学经纬仪的检定

1)照准部水准管轴垂直于竖轴的检验与校正

仪器竖轴的垂直性是通过照准部水准管来反映的,因此,照准部水准管轴垂直于竖轴的几何关系必须进行检验和校正。

(1)检验方法

将仪器粗略整平后,转动仪器使照准部水准管平行于任意两个脚螺旋,用这两个脚螺旋使水准管气泡居中,再将照准部旋转 180°,若水准管气泡居中,则证明照准部水准管轴垂直于竖轴;若气泡偏离中央超过一格,说明水准管轴不垂直于竖轴,必须进行校正。

(2)校正方法

用平行于水准器的两个脚螺旋移动气泡偏移量的一半,另一半用水准器一端的上下两个校正螺丝调至气泡完全居中。接着转动照准部 90°,使水准器一端处于第三个脚螺旋的位置,用第三个脚螺旋将水准管气泡居中。此项检校需反复进行,直到照准部转到任意方向气泡偏离不超过 1 格为止。

2)圆水准器的检验与校正

(1)检验方法

根据校正后的管水准器,将仪器整平后,此时,如果圆水准气泡不居中,则需要校正。

(2)校正方法

用校正针拨动圆水准器下面的校正螺丝,使圆水准气泡居中。

3)十字丝竖丝垂直于横轴的检验与校正

(1)检验方法

用望远镜照准远处一明显的目标(目标越小越清晰度越高),固定照准部制动螺旋,转动望远镜竖直微动螺旋,如果目标始终在竖丝上由上而下或由下而上的移动,如图 7.11(a)所示,说明竖丝垂直于横轴,否则竖丝不垂直于横轴,如图 7.11(b)所示,必须进行校正。

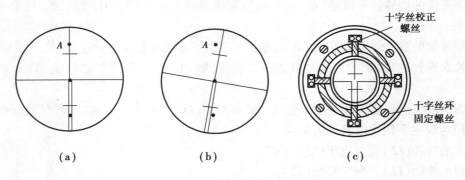

(a)　　　　　　　　　　(b)　　　　　　　　　　(c)

图 7.11　十字丝竖丝检校

（2）校正方法

取下目镜处的十字丝环外罩,松开四个十字丝环固定螺丝,转动十字丝环,直至旋转竖直微动螺旋时,目标始终在竖丝上移动为止最后旋紧十字丝环固定螺丝。

4）望远镜视准轴垂直于横轴的检验与校正

当横轴处于水平位置时,望远镜视准轴若与横轴垂直,则望远镜绕横轴上下旋转时,视准轴扫过的面应是一个竖直平面,否则,望远镜绕横轴上下旋转时,视准轴扫过的面是一个圆锥面。如果用仪器观测同一竖直面内不同高度的点,则水平度盘的读数各不相同,从而产生测角误差。望远镜视准轴不垂直于横轴所偏离的角度 c 称为视准轴误差,且盘左、盘右的 c 的绝对值相等而符号相反。

（1）检验方法

检验时,在地面一点安置经纬仪,远处照准一个与视准轴大致同高的目标,盘左位置照准目标,读取水平度盘读数 L;在盘右位置照准该目标,读取水平度盘读数 R。若 $L-R\pm180°=2c=0$,表示视准轴垂直于水平轴。若 $2c\neq0$,则有视准轴误差。对于 DJ$_6$ 经纬仪,若 $|c|>1'$,需进行校正。

（2）校正方法

用 $R_{正}=R+c$ 公式计算出盘右的正确读数 $R_{正}$;在盘右位置调节照准部微动螺旋使水平度盘读数为 $R_{正}$,此时望远镜十字丝交点已偏离了目标。取下十字丝环的保护盖,通过调节十字丝环左右两个校正螺丝,一松一紧,水平移动十字丝分划板座,直到十字丝交点对准目标点为止。

（3）校正注意事项

①公式 $R_{正}=R+c$;$L_{正}=L-c$;在计算时应主要区分盘左读数和盘右读数,同时 c 的使用要带符号进行计算。

②在完成第一次校正后,应反复检验,直至 c 值满足要求为止。

③在同过调节左右螺旋让十字丝分划板对准目标时,一定要保证调节螺丝在校正完成后都处于固定、拧紧的状态。

5）横轴垂直于竖轴的检验与校正

如果横轴垂直于竖轴,当竖轴铅垂时,横轴水平,此时望远镜上下转动时,视准轴将在一个垂直面内转动。如果横轴不垂直于竖轴倾斜了一个 i 角,这时,在望远镜上下转动时,将在一个倾斜面内横轴竖轴铅垂而横轴不水平,与水平线的夹角 i 称为横轴误差。在盘左、盘右观测时,横轴误差 i 角大小相同、方向相反。

（1）检验方法

整平仪器,在距仪器 20 m 以外处与仪器同高位置横放一毫米尺。安置该尺时,要注意尺子上方仰角不小于 30° 的地方有可供瞄准的目标 M。正镜时,用望远镜竖丝对准高处目标 M,固定照准部制动螺旋,将望远镜向下移动,以竖丝照准横放的毫米尺读数为 m_1,倒镜再照准目标 M,固定照准部制动螺旋,将望远镜向下转动,竖丝在毫米尺上读数为 m_2。若 m_1 等于 m_2,说明横轴垂直于竖轴;若 m_1 不等于 m_2 则表示横轴不垂直于竖轴。横轴不垂直于竖轴所构成的倾斜角可按下式计算为

$$i = \frac{m_1 m_2 \rho}{2D} \times \cot \alpha$$

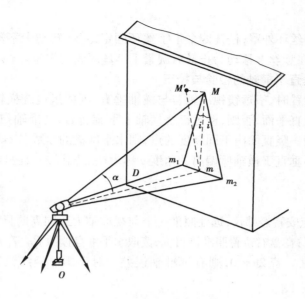

图 7.12　横轴垂直于竖轴的检验

式中　D——仪器至 M 点的水平距离；

　　　　α——M 点的竖直角，通过瞄准 M 点时盘左、盘右读数算出。

当横轴误差 $i>20''$ 时，需校正。

（2）校正方法

瞄准墙上 A、B 两点的中点 C，再将望远镜上仰。此时，十字丝交点必定偏离了 P 点，打开仪器的支架护盖，通过调节横轴一端支架上的偏心环，使横轴的一端升高或降低，使十字丝中心对准 P 点，这时横轴误差消除，横轴水平。由于横轴是密封的，故应由专业维修人员进行校正。

6）竖盘指标差的检验与校正

利用望远镜盘左、盘右观测竖直角时，指标差的大小不影响测角精度，但是指标差过大时，当只进行半测回时，指标差无法消除，因此必须进行校正。

（1）检验方法

①在仪器整平的情况下，盘左、盘右分别用横丝瞄准远处一目标，读数分别为 R、L（读数前使竖盘指标水准管气泡居中）。

②计算指标差 $i=\dfrac{1}{2}(L+R-360°)$，当 $|i|>30''$ 时，应进行校正。

（2）校正方法

在盘右位置，调节竖盘水准管微动螺旋，使竖盘读数为 $R-i$。

此时，竖盘水准气泡不再居中，拨动竖盘水准管校正螺丝，使气泡居中。在盘左时，调节竖盘水准管微动螺旋，使读数为 $L+i$。

此项检查和校正需反复进行，直到 i 值小于 $30''$。

对于采用自动补偿器的经纬仪，设置有专门的指标差调整机构，通过调节该装置来进行指标差的校正。

7）光学对点器的检验与校正

光学对点器的视准轴应与竖轴重合,照准部转到任何位置时,对点误差不得大于 1 mm。

（1）检验方法

将仪器置于三脚架上并整平,使对点器十字丝中心对准地面上的一个小目标,照准部旋转180°,若小目标不在十字丝中心上,则说明对点器十字丝中心经棱镜转向后不在竖轴的几何轴上。当偏移大于 1 mm 时,需校正。

（2）校正方法

光学对点器上的校正螺丝随仪器的类型而异,有些校正视线转向直角棱镜,有些校正分划板。转动对点器的校正螺丝使十字丝移动偏移量的一半,拧紧旋松的螺丝,再移动地面点使之和十字丝中心重合。该方法需反复进行,以达到要求后为止。

7.4　光学经纬仪常见故障的排除

7.4.1　TDJ$_6$光学经纬仪常见故障的排除

TDJ$_6$经纬仪与 TDJ$_2$经纬仪在结构上有很多的相似性,它们的望远镜、基座、竖轴系、光学对点器等部件基本相同,这些部件的故障排除将在 TDJ$_2$仪器部分介绍,这里主要说明一下TDJ$_6$仪器的制微动机构、读数系统及自动补偿器的常见故障排除。

1）制动机构故障的排除

制动机构的故障主要表现为制动失灵。制动失灵有两种表现:一是制动扳把转到制动位置时,横轴或照准架制动不住。二是制紧以后将扳把转到旋松位置,照准架和横轴仍然转不动或很紧。

（1）制动扳把在制动位置时,起不到制动作用的故障排除

①制动扳把上的螺钉松动,使扳把在制动螺丝的轴上打滑。排除方法是用改锥先旋转制动螺丝使照准架或横轴制动,然后将扳把旋到制动位置,再旋紧螺钉。

②水平固定挡头变位,使制动位置改变。固定挡头变位主要是挡头上的螺钉松动,此时只要将固定挡头重新旋到正确位置,再旋紧螺钉即可。

③制动螺钉松动,使得扳把带动螺丝旋转时顶棍不紧,弹簧或顶不紧摩擦板,造成制动失灵。排除方法是先松开扳把上的螺钉,用改锥旋制动螺钉使照准架或横轴制动住,然后再将扳把调到制动位置,旋紧螺钉即可。

（2）制动扳把旋松时,照准架和横轴仍被制动或转动紧涩的故障排除

①扳把上的螺钉松动,造成扳把空转打滑。排除方法是将扳把上的锁紧螺钉旋紧后即可。

②水平制动垫片变形或卡死致使扳把旋松后,顶棍退出,而制动垫片弹不回来。排除方法是将制动机构和竖轴系拆卸,修整制动垫片,清洗加油后重新装复即可。

2）自动补偿器的故障排除

（1）自动补偿器停摆故障的排除

当锁紧手轮打开后,轻轻摇动仪器照准部架听不到摆体的响声,说明摆体受阻,卡住不动了,这是停摆故障。引起停摆的主要原因如下所述:

①阻尼活塞变位,碰撞阻尼盒。排除方法是应松开背母,重新调整活塞位置,保证间隙均匀,然后背死螺母,封好胶。但需注意的是,TDJ6经纬仪的间隙调整比较困难,它不能直接观察,要边调边实验,直到合适为止。

②吊丝折断也会造成补偿器停摆,这是较严重的故障,此时应先拆下补偿器,重新更换一组吊丝,重新装调测试。

（2）自动补偿器偏摆故障的排除

引起补偿器偏摆的主要原因如下所述:

①补偿器固定架的两个固定螺钉松动,使整个补偿器偏斜,离开零位。此时用调整零位的方法,转动固定架,恢复补偿零位。

②平衡螺母移动,造成偏摆。平衡螺母是专门调整摆体左右平衡的,如果平衡螺母松动、移位则摆体就失去左右平衡,向一边倾斜,此时应移动螺母位置,向倾斜相反的方向移动即可。

③限位叉左右移动,使摆体左右摆动不对称。应先把补偿器安置到零位,然后松开两个螺钉,左右移动限位叉,使之相对长丝杠左右对称,间隙相等。

7.4.2 TDJ₂光学经纬仪常见故障的排除

仪器在使用过程中受到意外的震动,或者在拆卸维修过程中由于各光学零件和金属部件未安装到原来的正确位置,造成各部件相对位置的改变,各轴之间的正确关系被破坏,从而影响正常的仪器使用,现就仪器维修过程中出现的一些常见问题及解决方法作一简单介绍。

1）望远镜

（1）目标成像不清晰,视场亮度变暗

影响望远镜成像不清晰的原因很多,一般情况是光学零件及金属部件制造和安装不好,光学零件透光面部清洁造成的,具体情况要具体分析,找出产生的具体原因。

①光学零件表面不清洁。主要表现在零件透光面上有灰尘、油污、生霉、生雾、透镜开胶等,如有上述情况可用相应的方法清洁光学零件,修复开胶面,这样就可以恢复成像的清晰和视场的明亮度。

②物镜或调焦位置变动。经常表现为正、倒镜位置成像的清晰度不一样,正镜清晰,倒镜后边模糊,或反之。主要是压卷没有压牢造成的。

③透镜装反,透镜焦距不对。造成成像总不清晰,找不到清晰的位置,则应重新拆开装过的透镜组,把透镜重新安装正确。

④各透镜安装不同心,引起严重像差。这通常是在装复望远镜时透镜中心不共轴引起的,透镜不同心主要是透镜外元与镜座间隙过大、隔卷放置歪斜、压卷松动、机械零件加工不同心造成的。遇到这种情况,应重新安装透镜于正确位置,或旋转一下有关透镜使其中心改变,直到成像清晰为止。

（2）调焦运行误差大

正倒镜观察同一直线两个不同距离上的目标时,读数差超过允许的限量,此故障叫作望远镜调焦运行误差超差。产生的原因是调焦镜运行过程中偏离光轴。维修时,应将调焦镜部分拆开,检查哪个部位松旷,如果是调焦管配合松旷,则修整调焦管。如果是滑块配合松旷则要更换新的滑块。

（3）望远镜调焦紧涩

望远镜调焦时感觉变紧,不舒适。主要原因是调焦镜管和望远镜配合面、调焦筒和微动丝卷之间、滑块与望远镜筒的配合面润滑油干涸、流失或变质,或是缝隙中进入灰尘,这时将望远镜拆开,用汽油将零件清洗干净,烘干后加上润滑油,就可恢复调焦的舒适性。

（4）目镜调节视度时,分划板十字丝有明显晃动现象

这种情况的产生是由于目镜座与目镜接管的螺纹配合因为磨损过大而松动,或者由于气温过高润滑脂稀释黏度变低造成的。排除的方法是将目镜座和接管拆下来,把油污清除掉,加上黏度更大的润滑脂即可。

2）基座

（1）基座清洗加油

安平螺旋部分和强制中心机构等部分进灰尘,润滑油变质或干涸流失时,应将基座拆卸进行清洗、加油。

（2）安平手轮转动紧涩的排除

产生紧涩的原因主要是压套旋的过紧或丝杆螺纹部分落入灰尘造成的。当基座摔损,安平螺丝杆变形弯曲也会造成转动紧涩。如果压套旋的过紧,只要用活动扳手旋松压套即可恢复。如果是落入灰尘,则将安平螺旋部分拆卸清洗、加油。如果是安平螺丝弯曲变形,则先用木榔头将螺杆调直,假若弯曲过于严重时,则应重新更换安平螺杆了。

3）换盘机构

（1）换完度盘后,扳动小扳把手后手轮不能自动弹出

手轮不能自动弹出的原因是弹簧因长期使用后弹力下降。排除方法是拆下盖板,旋下大头螺钉,拔出手轮,主要是小销子不要弄丢,取下弹簧,用手拉长弹簧,即增大了弹力。

（2）换轮齿轮啮合紧涩或松旷,不能对零

该现象的出现主要是小齿轮上下位置不合适造成啮合不良。排除方法是拆下手轮盖板,通过手轮端面的圆孔用改锥松开 3 个螺丝,如果手轮转动紧涩则一边向下压手轮一边旋紧螺钉,直到转动舒适为止。如果转动松旷则一边用手抬起手轮,一边旋紧螺钉,直到调制舒适为止。同时检查润滑油脂是否变化或进入灰尘,将换盘机构拆开后进行清洗换油。

4）光学对点器

（1）对点器成像不清晰故障的排除

造成对点器成像不清晰的原因如下所述:

①光学透镜和棱镜表面有油污、灰尘,或物镜开胶,表面发霉、发雾。

②对点物镜或目镜装反了。如果光学零件部清洁或开胶可拆卸后清洁光学零件或胶合物镜组;如若透镜装反了,在查找出具体是哪个透镜后,溶开胶,将透镜重新装上即可解决。

（2）调焦管和目镜座运动紧涩

调焦管里外拉动调焦时,感觉很紧,主要原因是调焦筒和身架孔之间缺乏润滑,将调焦筒拆下后,清洗加油即可。目镜座在调节视度时紧涩则将目镜座旋出,在螺纹部分称为润滑油脂即可。

（3）目镜座螺纹松旷

目镜座调节视度时感觉松旷,造成分划板十字丝晃动严重,这主要是目镜座螺纹配合间隙过大,此时旋下目镜座和调焦筒,清洁干净后加上黏度较大的润滑油脂即可。

5）制动和微动机构

（1）制动机构失灵的排除

制动机构失灵有两种表现：一种是制动手轮顺时针转动到制动位置时，照准部或横轴制动不住，照样旋转；另一种是制动手轮反转旋松时，照准架和横轴转不动或转动很紧。

①制动手轮在制动位置时，起不到制动作用，产生这种故障的原因主要有以下几种情况：

a.制动轴或制动钉上的销子因长期使用或用力过猛变形弯曲或销子脱落下来，造成手轮转动时带不动制动钉旋转。

b.当微动手轮转到两端极限时，万向套转到极限，使销子从万向套的长槽中脱出，万向套掉下来。

c.装配时盖板的限位螺钉（3个螺钉中最长的螺钉）安装位置不对。

d.手轮和制动轴之间的圆柱销子没有装上，造成制动手轮空转。

排除方法是：遇到前两种情况是将制动手轮拆卸下来，销子弯曲时修正销子或重新更换；销子脱落下来，将销子重新装入并用胶粘牢。遇到第三种情况时，将长的限位螺钉改换一个位置即可解决。遇到第四种情况时，只将防转销子装入即可。

②制动手轮旋松时，照准架或横轴仍被制动或转动很紧。产生这种故障的原因如下所述：

a.轴被制动后销子弯曲、脱落或万向套脱落，使得手轮旋松时，制动钉退不出来。

b.制动垫片变形或卡住，致使手轮旋松后制动钉退出而弹性垫片弹不回来，仍然与轴座摩擦制动。

排除方法是：将制动机构拆卸下来，然后找到原因，或修整销子，或装上万向套，或修整弹性垫片，清洗加油后重新装复即可。

（2）微动机构故障的排除

①微动座松动。逆时针旋手轮到极限后，再旋手轮则整个微动手轮组被旋下来。

产生原因：下壳底面的顶丝没有顶紧，或垂直微动座的顶丝未顶紧。

排除方法：水平微动手轮的微动座松动时，先将微动座旋紧，再用手捻将下壳面上的顶丝拧紧即可；若垂直微动座松掉，先将微动座旋紧，再将右挡板的4个固定螺钉拆下来，将挡板拨到一边去可以看到支架端面上有顶丝，将顶丝拧紧即可。

②微动螺旋运转松旷，空隙大。

产生原因：微动丝杆和弹性螺母磨损过大，或装配时压套未旋紧所致。

排除方法：用校正针或活动扳手将压套旋紧。

③微动螺旋转动紧涩。

产生原因：润滑油进入沙砾或干涸变质，装配时压套旋得过紧也会使手轮转动紧。

排除方法：清洗加油即可，或用校正针适当松一下压套。

④微动手轮在微动过程中跳跃现象。表现为照准架和横轴跳动运行，有时不动则跳跃一下，影响精确对准目标。产生这种故障的原因主要是微动弹簧运行不正确。

排除方法：将顶簧库组拆卸下来，把弹簧、弹簧套和弹簧座清洗加油，装复后即可解决。

6）光学测微器

光学测微器是 TDJ_2 仪器的关键部位，其体积小，结构紧凑，光学零件多，测微器出现故障时拆修要特别小心。一般情况最好不要拆卸测微器，当出现问题时，送专业维修部门进行维修。这里简单介绍常见故障的排除方法。

（1）清擦光窗和其他光学零件

当光窗或其他光学零件有污垢或生霉、生雾时，可将光学零件拆下来，然后进行清洁，清擦光学零件时要特别细心清擦光窗（分划板棱镜）和隔离板。

（2）游标盘行程左右不对称故障的排除

当限位螺丝松动时，由于限位块被碰动会引起秒盘行程左右不对称，此时只要将手轮的大黑盖拆下来，稍微松一下螺丝，调整好限位块位置，再紧固住螺丝即可。

（3）测微手轮隙动过大故障的排除

测微手轮隙动过大是由平面螺纹与测微基盘配合间隙大造成的。当间隙稍大，手轮稍有松旷时，先将平面螺纹拆下来，将平面螺纹和测微基盘的轴孔清洗干净后，加上黏度稍大的润滑油脂即可解决。而当间隙过大，手轮很旷时，利用上粘油的办法也解决不了，只有更换新的平面螺纹零件才能解决。

7）读数系统的故障排除

（1）正常清洁加油

将仪器拆卸后，对有关零件要认真清洗和加油，特别是度盘和读数窗要特别注意。

（2）视场内刻划线成像不清晰

①物镜组表面生霉、生雾、脱胶。

②物镜安装不正确，透镜装反。

如果判断是物镜生霉、生雾等原因造成时，应擦除霉、雾和灰尘油污等。如果物镜装反应重新安装。

（3）视场照明亮度不好

①视场全黑或只有一个窗黑。这时因为照明光线不通过的缘故，主要是系统中的某一块棱镜掉落或碎裂，或光学零件透光面及反射面有污垢所致。认真找到原因后更换棱镜或清洗零件。

②视场部分黑。清除油污，移动棱镜位置即可。

③视场照明不足。产生原因是进光照明棱镜位置不正确，光线未被充分利用或光学零件表面生霉，灰尘、油污多，光学损失过大，重新调整照明棱镜和清擦光学零件可解决。

④视场亮度不均匀。这是棱镜倾斜或物镜移动倾斜造成的，认真调整有关棱镜或物镜位置即可。

8）自动补偿器的故障排除

（1）自动补偿器停摆卡死

故障排除：当将锁紧手轮打开后，用手轻轻摇动仪器，听不到吊丝摆体的响声，说明摆动部分受到阻碍，停止摆动，也就是卡死不动了。

引起摆体卡死的原因主要有以下几点：

①阻尼活塞变位。

排除方法：轻轻转动活塞杆，通过透明玻璃观察活塞的位置使其与阻尼盒的间隙四周均匀即可，用校正针背紧螺母时，一定要用手扶住摆动杆，以免损伤吊丝。

②阻尼盒变位。

阻尼盒是用 3 个螺丝固定在长连接板上，而长连接板又用两个螺钉固定在固定架上，用一个螺丝固定在支架上。如果螺丝松动则会使阻尼盒变位，使阻尼活塞受阻而卡死。

排除方法:移动阻尼盒或连接板,通过玻璃观察,使活塞与阻尼盒间隙均匀一致。

(2)仪器补偿误差超限的调整

仪器补偿误差要求不得大于±4″,仪器在使用一段时间后应对补偿误差进行定期检查。经过检查,当发现仪器补偿误差超过要求时,则应进行调整。

具体方法:打开左挡板,见到补偿器部分,检查调节螺母是否松动,用上下移动螺母的方法来改变补偿器的放大倍数,从而调整补偿器误差。当补偿误差为正值时,则将螺母向下移动;补偿误差为负值时,螺母向上移动。一般螺母旋转一圈,补偿误差变化为1″。

9)复测机构的故障排除

复测机构失灵是仪器常见的故障之一,其原因有以下几个方面:

①复测器簧片的弹性减弱,不能夹住复测盘。由于复测器的簧片4(见图7.10),经常处于受力状态,时间一长,簧片的弹性极易减弱。解决的办法是将簧片卸下来,重新淬火或更换新簧片。

②复测器的下簧片4与铆钉5的连接松动。此时需将下簧片上的铆钉重新铆紧或更换新片。

③复测器顶轴中的垫块2由于使用中磨损,使上、下两簧片的张口间距过小(小于2.3 mm),造成复测盘被带动。解决的办法是更换垫块2。

④复测器在水平度盘护壳上的位置不正,致使簧片夹在复测盘上下的间距不一致。在这种情况下照准部转动时,就可能带动度盘。此时不必拆开内部结构,只需旋松复测器的两个固定螺丝,稍稍移动复测器的位置。然后旋紧固定螺丝,再进行检查试测,直至满意为止。

⑤度盘轴套旋转过紧或有卡死现象时,也会使复测机构失效。复测器的夹紧力是有限的,它带不动过紧的水平度盘一起旋转。解决办法是对轴系进行清洗、加油,必要时可用氧化铬加油研磨。

10)横轴的故障排除

横轴转动松紧不一致,或倾角大时较紧。一般是横轴系有油泥,润滑油不均匀;可清洁加油。若由于长期使用横轴或轴承产生椭圆现象,则需对其研磨抛光,但会使轴变得更易晃动。

7.5　DJ$_6$型经纬仪光路的调整

要进行光路的调整,首先必须认识 DJ$_6$型经纬仪光路,在第 4 章中,已经学习了经纬仪的光学系统。在此以 TDJ$_6$型光学经纬仪为例进行说明。

7.5.1　TDJ$_6$型光学经纬仪的光路调整

读数系统的调整工作主要是分 3 个部分进行的,即读数目镜系统的调整、水平光路系统的调整、垂直光路系统的调整。

1)读数目镜系统的调整

读数窗方位的调整是在读数目镜系统调整过程中进行的,其要求是当望远镜视轴水平时,水平和垂直光窗应成水平状态,即窗的长边处于水平位置,如果光窗发生倾斜,则应拆下棱镜与带尺组,用扳手或手镊旋松光窗座压圈,旋转光窗座即可。

当通过读数目镜系统的调整将视场中的亮度、光窗的位置和大小、成像的清晰性,以及光窗带尺左右视差及上、下窗视差调整好后,即可进行水平和垂直光路系统的调整。

2)水平光路系统的调整

水平光路系统的调整包括反光镜、进光筒、棱镜、水平聚光镜、水平度盘、水平底棱镜、水平物镜组和转像棱镜以及读数窗。

水平光路系统的调整主要包括度盘刻画线长短、歪斜的调整、像质的调整、行差和视差的调整、亮度的调整。

(1)度盘刻画线长短的调整

影响水平刻画线上下位置即刻线长短的光学零件只有水平物镜组和转像棱镜,如果物镜组里外位置不正确或转像棱镜上下位置及里外位置不正确,都会引起度盘刻画线长短的变化。但是水平物镜组在调好像质及亮度的均匀性以后,一般不宜再变动位置,因此,调整水平度盘刻画线长短的主要环节是调整转像棱镜,最方便的是使其上下移动位置。

(2)度盘刻画线歪斜的调整

度盘线的歪斜主要是转像棱镜绕出射光轴旋转造成的。当将光窗调整好后,即当视准轴水平时,带尺刻画应处于铅垂位置,整个光窗处于水平位置即可,度盘刻画应与带尺刻线平行。如果不平行则说明度盘刻画产生歪斜,此时也采用调整转像棱镜的方法来消除刻线的歪斜。

(3)度盘刻画像质的调整

当度盘刻画成像在水平窗上以后,应成像清晰,左右刻画应成像一致。

影响水平度盘成像质量的主要原因是水平物镜组本身质量不好或位置不正确。当水平物镜的光轴因平移或倾斜偏离光路主光轴时,会引起像虚或左右虚实不一致。此时,应打开左挡板,松开两个螺钉,左右平移水平物镜架可解决问题。

(4)水平视场亮度的调整

度盘读数系统照明上关键是如何将有关的照明棱镜位置调整好,使照明亮度均匀一致,移动和旋转棱镜、转像棱镜和水平物镜架都可调整视场亮度的均匀性。当然,改变物镜组的位置和转像棱镜的位置用以调整视场亮度,通常是和调整刻线的像质和长短歪斜结合进行的。

(5)行差和视差的调整

水平度盘的刻画被水平物镜组成像在读数窗上的水平窗内。具体要求是度盘的 1° 间隔宽度正好等于光窗内带尺 60 格的宽度,且度盘刻画像应和带尺刻画在一个平面内。如果刻画间隔和带尺 60 格宽度不等称为行差,度盘刻画和带尺刻画不在一个平面内称为视差。度盘有行、视差时,应进行行调整。上下移动水平物镜前管和后管,可调整行差和视差。由于水平物镜前组和后组移动时,行视差相互干扰,因此欲消除行视差需反复移动两个透镜组,逐渐趋近到合适为止。

3)垂直光路系统的调整

垂直光路系统的调整包括反光镜、进光窗、垂直照明棱镜组、垂直度盘、小平板、垂直转像棱镜、垂直物镜组、补偿平板、转像棱镜、斜方棱镜和读数窗。

垂直光路系统的调整主要包括度盘刻画线长短、歪斜的调整,成像质量的调整、亮度的调整、行视差的调整以及方位的调整。

(1)度盘刻画线长短的调整

垂直度盘刻线在光窗中的要求同水平度盘刻线一样。光路中可知影响垂直度盘刻线长短的光学零件是转像棱镜和垂直物镜组,它们的位置不正确会引起度盘刻线长短的变化,一般是通过调整转像棱镜的上下位置或里外位置来调整刻线长短。

(2)度盘刻画线歪斜的调整

垂直度盘刻线歪斜是由于转像棱镜位置安装倾斜造成的。装调时,用旋转转像棱镜的方法来解决刻线的歪斜问题。

(3)度盘刻画像质的调整

同水平度盘一样,垂直度盘刻线成像质量也主要是由垂直物镜组的质量及安装位置所决定的。在选择好垂直物镜组以后,则通过移动垂直物镜组的位置来调整像质。

(4)垂直视场亮度的调整

垂直光路系统中照明棱镜组、垂直转像棱镜、垂直物镜组、转像棱镜、斜方棱镜的位置不正确均可引起垂直视场内亮度不足或照明不均匀的现象。尤其是垂直照明棱镜组要调整好它的位置,首先要保证垂直度盘得到最充足和均匀的照明。在调整垂直光路亮度的均匀性时,斜方棱镜的位置要十分注意,要上下左右移动好它的位置,防止切割光线,引起视场亮度下降或局部发暗。

(5)垂直度盘行差和视差的调整

垂直度盘行视差的调整同水平度盘原来一样,反复上下移动垂直物镜前组和后组的相对位置,可将行视差调整好。由于垂直物镜组的两组透镜中间不是平行光,所以调整行差时相互干扰,比较费事,需反复进行。

(6)垂直度盘方位的调整

垂直度盘刻画在读数窗中应该有正确的方位,具体要求:当望远镜水平时,竖轴铅垂时垂直度盘读数应是90°或270°,如果不是这个读数,就称产生了方位误差。垂直度盘方位的调整较为复杂,一般需由专业人员来进行调整。

7.5.2　常见光路故障及其调整方法

DJ$_6$型光学经纬仪光路的常见故障及其调整方法如下,具体部件编号参见第4章图4.1。

1)成像不清,甚至视场无像或黑暗无光

视场暗淡无光一般是棱镜松动、脱落、破损或透光面严重脏污导致,使照明光线不能进入视场。此时应根据光路图逐个检查各棱镜的状况并调整,如能发现一点点光线,就可扩大并使整个视场变亮。有时视场变亮后,读数窗中仍无度盘分划现象,即视像失踪。这主要是由于透镜组6、10的位置严重变位,棱镜9或12的位置歪斜所致。

找像步骤如下所述:

①调节读数目镜,看清视场。移动竖盘转向透镜6或10的上下位置,先找到水平度盘的像,再找竖盘的像。若仍找不到像时,应将透镜组6、10复位,再微动棱镜9或12,一般即可见度盘像。

②再微动透镜组6或10,直到看清度盘像为止。

2)整个视场(包括读数窗)都不清晰

产生原因:是透镜16错位或某些零件有油污、发霉之故。

处理方法:应先调整透镜16的位置,看成像是否改善或拆卸下光学零件清洗。

3) 水平度盘与竖盘的分划像都不够清楚

产生原因:水平度盘显微物镜 10 的位置错动所致。

处理方法:调整水平度盘显微物镜 10 的位置直至度盘成像清晰。

4) 水平度盘清晰,竖盘不清晰

可调显微物镜 6 的位置,直至竖盘成像清晰。

5) 水平度盘分划像歪斜或错位

当水平度盘分划像有歪斜、过长或过短现象时,可稍微转动棱镜 9。当棱镜 9 校不过来时,用棱镜 12 也可调试,但它俯仰转动效果对成像质量影响较大,因此一般情况下不动它。

6) 竖盘分划像歪斜或错位

当竖盘分划像歪斜、过长或过短时,可用棱镜 5 调整。

7) 水平盘及竖盘有行差、视差

反复校正 6、10 即可。

课间实训三:DJ$_6$ 型经纬仪的拆卸,详见附录 1。

课间实训四:DJ$_6$ 型经纬仪的检校,详见附录 1。

本 章 小 结

本章介绍了 DJ$_6$ 型光学经纬仪和 DJ$_2$ 型光学经纬仪的结构,还介绍了对它们在日常使用中遇到的故障排除,并详细讲解了 DJ$_6$ 型经纬仪的拆卸步骤和检校方法。

第 4 篇
电子测量仪器

第 **8** 章
电子水准仪

8.1 概 述

8.1.1 电子水准仪的发展概况

电子水准仪是 20 世纪 90 年代发展起来的现代测绘仪器,它集光机电、计算机和图像处理等高新技术为一体,是现代科技最新发展的结晶,代表了测绘仪器的发展方向之一。

要描述一个目标点的空间位置,必须给出该点的三维坐标(x,y,z),其中(x,y)坐标可由方位角及距离给出;z坐标可由三角高程测量、几何水准测量、GPS 高程测量和流体静力水准测量等方法进行确定。其中,几何水准测量精度最高,已广泛应用于生产实践中。

20 世纪 40 年代,电磁波测距技术迅猛发展,距离测量完成了从钢尺量距等人工测量手段到自动化电子测距的转变。20 世纪 60 年代出现的电子测角技术,使角度测量完成了从光学仪器到电子仪器的转变。在距离和角度测量中,待测量和测量仪器在空间上可以认为是一体的,测量仪器的读出值就是待测量,其自动化过程就是实现读数自动化。然而到 20 世纪 80 年代末,精密水准测量还在使用传统的光学仪器。这是由于水准仪和水准标尺不仅在空间上是分离的,而且两者的距离可以从 1 m 变化到 100 m,水准仪的读出值并非待测量,因此在技术上引起了实现数字化读数的困难。

为实现水准仪读数的数字化,人们进行了各种尝试。最早进行电子水准仪测量原理研究的是 Zetsche 教授,1966 年,他在其博士论文中提出了一种电子水准仪的方案:第一步将按一定规律编码的水准尺的标尺图像依一定比例缩小并刻画在水准仪的分划板上;第二步将水准尺的成像与分划板上的图像进行比较从而获得水准仪视准轴的读数。对于不同视距,Zetsche 教授采用了一种特殊物镜系统,用于补偿调焦变化引起的标尺图像大小的变化。但由于当时缺乏合适的电子器件,这种方案没有得到进一步的发展。

前民主德国的蔡司厂采用了另外一种自动化读数方式,他们在 RENI002A 精密光学水准仪上安装线阵 CCD 传感器,用于取代原光学测微器,从而实现测微器读数的自动化。在人工读出标尺的粗读数后,可以将精、粗读数一并存入仪器的存储器。但由于这种水准仪还需要输入标尺的粗读数,没有实现真正自动化读数。

1990 年 3 月,瑞士徕卡(Leica)公司推出了世界上第一台电子水准仪 NA 2000,它是由 Gachter、Muller 等人组成的研究组研制成功的。他们在 NA 2000 上首次采用图像处理技术来处理标尺的影像,并以行阵传感器取代测量员的肉眼进行读数。这种传感器可以识别水准标尺上的条码分划,并用相关技术处理仪器的测量信号,自动显示与记录视线高读数和视距,从而实现观测自动化,攻克了大地测量仪器中水准仪数字化读数的最后一道难关。

应该说,从 1990 年起,大地测量仪器已经完成了从精密光机仪器向光机电测一体化的高技术产品的过渡。由于电子水准仪测量速度快、读数不受人工干扰,能够大大减轻作业人员的工作强度和作业人员的数量,又具有测量精度高、可以自动测量、自动存储和处理测量数据等显著优点,因此,电子水准仪代表了水准仪的发展方向,是现代化和信息化测量最有力的助手,成为测绘仪器生产厂家竞相开发的高科技产品。

到 1994 年,德国蔡司公司、日本拓普康公司也相继研制成功了拥有自主知识产权的电子水准仪产品。1998 年,日本索佳公司也开发了拥有自主知识产权的电子水准仪,这样就形成了目前测绘仪器市场上 4 种电子水准仪的局面。

当然,由于早期人们对电子水准仪的测量原理认识不足,在第一代电子水准仪测量系统中还存在许多缺陷。例如,需要借助于调焦镜位置传感器首先确定物像比,才能确定视线高及视距;又如,有些仪器在某些视距处,视线高测量值中存在明显的周期误差。

通过近 20 年的研究,人们对电子水准仪测量原理及各项误差的研究已相当深入,仪器生产厂家依据这些研究结果不断改进了产品的质量,使电子水准仪的质量大大提高。电子水准仪现已发展到了第二代,其精度已经达到了一二等水准测量的精度要求。

图 8.1　徕卡 DNA103

图 8.2　索佳 SDL30M

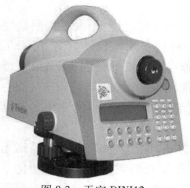

图 8.3　天宝 DINI12

图 8.4　拓普康 DL102

8.1.2　基本部件

电子水准仪测量系统的测量原理如图 8.5 所示,它由条码尺和主机两部分构成。其中条码尺是由宽度相等或不等的黑白(黄)条码按某种编码规则进行有序排列而成的,这些黑白条码不同的排列方法构成了目前各仪器生产厂家自主知识产权的核心;主机则是在自动安平水准仪的基础上发展起来的。电子水准仪主机结构原理如图 8.6 所示,它由望远镜物镜系统、补偿器、分光棱镜、目镜系统、CCD 传感器(或其他类型的光电传感器)、微处理器、键盘、数据处理软件等组成。

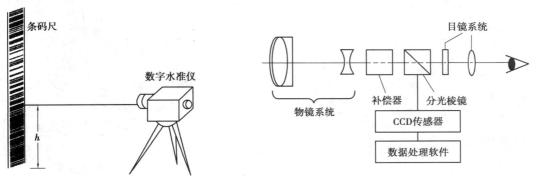

图 8.5　测量原理　　　　　　　　　　　　图 8.6　主机结构原理图

虽然各厂家生产的电子水准仪采用的结构不完全相同,但是其基本工作原理相似:即标尺上的条码图案经过光反射,一部分光束直接成像在望远镜分划板上,供目视观测;另一部分光束通过分光镜被转折到线阵 CCD 传感器的像平面上;经光电转换、整形后再经过模数转换,输出的数字信号被送到微处理器进行处理和存储,并将其与仪器内存的标准码(参考信号)按一定方式进行比较,即可获得高度读数,如图 8.7 所示。

在数字水准测量系统中,作为高程标准其使用的数字水准标尺的编码方式、读数原理对系统测量精度的影响是显而易见的。电子水准仪是在自动安平水准仪的基础上发展起来的。它采用条码标尺,各厂家标尺编码的条码图案不相同,不能互换使用。

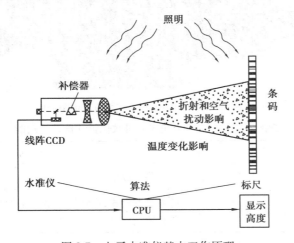

图 8.7　电子水准仪基本工作原理

当使用传统普通水准尺时,如果标尺的正反面分别刻画有传统分划线和条码,则该电子水准仪也可作为普通光学水准仪使用;而对于精密水准尺,则需要采取特殊的编码原理并在黑条码的旁边注记数字,在电子水准仪上加载一台与黑条码中心间距相等的光学测微器,才能将这种电子水准仪作为精密光学水准仪使用。这种既可作为电子水准仪又可作为光学水准仪的新仪器可以命名为数字/光学一体化水准仪。

1) 南方 DL-300 电子水准仪的基本构造

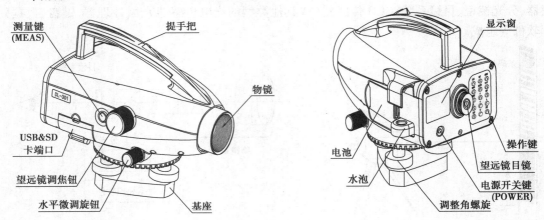

图 8.8　南方 DL-300 电子水准仪的基本构造

2) 南方 DL-300 电子水准仪的操作键及其功能

南方 DL-300 电子水准仪的操作键(见图 8.9)及其功能见表 8.1。

图 8.9　南方 DL-300 电子水准仪的操作键

表 8.1　南方 DL-300 电子水准仪的操作键及其功能

键　符	键　名	功　能
REC	记录键	记录测量数据
SET	设置键	进入设置模式,设置模式是用来设置测量参数、条件参数和仪器参数

140

续表

键　符	键　名	功　能
MENU	菜单键	进入菜单模式,菜单模式有下列选择项:标准测量模式、线路测量模式、检校模式、数据管理和格式化内存/数据卡
SRCH	查询键	用来查询和显示记录的数据
IN/SO	中间点/ 放样模式键	在连续水准线路测量时,测中间点或放样
DIST	测距键	测量并显示距离
MANU	手工输入键	当不能用[MEAS]键进行测量时,可从键盘手工输入数据
▲▼	选择键	用来翻页菜单屏幕或数据显示屏幕
►◄	数字移动键	查询数据时的左右翻页或字母符号输入状态时左右选择
REP	重复测量键	在连续水准线路测量时,可用来重测已测过的后视或前视
ESC/C	退出/清除键	用来退出菜单模式或任一设置模式,也可作输入数据时的后退清除键
0~9	数字键	用来输入数字
●(▼)	数字、符号、 字母输入键	在可输入字母或符号时,切换大小写字母和符号输入状态
—	标尺倒置 模式	用来进行倒置标尺输入,并应预先在测量参数下将倒置标尺模式设置为"使用"
ENT	输入键	用来确认模式参数或输入显示的数据
MEAS	测量键	用来进行测量
POWER	电源开关键	仪器开机与关机
★	背光灯开关	打开或关闭背光灯

8.2　电子水准仪的测量原理及特点

8.2.1　测量原理

1)电子水准仪自动读数的原理

在数字水准测量系统中,当望远镜把标尺成像在其十字丝分划面上时,一组由光敏二极管组成的探测器阵列把条码图像转换成具有 256 位灰度值的模拟视频信号,对其整形放大和数字化后,形成的测量信号与仪器内存的标准信号进行比较,就可实现自动读数。电子水准仪自动读数的原理如图 8.10 所示。

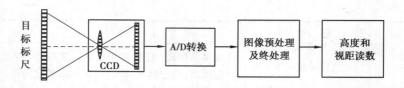

图 8.10　电子水准仪自动读数的原理

当前电子水准仪采用了原理上相差较大的 3 种自动电子读数方法,即相关法(徕卡 NA3002/3003)、几何法(蔡司 DiNi10/20)、相位法(拓普康 DL101C/102C)。

拓普康 DL 系列电子水准仪采用相位法。标尺的条码像经望远镜、调焦镜、补偿器的光学零件和分光镜后分成两路:一路成像在 CCD 线阵上,用于进行光电转换;另一路成像在分划板上,供目视观测。DL101 标尺上部分条码的图案,其中有 3 种不同的码条。R 表示参考码,其中有 3 条 2 mm 宽的黑色码条,每两条黑色码条之间是一条 1 mm 宽的黄色码条。以中间的黑码条的中心线为准,每隔 30 mm 就有一组 R 码条重复出现。在每组 R 码条左边 10 mm 处有一道黑色的 B 码条。在每组参考码 R 的右边 10 mm 处为一道黑色的 A 码条。读者不难发现,每组 R 码条两边的 A 和 B 码条的宽窄不相同,实际上 A 和 B 码条的宽度是在 0~10 mm 变化的,这两种码包含了水准测量时的高度信息。仪器设计时有意安排了它们的宽度按正弦规律变化。其中 A 码条的周期为 600 mm,B 码条的周期为 570 mm。当然,R 码条组两边的黄码条宽度也是按正弦规律变化的,这样在标尺长度方向上就形成了亮暗强度按正弦规律周期变化的亮度波。条码的下面画出了波形。纵坐标表示黑条码的宽度,横坐标表示标尺的长度。实线为 A 码的亮度波,虚线为 B 码的亮度波。由于 A 和 B 两条码变化的周期不同,也可以说,A 和 B 亮度波的波长不同,在标尺长度方向上的每一位置上两亮度波的相位差也不同。这种相位差就好像传统水准标尺上的分划,它可以标出标尺的长度。只要能测出标尺底部某处的相位差,也就可以知道该处到标尺底部的高度,因为相位差可以做到和标尺长度一一对应,即具有单值性。这就是适当选则两亮度波的波长,在 DL101 中 A 码的周期为 600 mm,B 码的周期为 570 mm,它们的最小公倍数为 11 400 mm,因此在 3 m 长的标尺上不会有相同的相位差。为了确保标尺底端面,或说相位差分划的端点相位差具有唯一性,A 和 B 码的相位在此错过了 $\pi/2$。

DL-102C 的标尺与 DL-101C 的略有区别,DL-102C 的标尺为白底黑条码,A 码的波长为 330 mm,最小公倍数为 3 300 mm。A 和 B 码在波长底部错开的相位差为 π。DL-101C 的标尺与 DL-102C 的标尺可以互换使用。

当望远镜照准标尺后,标尺上某一段的条码就成像在线阵 CCD 上,黄条码使 CCD 产生光电流,随条码宽窄的改变,光电流强度也将发生变化。将其进行模数转换(A/D)后,得到不同的灰度值。视距在 $\Delta 0.6$ m 时,标尺上某小段成像到 CCDA 上经 A/D 转换后,得到的不同灰度值(纵坐标),横坐标是 CCD 上像素的序号,当灰度值逐一输出时,横轴就代表时间了。横坐标标记的数字判断,仪器采用了 512 个像素的线阵 CCD。即 CCD 将标尺图像转换成模拟视频信号,经电子元件将该信号放大和数字化,就构成了具有视距和视线高信息的测量信号。

如何从上述测量信号中求出 A 和 B 两亮度波的相位差呢?下文用测量人员容易理解的方式来加以说明。设想纵坐标的灰度值就是表示亮度大小的十进位数字,而且横坐标尺寸已放大到和标尺尺寸一致。用一波长为 600 mm 的正弦曲线中的离散灰度值曲线拟合,就可以得到 A 波的最大振幅和初相位。再用波长为 570 mm 的正弦曲线,也可以得到 B 波的最大振幅和初相位。因为随着标尺上的照度不同,最大振幅在不同次数的测量中也不同(这对我们求视线高无关紧要)。所求出的 A 和 B 两亮度波的初相位之差就是高度数据。不过这是与 CCD 上第一个像素对应的位置到标尺底端面的高度。不难把它换算成 CCD 中点像素上的相位差,这就好像是中丝读数。

像上述那样人工处理测量信号是很麻烦的,而且很费时。在 DL 系列中则采用快速傅里叶变换(FFT)计算法将测量信号在信号分析器中分解成 3 个频率分量。由 A 和 B 两信号的相位求相位差,即得到视线高读数。这只是初读数。因为视距不同时,标尺上的波长与测量信号波长的比例不同。虽然在同一视距上 A 和 B 的波长相同,可以求出相位差,或说视线高,但可以想象其精度并不高。

R 码是为了提高读数精度和求视距而安排的。设两组 R 码的间距为 $P(=30 \text{ mm})$,它在 CCD 行阵上成像所占的像素个数为 Z,像素宽为 $D(=25 \text{ μm})$,则 P 在 CCD 行阵上的成像长度为:$l=Z×b$,Z 可由一信号分析中得出,b 是 CCD 光敏窗口的宽度,因此,l 和 P 都为已知数据。根据几何光学成像原理,可以像传统仪器用视距丝测量距离的视距测量原理一样求出视距:$D=P/l×f$,式中 f 是望远镜物镜的焦距。同时还可求出物像比 $A=P/l$,于是将测量信号放大到与标尺上的一样时,再进行相位测量,就可精确得出相位差,即视线高。

电子水准仪的 3 种测量原理各有奥妙,三类仪器都经受了各种检验和实际测量的考验,能胜任精密水准测量作业。

2) 标尺编码规则

目前 4 种电子水准仪都采用的是条码标尺,即用不同宽度的条码组合来表征标尺面的不同高度位置,但是其设计方法却不尽相同。

Leica 电子水准仪的条码标尺采用的是一种非周期性的伪随机二进制代码(见图 8.11(a)),在全长为 3 037.5 mm 的标尺上分布有 1 500 个宽度为 2.025 mm 的码元。在进行测量时,条码影像相对于仪器内存的参考条码会有一个相对位移,这个位移量就体现了仪器与标尺间的高差 h。

Zeiss 数字水准仪采用的是双相位码(见图 8.11(b))。标尺上每 20 mm 为一个测量单元间距,其中的条码组成一个码组。每个码组的边界处为黑白明暗过渡,其下边界到标尺底部的高度,可通过该码组的码词判读出来。这种双相位码在整个视场上的分布是最佳的,以便水准仪在一个 30 cm 的视场宽度内可以至少检测到 15 个黑白过渡值。

Topcon 数字水准仪上有 3 种不同条码(见图 8.11(c)),一是参考码(R 码),为 3 道等宽的黑色码条,以中间条码的中心线为基准,每隔 3 cm 就有一组 R 码。信息码 A 和 B 分别位于 R 码的两边,上边 10 mm 处为 A 码,下边 10 mm 处为 B 码。A 码和 B 码的码条宽度按正弦规律从 2~10 mm 改变,其信号波长分别为 330 mm 和 300 mm,在标尺底端条码的起始处,这两正弦信号有一个 $±\pi/2$ 的位相差,但是在标尺的不同部位相位差不同。上述 3 种条码相互嵌套在一起。对 3 组条码进行快速傅里叶变换后,可获得在标尺某一部位的位相差。

Sokkia 的编码标尺采用的是随机双向码(RAB 码)(见图 8.11(d))。每 6 个码组成一个宽度变化的间隔,其中每个码元的宽度和 16 mm 的基码宽度存在某种对应关系,这种对应关系为 1=4:12,2=6:10,3=8:8,4=10:6,5=12:4。通过这种对应关系,每个码的码词便能被判读出来。

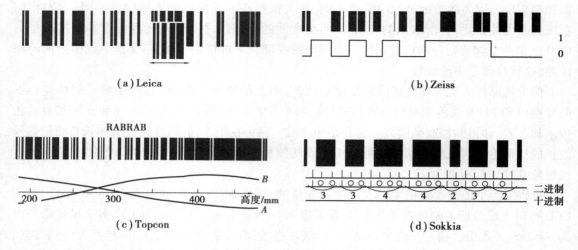

图 8.11　几种电子水准仪的条码图案

8.2.2　特点

电子水准仪也称为数字水准仪,是以自动安平水准仪为基础,在望远镜光路中增加了分光镜和探测器(CCD),并采用条码标尺和图像处理电子系统而构成的光机电测一体化的高科技产品。采用普通标尺时,又可像一般自动安平水准仪一样使用。它与传统仪器相比具有以下共同特点:

①读数客观。不存在误差、误记问题,没有人为读数误差。

②精度高。视线高和视距读数都是采用大量条码分划图像经处理后取平均得出来的,因此削弱了标尺分划误差的影响。大多数仪器都有进行多次读数取平均的功能,可削弱外界条件的影响。不熟练的作业人员也能进行高精度测量。

③速度快。由于省去了报数、听记、现场计算的时间以及人为出错的重测数量,测量时间与传统仪器相比可节省 1/3 左右。

④效率高。只需调焦和按键即可自动读数,减轻了劳动强度。视距还能自动记录、检核、处理并能输入电子计算机进行后处理,可实现内外业一体化。

8.3　电子水准仪的测量误差来源

8.3.1　与主机有关的误差

1)圆水准器位置不正确

圆水准器位置不正确可引起水准仪竖轴倾斜,形成"水平面倾斜"误差。

2)补偿器误差

补偿器误差分为补偿器安置误差和补偿器滞后误差两种。前者反映补偿器建立水平视线的重复精度,通常作为仪器出厂的重要技术指标。后者指补偿器的平衡位置和静止位置之差。

3)视准轴误差(i 角误差)

在电子水准仪上,i 角误差分为光学 i 角误差和电子 i 角误差。由于环境温度、机械振动

（如仪器搬站等）、望远镜调焦和磁场（包括地球磁场和外部电磁场）会引起 i 角变化。因此，i 角误差通常指环境温度为 20 ℃，在目标无穷远时，仪器视准轴与水平面间的夹角。

4）补偿误差

由于补偿器性能不完善导致的仪器视准轴倾斜，会对前后观测带来"水平面倾斜"误差。

5）高程误差

其他原因导致的"水平面倾斜"误差。

8.3.2　与条码尺有关的误差

1）尺底面缺陷

尺底面缺陷包括零点误差、尺底面不平和尺底面与尺的轴线不垂直等。

2）水准尺缺陷

水准尺缺陷主要有水准尺上的圆水准器不正确、因瓦钢带的拉力不正确、水准尺的比例误差（包括比例误差和比例误差的变化）、温度膨胀和尺弯曲和扭曲等。其中圆水准器不正确将引起水准尺的倾斜，导致较大系统误差。

3）水准尺分划误差

水准尺分划误差包括单个条码线的分划误差和有缺陷条码线引起的分划误差。

4）其他误差

其他误差包括普通水准尺的连接误差和因潮湿引起的膨胀误差。

8.3.3　与条码尺光电读数有关的误差

1）最小读数及其进位误差

最小读数及其进位误差为最后观测结果小数位数取舍引起的误差，它取决于对观测结果的小数位数要求。

2）读数误差

读数误差由测量信号遮挡、测尺照度不均匀、视线位于顶部或底部、调焦位置不正确、震动等外界因素和周期误差（包括周期误差随视距变化）等内在因素引起。国外对电子水准仪的研究结果表明，有些仪器读数存在周期误差，如 Wild NA2000 在视距 15 m 处存在峰值为 0.7 mm，波长为 2 mm 的周期误差。

3）内符合精度

在大多数情况下，仪器的内符合精度与视距、层动、光强、对比度、调焦和气象条件等因素直接相关。

从上述分析可知，电子水准仪的误差构成较为复杂。对普通用户而言，只需检定主要项目。一般情况下，检定可参照现行光学水准仪的检定方法进行。但对仪器 i 角和综合精度的检定则须采用专门的方法。

8.4　南方 DL-200/300 系列电子水准仪的检定

南方测绘 DL 系列作为电子水准仪家族中的一员。以高性能、低价格深受广大用户的欢迎。DL 系列造型美观、内置功能强、菜单功能丰富、操作界面友好，有各种信息提示，大大方便了实际操作。

8.4.1 主要特点

南方 DL-200/300 系列电子水准仪的主要特点如下所述：

①在字母状态下,可输入数字、大小写字母及常用标点符号。

②既可进行自动测量(用条码标尺,目前可使用 3 种标尺,即铝合金标尺 SA-5M、玻璃纤维尺 SG-3M 和铟钢尺 SI-3/T 或 SI-3),也可进行人工读数(普通标尺)。

③有多次测量、自动求平均值,统计测量误差功能。

④有 3 种线路水准测量模式:后前前后、后后前前、后前。给定测量限差值,仪器可自动判断测量现差,超限时提示重测,能自动计算线路闭合差等。

⑤DL 系列有 3 种记录模式:RAM 方式,直接存在仪器内部 RAM 中(128K),可存大约 2 400 组数据;RS-232C 方式,可通过电缆将测量数据存到外接计算机或用户开发的电子手簿,进行联机实时测量;OFF 方式,测量结果只显示在仪器屏幕上,不进行存储。DL 系列主机内存可存储约 1 100 个点的数据,并在前一型号 DL 系列基础上增加了 PCMCIA 卡存储功能。目前,PCMCIA 卡的容量主要有 256K、512K、1M。

⑥虽然仪器的显示屏较小,但保存在仪器内部的测量结果可在仪器上用 SRCH 键进行查阅。

⑦具有高程放样和测量水准支点的功能。

⑧当测量键不起作用时(如光线太暗、遮挡太多时),可输入人工测量的高程和平距读数,以使线路水准测量程序能继续进行。

⑨有倒置标尺功能,适合于天花板、地下水准测量。

⑩DL(C)系列具有独立的测距功能,可方便地用于前、后视距离测量,精度为 1~5 cm。

⑪可用来概略测定水平角,精度到 1 度或 1gon。

⑫标尺为等间距分划,可以像检验普通水准标尺一样,检验它的分划误差。

⑬仪器有 i 角检验程序,在野外可方便地进行 i 角检验。

8.4.2 圆水准器的检校

①将仪器安置在三脚架上,利用 3 个脚螺旋使圆水准器气泡精确位于中心。

②将望远镜绕竖轴旋转 180°,如果气泡偏离中心,则须按下述步骤进行校正:首先找到气泡偏移方向的圆水准器校正螺丝,然后固紧该螺丝,使气泡返回总偏移量的一半。然后,用 3 个脚螺旋重新整平圆水准器。此时当望远镜绕竖轴旋转时气泡保持居中状态,如果气泡不居中则应重复以上校正操作,直到望远镜旋转时气泡一直保持居中为止。

8.4.3 视准差的检校

1)方法 1

①两标尺约相距 50 m,在中间位置架设三脚架,在三脚架上安置仪器;整平仪器。仪器架设示意图分别如图 8.12 和图 8.13 所示。

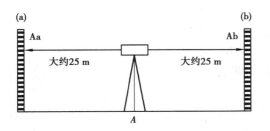

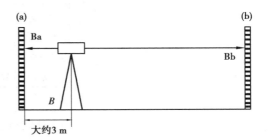

图 8.12　仪器架设示意图一　　　　　　　图 8.13　仪器架设示意图二

②在菜单屏幕"检校模式"提示下按[ENT]键,选择方法 A。仪器显示:

```
主菜单
  标准测量模式
  线路测量模式
>检校模式
```

③输入作业号并按下[ENT]键,仪器显示:

```
检校模式
  作业?
  =>J01
```

④输入注记字 1 并按下[ENT]键,仪器显示:

```
检校模式
  注记#1?
  =>1
```

⑤输入注记字 2 并按下[ENT]键,仪器显示:

```
检校模式
  注记#2?
  =>2
```

⑥输入注记字 3 并按下[ENT]键,仪器显示:

```
检校模式
  注记#3?
  =>3
```

⑦瞄准"a"点的标尺并按下[MEAS]键(见图 8.12);测量并显示 Aa。

147

```
检校模式    方法 A
  点:A  标尺:a
 a<——A      b
按[MEAS]开始测量
```

```
检校模式    方法 A
  点:A  标尺:a
 Aa 标尺:1.056 7 m
 N:3    δ:0.02 mm
```

⑧瞄准"b"点的标尺并按下[MEAS]键(见图 8.12),测量并显示 Ab。

```
检校模式   方法 A
  点:A  标尺:b
 a    A ------→ b
按[MEAS]开始测量
```

```
检校模式   方法 A
  点:A  标尺:b
 Ab 标尺:1.056 7 m
 N:3    δ:0.02 mm
```

⑨将仪器移至 B 点,然后整平仪器(见图 8.13),此时可以关掉仪器的电源以节约电池的电量。

```
检校模式
方法 A
移动 A ------→ B
重新安置仪器
```

⑩瞄准"a"点的标尺并按下[MEAS]键(见图 8.13),测量并显示 Ba。

```
检校模式   方法 A
  点:B  标尺:a
 a ◄------ B     b
按[MEAS]开始测量
```

```
检校模式   方法 A
  点:B  标尺:b
 Ba 标尺:1.056 7 m
 N:3    δ:0.02 m
```

⑪瞄准"b"点的标尺并按下[MEAS]键(见图 8.12),测量并显示 Ab。

```
检校模式　方法 A
点:B　标尺:b
a　　B ------→ b
按[MEAS]开始测量
```

```
检校模式　方法 A
点:B　标尺:b
Bb 标尺:1.056 7 m
N:3　　　δ:0.02 m
```

⑫显示改正值,要继续校正请按下[ENT]键,仪器显示:

```
检校模式　方法 A
校准值
+0.000 0 m( +0.1″)
存储:[ENT]　否:[ESC]
```

⑬按下[ENT]键;显示 b 点的标尺读数:

```
检校模式
方法 A
十字丝检校?
是:[ENT]　否:[ESC]
```

⑭翻转 b 点标尺读数,拆下显示面板,可看到十字丝调整螺丝(此调整需要专业人士操作)。
⑮瞄准标尺进行人工读数,上下移动十字丝,直至水平线与上述正确读数一致。

```
检校模式
方法 A
十字丝检校?
Bb 标尺:1.056 7 m
```

⑯按下[ENT]键,显示返回到检校菜单。

```
主菜单　　　　1/2
标准测量模式
线路测量模式
▶检校模式
```

要停止检校过程,只要在步骤①至⑪的任何时候按下[ESC]即可。

当显示错误信息时,按下[ESC]键并继续检校过程。

2)方法2

①两标尺约相距50 m,在中间位置架设三脚架,在三脚架上安置仪器。仪器架设示意图分别如图8.14和图8.15所示。

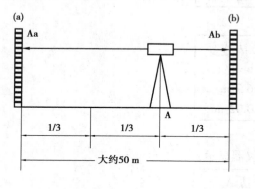

图8.14　仪器架设示意图三　　　　　　图8.15　仪器架设示意图四

②整平仪器。

③检校步骤基本与方法1相同。

本章小结

本章着重介绍了电子水准仪,主要掌握以下知识点。

(1)电子水准仪的基本概念及组成

电子水准仪也称为数字水准仪,是以自动安平水准仪为基础,在望远镜光路中增加了分光镜和探测器(CCD),并采用条码标尺和图像处理电子系统而构成的光机电测一体化的高科技产品。

电子水准仪测量系统由条码尺和主机两部分构成。其中条码尺是由宽度相等或不等的黑白(黄)条码按某种编码规则进行有序排列而成的,这些黑白条码不同的排列方法构成了目前各仪器生产厂家自主知识产权的核心;主机则是在自动安平水准仪的基础上发展起来的。电子水准仪主机由望远镜物镜系统、补偿器、分光棱镜、目镜系统、CCD传感器(或其他类型的光电传感器)、微处理器、键盘、数据处理软件等组成。

(2)电子水准仪的测量原理及特点

电子水准仪基本工作原理:即标尺上的条码图案经过光反射,一部分光束直接成像在望远镜分划板上,供目视观测;另一部分光束通过分光镜被转折到线阵CCD传感器的像平面上;经光电转换、整形后再经过模数转换,输出的数字信号被送到微处理器进行处理和存储,并将其与仪器内存的标准码(参考信号)按一定方式进行比较,即可获得高度读数。

电子水准仪的特点:读数客观、精度高、速度快、效率高。

（3）电子水准仪的测量误差来源

电子水准仪的主要测量误差来源于与主机有关的误差、与条码尺有关的误差和与条码尺光电读数有关的误差。

（4）电子水准仪的检定

电子水准仪的检定主要包括圆水准器的检校和视准差的检校两大部分。

第 **9** 章
测距仪

9.1　电磁波测距的基本原理

　　建立高精度的水平控制网,需要测定控制网的边长。过去精密距离测量,都是用铟瓦基线尺直接丈量待测边的长度,虽然可以达到很高的精度,但丈量工作受地形条件的限制,速度慢、效率低。从 20 世纪 60 年代起,由于电磁波测距仪不断更新、完善和愈益精密,以速度快、效率高取代了铟瓦基线尺,广泛用于水平控制网和工程测量的精密距离测量中。

　　随着近代光学、电子学的发展和各种新颖光源(激光、红外光等)相继出现,电磁波测距技术得到迅速的发展,出现了以激光、红外光和其他光源为载波的光电测距仪和以微波为载波的微波测距仪。因为光波和微波均属于电磁波的范畴,故它们又统称为电磁波测距仪。

　　由于光电测距仪不断地向自动化、数字化和小型轻便化方向发展,大大地减轻了测量工作者的劳动强度,从而加快了工作速度,如图 9.1 所示,徕卡测量公司生产的手持激光测距仪。

(a)徕卡迪士通D110　　　　　　　　　　(b)徕卡迪士通D2

图 9.1　徕卡手持激光测距仪

9.1.1　光电测距仪的分类

　　光电测距仪按仪器测程大致分三大类,具体如下所述:

1）短程光电测距仪

测程在 3 km 以内,测距精度一般在 1 cm 左右。这种仪器可用来测量三等以下的三角锁网的起始边,以及相应等级的精密导线和三边网的边长,适用于工程测量和矿山测量。这类测程的仪器很多,如瑞士的 ME3000,精度可达 $\pm(0.2\ \text{mm}+0.5\times10^{-6}D)$;瑞士的 DM502、DI3S、DI4,瑞典的 AGA-112、AGA-116,美国的 HP3820A,英国的 CD6,日本的 RED2、SDM3E,原西德的 ELTA2、ELDI2 等,精度均可达 $\pm(5\ \text{mm}+5\times10^{-6}D)$;原东德的 EOT2000,我国的 HGC-1、DCH-2、DCH3、DCH-05 等。

短程光电测距仪,多采用砷化镓(GaAs 或 GaAlAs)发光二极管作为光源(发出红外荧光),少数仪器也用氦-氖(He-Ne)气体激光器作为光源。砷化镓发光二极管是一种能直接发射调制光的器件,即通过改变砷化镓发光二极管的电流密度来改变其发射的光强。

2）中程光电测距仪

测程在 3~15 km 的仪器称为中程光电测距仪,这类仪器适用于二、三、四等控制网的边长测量。如我国的 JCY-2、DCS-1,精度可达 $\pm(10\ \text{mm}+1\times10^{-6}D)$,瑞士的 ME5000 精度可达 $\times(0.2\ \text{mm}+0.2\times10^{-6}D)$、DI5、DI20,瑞典的 AGA-6、AGA-14A 等精度均可达到 $\pm(5\ \text{mm}+5\text{PPm})$。

3）远程激光测距仪

测程在 15 km 以上的光电测距仪,精度一般可达 $\pm(5\ \text{mm}+1\times10^{-6}D)$,能满足国家一二等控制网的边长测量。如瑞典的 AGA-8、AGA-600,美国的 Range master,我国研制成功的 JCY-3 型等。

中、远程光电测距仪,多采用氦-氖(He-Ne)气体激光器作为光源,也有采用砷化镓激光二极管作为光源,还有其他光源的,如二氧化碳(CO_2)激光器等。由于激光器发射激光具有方向性强、亮度高、单色性好等特点,其发射的瞬时功率大,因此,在中、远程测距仪中多用激光作载波,称为激光测距仪。

根据测距仪出厂的标称精度的绝对值,按 1 km 的测距中误差,测距仪的精度分为三级,见表 9.1。

表9.1　测距仪的精度分级

测距中误差/mm	测距仪精度等级
小于 5	Ⅰ
5~10	Ⅱ
11~20	Ⅲ

电磁波测距是通过测定电磁波束,在待测距离上往返传播的时间 t_{2D} 来计算待测距离 D 的,电磁波测距的方法如图 9.2 所示。A 点安置测距仪,B 点安置反射器。已知光波传播速度 c 为定值,如果能测出测距仪发射的光波传播至反射器,再经反射器回到测站时间 t_{2D},即可按式 9.1 计算 A 到 B 点的距离 D。

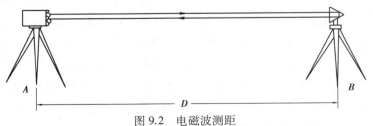

图9.2　电磁波测距

$$D = \frac{1}{2} c t_{2D}$$

$$(9.1)$$

其中

$$c = \frac{c_0}{n}$$

式中　c——电磁波在大气中的传播速度；

　　　c_0——真空中的光速, $c_0 = (299\ 792\ 458 \pm 1.2)$ m/s；

　　　n——大气折射率。

t_{2D} 的测定方法有两种：一种是直接测定由测距仪发出的光脉冲自发射到接受所消耗的时间, 称为脉冲法测距; 另一种是通过测定测距仪发出的连续调制光波经往返测程所产生的相位差来间接测定时间, 称为相位法测距。

9.1.2　脉冲法测距原理

脉冲式光电测距是通过直接测定光脉冲在侧线上往返传播时间 t_{2D}, 并按式 (9.1) 求得距离。

图 9.3 是脉冲式光电测距仪的工作原理方框图。仪器的大致工作过程如下所述：

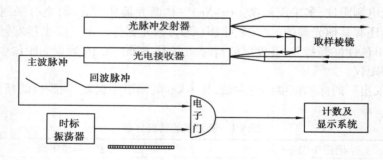

图 9.3　脉冲式光电测距仪工作原理

首先由光脉冲发射器发射出一束光脉冲, 经发射光学系统后射向被测目标。与此同时, 由仪器内的取样棱镜取出一小部分光脉冲送入接收光学系统, 再由光接收器转换为电脉冲 (称为主波脉冲), 作为计时的起点。从目标反射回来的光脉冲通过接收光学系统后, 也被光电接收器接收并转换为电脉冲 (称为回波脉冲), 作为计时的终点。因此, 主波脉冲和回波脉冲之间的时间间隔就是光脉冲在侧线上往返传播时间 t。为了测定时间 t, 将主波脉冲和回波脉冲先后 (相隔时间 t) 送入 "门" 电路, 分别控制 "电子门" 的 "开门" 和 "关门"。由时标振荡器不断地产生具有一定时间间隔 T 的电脉冲 (称为时标脉冲)。在测距之前 "电子门" 是关闭的, 时标脉冲不能通过 "电子门" 进入计数系统。测距时, 在光脉冲发射的同一瞬间, 主波脉冲把 "电子门" 打开, 时标脉冲一个一个地通过 "电子门" 的计数系统, 当从目标反射回来的光脉冲到达测距仪时, 回波脉冲立即将 "电子门" 关闭, 时标脉冲就停止进入计数系统。由于每进入技术系统一个时标脉冲就要经过时间 T, 因此, 如果在 "开门" (即光脉冲离开测距仪的时刻) 和 "关门" (即目标反射回来的光脉冲到达测距仪的时刻) 之间有 n 个时标脉冲进入计数系统, 则主波脉冲和回波脉冲之间的时间间隔 $t = nT$。由式(9.1)可求得待测距离 $D = \dfrac{1}{2}c \cdot nT$。令 $l = \dfrac{1}{2}cT$，表示在时间间隔 T 内光脉冲往返所走的一个单位距离，则有

$$D = nl \tag{9.2}$$

由式(9.2)可知，计数系统每记录一个时标脉冲，就等于记下一个单位距离 l。由于测距仪中 l 值是预先选定的(例如 10 m，5 m 或 1 m)。因此计数系统在计数通过"电子门"的时标脉冲个数 n 之后，就可直接把待测距离 D 用数码管显示出来。

9.1.3　相位式测距原理

1) 相位式光电测距的基本公式

如图 9.4(a)所示，测定 A、B 两点的距离 D，将相位式光电测距仪整置于 A 点(称测站)，反射器整置于 B 点(称镜站)。测距仪发射出连续的调制光波，调制波通过测线到达反射器，经反射后被仪器接收器接收(见图 9.4(b))。调制波在经过往返距离 $2D$ 后，相位延迟了 ϕ。我们将 A、B 两点之间调制光的往程和返程展开在一直线上，用波形示意图将发射波与接收波的相位差表示出来，如图 9.4(c)所示。

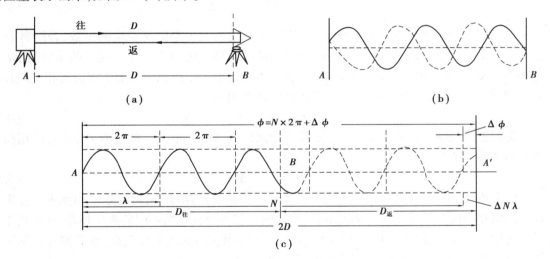

图 9.4　相位式测距原理

设调制波的调制频率为 f，其周期 $T = 1/f$，相应的调制波长 $\lambda = cT = c/f$。由图 9.4(c)可知，调制波往返于测线传播过程所产生的总相位变化 ϕ 中，包括 N 个整周变化 $N \times 2\pi$ 和不足一周的相位尾数 $\Delta\phi$，即

$$\phi = N \times 2\pi + \Delta\phi \tag{9.3}$$

根据相位 ϕ 和时间 t_{2D} 的关系式 $\phi = \omega t_{2D}$，其中 ω 为角频率，则

$$t_{2D} = \phi / \omega = \frac{1}{2\pi f}(N \times 2\pi + \Delta\phi)$$

将上式代入式(9.5)中，得

$$D = \frac{c}{2f}(N + \Delta\phi/2\pi) = L(N + \Delta N) \tag{9.4}$$

式中　$L = c/2f = \lambda/2$——测尺长度；

　　　N——整周数；

　　　$\Delta N = \Delta\phi/2\pi$——不足一周的尾数。

由此可知,这种测距方法同钢尺量距相类似,用一把长度为 $\lambda/2$ 的"尺子"来丈量距离,式中 N 为整尺段数,而 $\Delta N \times \dfrac{\lambda}{2}$ 等于 ΔL 为不足一尺段的余长。则

$$D = NL + \Delta L \tag{9.5}$$

式中　c、f、L——已知值；

　　　$\Delta\phi$、ΔN 或 ΔL——测定值。

由于测相器只能测定 $\Delta\phi$,而不能测出整周数 N,因此,使相位式测距公式(9.7)或公式(9.8)产生多值解。可借助于若干个调制波的测量结果(ΔN_1、ΔN_2、…或 ΔL_1、ΔL_2、…)推算出 N 值,从而计算出待测距离 D。

2)测尺频率方式的选择

如前所述,由于在相位式测距中存在 N 的多值性问题,只有当被测距离 D 小于测尺长度 $\lambda/2$ 时(即整尺段数 $N = 0$),才可根据 $\Delta\phi$ 求得唯一确定的距离值,即

$$D = \frac{\lambda}{2} \times \frac{\Delta\phi}{2\pi} = L \times \Delta N \tag{9.6}$$

如只用一个测尺频率 $f_1 = 15$ MHz 时,则只能测出不足一个测尺长度的尾数,若距离 D 超过 L_1(10 m)的整尺段,就无法知道该距离的确切值,而只能测定不足一整尺的尾数值 $\Delta L_1 = L_1 \times \Delta N_1 = \Delta D$。若要测出该距离的确切值,必须再选一把大于距离 D 的测尺 L_2,其相应测尺频率 f_2,测得不足一周的相位差 $\Delta\phi_2$,求得距离的概略值 D' 为

$$D' = L_2 \times \Delta\phi_2/2\pi = L_2 \times \Delta N_2 \tag{9.7}$$

将两把测尺频率的测尺 L_1 和 L_2 测得的距离尾数 ΔD 和距离的概略值 D',组合使用得到该距离的确切值为

$$D = D' + \Delta D \tag{9.8}$$

综上所述,当待测距离较长时,为了既保证必需的测距精度,又满足测程的要求。在考虑仪器的测相精度为千分之一的情况下,可以在测距仪中设置几把不同的测尺频率,即相当于设置了几把长度不同、最小分划值也不相同的"尺子",用它们同测某段距离,然后将各自所测的结果组合起来,就可得到单一的、精确的距离值。

测尺频率的选择有直接测尺频率方式和间接测尺频率方式两种。直接测尺频率方式,一般用两个或 3 个测尺频率,其中一个精测尺频率,用它测定待测距离的尾数部分,保证测距精度。其余的为粗测尺频率,用它测定距离的概值,满足测程要求。由于仪器的测定相位精度通常为千分之一,即测相结果具有 3 位有效数字,它对测距精度的影响随测尺长度的增大而增大,则精测尺可测量出厘米、分米和米位的数值；粗测尺可测量出米、十米和百米的数值。这两把测尺交替使用,将它们的测量结果组合起来,就可得出待测距离的全长。如果用这两把尺子来测定一段距离,则用 10 m 的精测尺测得 5.82 m,用 1 000 m 的粗测尺测得 785 m,二者组合起来得出 785.82 m。这种直接使用各测尺频率的测量结果组合成待测距离的方式,称为"直接测尺频率"的方式。间接测尺频率方式是用差频作为测尺频率进行测距的方式,在测相精度一定的条件下,如要扩大测程,同时又保持测距精度不变,就必须增加测尺频率,见表 9.2。

表 9.2 测尺频率与测尺长度表

测尺频率/f	15 MHz	1.5 MHz	150 kHz	15 kHz	1.5 kHz
测尺长度/L	10 m	100 m	1 km	10 km	100 km
精度	1 cm	1 dm	1 m	10 m	100 m

由表 9.2 可知,各直接测尺频率彼此相差较大。而且测程越长时,测尺频率相差越悬殊,此时最高测尺频率和最低测尺频率之间相差达万倍。使得电路中放大器和调制器难以对各种测尺频率具有相同的增益和相移稳定性。于是,有些远程测相位式测距仪改用一组数值上比较接近的测尺频率,利用其差频频率作为间接测尺频率,可得到与直接测尺频率方式同样的效果。

3) 测尺频率的确定

测尺频率方式选定之后,就必须解决各测尺长度及测尺频率的确定问题。一般将用于决定仪器测距精度的测尺频率称为精测尺频率;而将用于扩展测程的测尺频率称为粗测尺频率。

对于采用直接测尺频率方式的测距仪,精测尺频率的确定,依据测相精度,主要考虑仪器的测程和测量结果的准确衔接,还要使确定的测尺长度便于计算。测尺频率可依下式确定:

$$f_i = \frac{c}{2L_{1i}} = \frac{c_0}{2nL_i}$$

式中 c——光波在大气中的传播速度;

n——大气折射率;

c_0——光波在真空中的传播速度;

f_i——调制频率(测尺频率)。

电磁波在真空中的传播速度 c_0,即光速,是自然界一个重要的物理常数。21 世纪以来,许多物理学家和大地测量学家用各种可能的方法,多次进行了光速值的测量。1957 年,国际大地测量及地球物理联合会同意采用新的光速暂定值,建议在一切精密测量中使用,这个光速暂定值为

$$c_0 = 299\ 792\ 458(\pm1.2)\ \text{m/s}, \frac{\partial c_0}{c_0} \approx 4 \times 10^{-9}$$

由物理学知,光波在大气中传播时的折射率 n,取决于所使用的波长和在传播路径上的气象因素(温度 t、气压 p 和水汽压 e)。光波折射率随波长而改变的现象称为色散,也就是说,不同波长的单色光,在大气中具有不同的传播速度。

9.2 光电测距仪的光学系统

9.2.1 光学系统的功能

要了解光学系统的功能就要先了解光电测距仪光学系统的组成。

光电测距的光学系统主要包括发射部分(包括激光器、调制器、发射物镜等)、接收收部分

（包括透镜、转向棱镜光栏、滤光片、减光板、聚光镜、光电倍增管等）、内外光路转换系统（转换屋脊棱镜、转换杆等）及望远镜瞄准系统等组成。对于组成部分的每一个器件都是至关重要的。

简而言之，光学系统的功能是将光源发出的电磁波（红外光、激光等）经过光学系统器件的调制、转换、放大、折射、反射等过程，从而达到确定两点之间的距离。下面主要阐述相位式测距仪光学系统中的几个重要器件的工作原理及作用。

相位式光电测距仪光学系统的工作原理如图9.5所示。

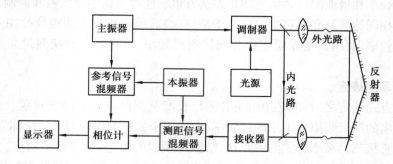

图 9.5　相位式光电测距仪光学系统的工作原理

由光源所发出的光波（红外光或激光），进入调制器后，被来自主控振荡器（简称主振）的高频测距信号 f_1 所调制，称为调幅波。这种调制波经外光路进入接收器，会聚在光电器件上，光信号立即转化为电信号。这个电信号就是调幅波往返于测线后经过解调的高频测距信号，它的相位已延迟了 ϕ。

$$\phi = 2\pi \times N + \Delta\phi$$

这个高频测距信号与来自本机振荡器（简称本振）的高频信号 f'_1 经测距信号混频器进行光电混频，经过选频放大后得到一个低频（$\Delta f = f_1 - f'_1$）测距信号，用 e_D 表示。e_D 仍保留了高频测距信号原有的相位延迟 $\phi = 2\pi \times N + \Delta\phi$。为了进行比相，主振高频测距信号 f_1 的一部分称为参考信号与本振高频信号 f'_1 同时送入参考信号混频器，经过选频放大后，得到可作为比相基准的低频（$\Delta f = f_1 - f'_1$）参考信号，e_0 表示，由于 e_0 没有经过往返测线的路程，所以 e_0 不存在象 e_D 中产生的那一相位延迟 ϕ。因此，e_D 和 e_0 同时送入相位器采用数字测相技术进行相位比较，在显示器上将显示出测距信号往返于测线的相位延迟结果。

当采用一个测尺频率 f_1 时，显示器上就只有不足一周的相位差 $\Delta\phi$ 所相应的测距尾数，超过一周的整周数 N 所相应的测距整尺数就无法知道，为此，相位式测距仪的主振和本振两个部件中还包含一组粗测尺的振荡频率，即主振频率 f_2、f_3、…和本振频率 f'_2、f'_3、…。如前所述，若用粗测尺频率进行同样的测量，把精测尺与一组粗测尺的结果组合起来，就能得到整个待测距离的数值了。

9.2.2　光学系统的结构形式

光电测距仪光学系统的结构形式主要分为脉冲式光电测距仪和相位式测距仪的光学系统。二者的区别就是脉冲激光器能直接测定距离，相位式激光器是间接测定距离。下面主要介绍脉冲测距仪和相位测距仪光学系统中的几个重要部件。

1）脉冲激光器

激光（Laser）由激光器产生，一台激光器必须具有 3 个部分，即工作物质、激励能源和光学谐振腔。激光器的结构原理如图 9.6 所示。

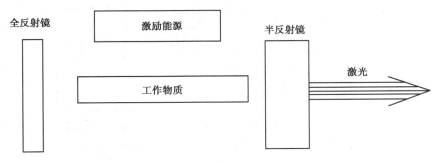

图 9.6　激光器的结构原理

工作物质是产生激光的物质，有晶体、玻璃、气体、半导体和有机染料等。工作物质在激励源的激发下，处于高能级的原子数不断增加，乃至超过处于低能级的原子数，实现了与正常分布相反的所谓"粒子数反转"。在这种状态下，工作物质中产生的自发辐射的光子，便会激发本来就不稳定的高能级上的原子向低能级上"越迁"，从而产生大量特征相同的光子，这种受激辐射出来的光子与原来光子的传播方向、频率、相位都是相同的。

光学谐振腔是由两块平行的反射镜组成，其中的一块是全反射的，反射率达 99.9%；另一块能部分透光，激光就从这个部分透光的反射镜一端输出。由于光学谐振腔的作用，在激光器内传播方向与反射镜面垂直的光子，在工作物质中来回反射，使受激辐射光子越来越多，当光子在谐振腔内积累到足够数量时，便从部分透光的反射镜的一端输出部分光来，这样就产生了激光。显然，激光是受激辐射和谐振腔共同作用的结果。激光原意就是受激辐射的光放大，它与普通光源的自发辐射有着本质的差异，这就使得激光与普通光源相比具有以下特性：

（1）方向性好

自发辐射的普通光源是向四面八方辐射的，即没有方向性，而激光器是沿着固定方向从一个端面上发光的，光束的发散角很小，仅几毫弧度，也就是说，激光束几乎是一束很窄的平行光。

（2）亮度好

由于激光具有很好的方向性，使激光在发射方向的空间内高度集中，其亮度比普通光源高出亿万倍。

（3）单色性和相干性极好

普通光源发出的光，颜色都很复杂，有一定的波长范围，称为"谱线宽度"，它是衡量光源单色性好坏的标志。普通的红光、黄光其谱线宽度约达几百埃到上千埃（1 埃等于 1×10^{-8} cm）。而气体激光的谱线宽度很窄，仅约一千万分之一埃，可见激光的单色性很好。所谓相干性好就是指两个光波应有一致的振动方向，相同的频率，可确定的相位差。

激光器的种类较多。现今用于相位式测距仪的光源，主要有氦氖气体激光器和砷化镓（GaAs）二极管。

脉冲式光电测距仪主机内有发射和接收光学系统，以及脉冲激光器和光电转换器。如图 9.7 所示，其脉冲激光器的发射过程如下：

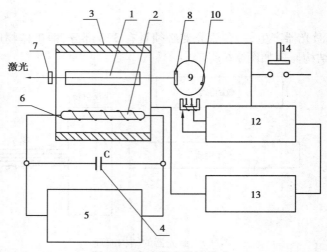

图 9.7　脉冲激光器的组成

1—激光晶体；2—脉冲疝灯；3—聚光器；4—储能电容；5—电源；6—触发线圈；7—输出镜；
8—反射棱镜；9—马达；10—磁钢；11—放音磁头；12—放大器；13—触发电路；14—启动按钮

　　转速为每分钟几万转的马达 9，其转子带动反射棱镜 8 和磁钢 10 旋转，每当磁钢通过放音磁头 11 时，产生一个读出信号，按动启动按钮 14 时，放大器 12 接通电源，读出信号被放大，由触发电路 13 产生高压触发信号加到脉冲疝灯 2 的触发线圈 6 上，这使疝灯内气体被电离，储能电容 4 上存储的大量电荷通过疝气灯放电，于是疝灯瞬间强烈闪光，照射激光晶体 1。当反射棱镜转到其镜面与激光晶体轴向垂直的位置时，在激光器的输出端即可发射出高功率的单脉冲激光。

2）相位式光电测距仪的内光路

　　如图 9.8 所示为相位式光电测距仪的内光路系统，内光路系统由光源、小棱镜、光导管和光电管组成，当小棱镜位于 A 时，光束通过物镜射向镜站反射器，作外光路测量；当小棱镜位于 B 时，光束不在通过物镜射出，而是被小棱镜反射，经光导管直接引回接收光路，作内光路测量。

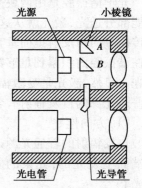

图 9.8　相位式光电测距仪
的内光路系统

3）相位式测距仪光源

　　相位式测距仪的光源，主要有砷化镓（GaAs）二极管和氦-氖（He-Ne）气体激光器。前者一般用于短程测距仪中，后者用于中、远程测距仪中。下面对这两种光源作一介绍。

（1）砷化镓（GaAs）二极管

　　GaAs 二极管是一种晶体二极管，与普通二极管相同，内部也有一个 PN 结，如图 9.9 所示。它的正向电阻很小，反向电阻较大。当正向注入强电流时，在 PN 结里就会有波长为 $0.72 \sim 0.94\ \mu m$ 的红外光出射，而且出射的光强会随着注入电流的大小而变化，因此可以简单地通过改变馈电电流对光强的输出进行调制，即所谓"电流直接调制"。这对测距仪用作光源十分有意义，因为能直接调制光强，无须再配备结构复杂、功耗较大的调制器。此外，砷化镓二极管光源与其他光源比较，还有体积小、质量轻，结构牢固和不怕震动等优点，有利于使测距仪小型化、轻便化。

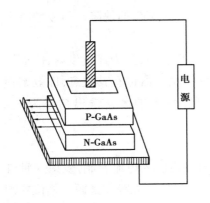

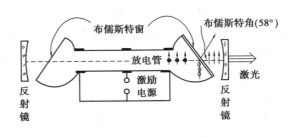

图 9.9　砷化镓(GaAs)二极管　　　　　　　图 9.10　氦-氖气体激光器

GaAs 二极管有两种工作状态:一种是发射激光,称为 GaAs 激光器;另一种是发射红外荧光,称为发光二极管。两者的区别主要是注入电流强度的不同。由于 GaAs 发光管,发射连续的红外光频带较宽(100~500 Å),波长不够稳定,功率较小(约 3 mW)和发散角大(达 50°),故采用这种光源的测距仪的测程,一般在 3 km 以内。红外光的波长,因 GaAs 掺杂的差异和馈电电流等不同而异。如国产 HGC-1 红外测距仪的 $\lambda = 0.93\mu m$;瑞士 DI3 和 DI3S 的 λ 分别为 0.875 μm 和 0.885 μm;瑞典 AGA-116 的 $\lambda = 0.91\ \mu m$。

(2)氦-氖(He-Ne)气体激光器

如图 9.10 所示氦-氖气体激光器,它由放电管、激励电源和谐振腔组成。放电管为内径几个毫米的水晶管,管内充满了氦与氖的混合气体,管的长度由几厘米到几十厘米不等。管越长,输出功率越高。在管的两端装有光学精密加工的布儒斯特窗。激励电源一般可用直流、交流或高频等电源的放电方式,目前用得最多的是直流电源放电方式,其优点是激光输出稳定。谐振腔由两块球面反射镜组成,其中一块反射镜是全反射的,另一块能部分透光,其透射率为 2%,即反射率仍有 98%。

放电管中的氦原子,在激励电源的激励下,不断跃迁到高能级上,当它和氖原子碰撞时能量不断地传递给氖原子,使氖原子不断跃迁到高能级上,而自己又回到基能级上。与此同时,处在高能级上的氖原子在光子的激发下,又受激辐射跃迁回基能级上,这时便产生出新的光子。一般来说,大多数光子将通过管壁飞跃出去或被管壁吸收,只有沿管壁轴线方向的光子将在两块反射镜之间来回反射,从而造成光子的不断受辐射而放大。

布儒斯特窗是光洁度很高的水晶片,窗面法线与管轴线的夹角称为布儒斯特角(见图 9.10)。这个角度随窗的材料而不同,在水晶窗的情况下,它大约等于 56°。当光波沿管轴线方向入射至窗面时,光波电振动沿纸面方向的分量(图中以箭头表示)将不被反射而完全透过去;而沿垂直于纸面方向的分量(图中以黑点表示)却被反射掉了,这样剩下来的光就是沿纸面振动的直线偏振光。尔后,这种光在谐振腔内来回运行,由于受激辐射的新生光子与原有的光子具有相同的振动方向,也就是说,积累起来的光始终是沿纸面方向振动的直线偏振光,因而每当它们来回穿过布儒斯特窗面时,几乎全部透过去,而很少受到光的损失。

装有布儒斯特窗的激光器,直接输出直线偏振光,使得光电调制器组可以不要偏振片,从而避免了一般调制器的入射光,因通过起偏振器而造成光强损失约50%的缺陷。所以装有上述激光器的测距仪的最大测程可达40~50 km。

氦-氖气体激光器发射的激光,其频率、相位十分稳定,方向性极高,且为连续发射,因而被广泛应用于激光测距、准直、通信和全息学等方面。但氦氖气体激光器也有其缺点,即效率很低,其输出功率与输入功率之比仅千分之一。因此,激光测距仪上的激光输出功率为2~5 mW。

4) 调制器

采用 GaAs 二极管发射红外光的红外测距仪,发射光强直接由注入电流调制,发射一种红外调制光,称为直接调制,故不再需要专门的调制器。但是采用氦氖激光等作光源的相位式测距仪,必须采用一种调制器,其作用是将测距信号载在光波上,使发射光的振幅随测距信号的电压而变化,称为一种调制光,如图 9.11 电光调制是利用电光效应控制介质折射率的外调制法,也就是利用改变外加电压 E 来控制介质的折射率。目前的光电测距仪都采用一种一次电光效应或称普克尔斯效应,即 $n = n_0 + f(E)$;根据普克尔斯效应(线性电光效应)制作的各种普克尔斯调制器。这种调制器有调制频带宽,调制电压较低和相位均匀性较好的优点。用磷酸二氘钾(KD_2PO_4)晶体制成的 KD * P 调制器则是目前较优良的一种普克尔斯调制器。

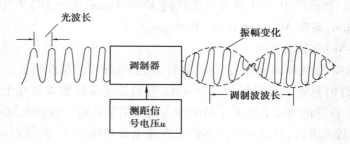

图 9.11 调制光波

5) 光电转换器件

在光电测距仪中,接收器的信号为光信号。为了将此信号送到相位器进行相位比较,必须把光信号变为电信号,对此要采用光电转换器件来完成这项工作。用于测距仪的光电转换器件通常有光电二极管、雪崩光电二极管和光电倍增管。现在分别介绍如下:

(1) 光电二极管和雪崩光电二极管

光电二极管的管芯也是一个 PN 结,与一般二极管相比,在构造上的不同点是为了便于接收入射光,而在管子的顶部装置一个聚光透镜(见图 9.12(a)、(b)),使接收光通过透镜射向 PN 结。接入电路时,必须反向偏置,如图 9.12(c)所示。

光电二极管具有"光电压"效应,即当有外来光通过聚光透镜会聚而照射到 PN 结时,使光能立即转换为电能。再者,光电二极管的"光电压"效应与入射光的波长有关,对波长为0.9~1.0 μm 的光(属于红外光)有较高的相对灵敏度,且使光信号线性地变换为电信号。

光电二极管由于体积小、耗电少,加之对砷化镓红外光有较高的相对灵敏度,因而在红外测距仪中常用作光电转换器件。

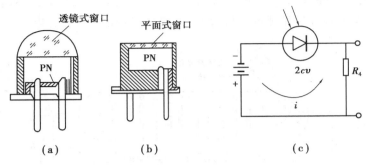

图 9.12　光电二极管

　　雪崩光电二极管是基于"光电压"效应和雪崩倍增原理而制成的光电二极管,由于它的结电容很小,因而响应时间很短,灵敏度很高。瑞士的 DI3S 红外测距仪就是用雪崩光电二极管作光电转换器件的。必须注意,光电二极管特别是雪崩光电二极管应防因强光照射而损坏,并时时注意减光措施。

　　(2)光电倍增管

　　光电倍增管是一种极其灵敏的高增益光电转换器件。它由阴极 K、多个放射极和阳极 A 组成,如图 9.13 所示。各极间施加很强的静电场。当阴极 K 在光的照射下有光电子射出时,这些光电子被静电场加速,进而以更大的动能打击第一发射极,就能产生好几个二次电子(称为二次发射),如此一级比一级光电子数增多,直到最后一级,电子被聚集到阳极 A 上去。若经过一级电子增大 σ 倍,则经过 n 级倍增最后到达阳极的电子流将放大 σ^n 倍。由此可知,光电倍增管除了能把光信号变成电信号以外,还能把电信号进行高倍率的放大,具有很高的灵敏度,它的放大倍数达 $10^6 \sim 10^7$ 数量级。

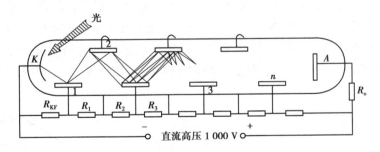

图 9.13　光电倍增管

　　我国研制的激光测距仪(JCY-2、DCS-1)使用国产的 CDB-2 型光电倍增管。这种管子除阴极、阳极和 11 个放射极以外,还在阴极和第一级放射极之间设置了聚焦极 F,如图 9.12 所示。为了解决接收信号的差频问题(称为光电混频),在管子工作时,把阴极 K 和聚焦极 F 看成是一个二极管,把频率为 f_1' 的本振电压加在 K-F 上,那么,在这个二极管上既有光电效应的接收信号(频率为 f_1)电压,又有本振(频率为 f_1')电压,通过"二极管"的非线性关系,就产生了混频作用,经过倍增放大,最后所得到的阳极电流,除高次谐波分量外,还包含着两频率之和 $(f_1 + f_1')$ 及两频率之差 $(f_1 - f_1') = \Delta f$,经过简单的 R、C、π 二型滤波装置(见图 9.12),把大于 f_1

（$f_1 = 15$ MHz）的高频滤掉，即能获得低频 Δf 信号，以上称为光电混频。当然，若把本振信号 f_1' 加在第 11 放射极与阳极 A 所组成的二极管上（见图 9.14），也可进行光电混频。

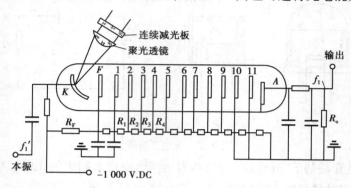

图 9.14 国产的 CDB-2 型光电倍增管

在光电倍增管的前面，还设置了一个连续减光板，以便按距离的远近调节进入的光强的大小，同时可借以避免强光照射管子的阴极，造成阴极疲劳和损坏，起保护作用。

9.2.3 反射光学系统

反射光学系统的作用是在被测点将发射系统发射出来的调制光反射至接收系统。它是由一组反射棱镜组成。

在使用光电测距仪进行精密测距时，必须在测线的另一端安置一个反射器，使发射的调制光经它反射后，被仪器接收器接收。用作反射器的棱镜是用光学玻璃精细制作的四面锥体，如 3 个棱面互成直角而底面成三角形平面（见图 9.15（a））3 个互相垂直的面上镀银，作为反射面，另一平面是透射面。它对于任意入射角的入射光线，在反射棱镜的两个面上的反射是相等的，所以通常反射光线与入射光线是平行的。因此，在安置棱镜反射器时，要把它大致对准测距仪，对准方向偏离在 20° 以内，就能把发射出的光线经它折射后仍能按原方向反射回去，使用十分方便。图 9.15（b）用于发射、接收系统同轴的测距仪，图 9.15（c）用于发射、接收系统不同轴的测距仪。

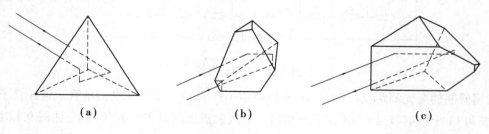

（a）　　　　　　　　　　（b）　　　　　　　　　　（c）

图 9.15 反射棱镜

实际应用的棱镜反射器如图 9.16 所示，根据距离远近不同，有单块棱镜的，也有多块棱镜组合的。安置反射器时是将它的底座中心对准地面标石中心，但由于光线在棱镜内部需要一段光程，使底座中心与顾及此光程影响的等效反射面不相一致，距离计算时必须顾及此项影响。

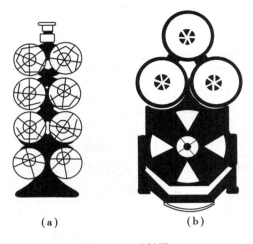

图 9.16　反射器

图 9.17　徕卡迪士通 A3
激光测距仪

9.3　测距仪的检测

光电测距仪是光、机、电相结合的结构复杂的电子测量仪。为了对一台仪器的性能、技术指标及其可靠性、稳定性等各方面的情况有全面地了解,尤其对一台新的仪器,就必须进行一系列的检验工作,看能否达到规定的精度,符合测量的要求。图 9.17 为徕卡迪士通 A3 激光测距仪。

以 Leica DISTO™ A3 为例,技术参数见表 9.3。

表 9.3　徕卡迪士通 A3 技术参数列表

测量距离(在远距离使用砧板)	0.05~100 m　0.02~328 in*
测量精度至 30 m(2δ,标准差)	典型:±3 mm
最小显示单位	1 mm
激光级别	二等
激光类型	635 nm,<1 mW
激光点直径(远距离)	6/30/60 mm(10/50/100 m)
自动关闭	180 s 误操作后
显示屏照明	有
最小值、最大值、持续测量	有
加/减	有
历史存储值	19
电池寿命 AAA 型,2×1.5 V	可进行 5 000 次测量
IP 等级	IP54 防泼溅　防尘
大小和质量	135×45×31 mm,145 g
温度范围	−25~+70 ℃

注:1 in=2.54 cm。

所有信息的代码将与"信息代码"（InFo）和"错误"（Error）一起显示，其信息代码矫正见表 9.4。

表 9.4　徕卡迪士通 A3 信息代码矫正列表

信息代码	原　有	矫　正
204	计算错误	重复步骤
252	温度太高	给仪器降温
253	温度太低	给仪器升温
255	接收器的信号，测量时间过长	使用觇板（即反射板）
256	接收的信号太强	使用觇板（灰色的一面）
257	错误测量，环境亮度太高	使用觇板（棕色的一面）
260	激光束被遮挡	重复测量

9.3.1　测距仪的检验项目

对于新购置的仪器，首先应作一般的检视。例如，检查外表是否清洁，有无损伤；各部件及附件是否完整齐全；检查整机及各旋钮、按钮是否灵活；光学部件是否干净无损；并按说明书的使用步骤通电检查仪器是否正常工作，如果测距仪使用时没有信号不能显示数据，或虽能显示数据但明显错乱，这是仪器发生故障不能使用，需送工厂进行修理。如果仪器正常显示距离，说明仪器可以使用，是否能达到规定的精度和相应的技术指标，就需进行检验；测距仪在野外作业前后也应进行有关检验。这些在《光电测距仪检定规范》中均有具体规定，其主要项目有：

①发射、接收、照准三轴关系正确性的检验与校正。对于同轴系统测量则检验其一致性；对于易轴系统测量则检验其平行性。使其望远镜的视准轴照准反射棱镜的照准标志时，测距仪接收的信号强度最大。

②调制光相位均匀性（照准误差）的检验。

③幅相误差的检验。

④周期误差的检验。

⑤加常数和乘常数的检验。

⑥精颈侧频率的检验。

⑦内、外部符合精度的检验。

⑧"电压—距离"特性的检验。

⑨测程的测定。

对于已用于生产的测距仪，应在 6~12 月内检验一次上述④、⑤两项。下面就④、⑤两项检验作一简单介绍，其他检验项目参见《测距规范》。

9.3.2　周期误差的检验

由误差分析可知，周期误差是以测尺长度为周期按正弦函数变化的。因此，只要检定出周期误差的振幅和距离为零时的相位角，即初始相位角，就可计算在一个测尺长度内不同距离的误差值。

目前,测定周期误差广泛采用"平台法"。

在室外(有条件在室内更好)选一平坦场地,设置一平台,其长度略大于仪器的精测尺长度,在平台上设置膨胀系数小的导轨或放置一把经过检定后的钢尺,作为正确移动反射镜位置时对准之用,其刻画精度为 0.1 mm,并在尺子两端需加检定时的标准拉力。测距仪架设在距第 1 位置处反射镜之间的距离应等于整倍数精测尺长(15～100 m 间变动)的位置处,并为避免引起倾斜改正,其高度应与反射镜的高度一致。具体布置参见图 9.18。

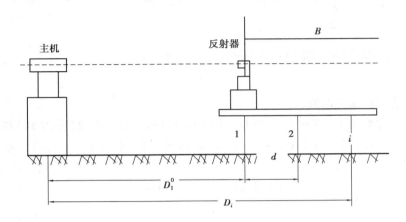

图 9.18　平台法布置图

其中,D_1^0 为测站标志中心到平台第一测点的已知距离(或是仪器的观测距离);D_i 为第 i 测点的距离;B 为平台基线长度,等于测距仪的 1 个精测尺长;d 为每次移动反射棱镜的距离。

观测应选择气象比较稳定的时间进行,避免阳光的直接照射;电池必须充足电,避免检定过程中更换电池;并记录气象元素,以便进行气象改正;读数应迅速果断,减少外界条件变化的影响。其检定步骤如下所述:

①将测距仪安置到仪器墩上。通过升降仪器或反射镜使照准光轴水平。

②先将反射棱镜置于第一测点,再置于最后一测点,以便检查测距仪周期误差的闭合情况及距离观测值随时间飘移的情况。然后再置反射镜于第一测点、第二测点,直到最后一个测点 n。注意精确对中和整平。

③在每个测点上读数 5 次,取其平均值为该点的距离观测值 D_i。

④反射镜每次移动的距离 d 视测距仪的精测尺长而定:精测尺长为 10 m 的测距仪,$d = 0.5$ m。

⑤精测尺长为 20 m 的测距仪,应保证测点数不少于 20 个。

观测中和观测后,如发现有明显不合理的数据,如相邻测站的观测距离有突变,应及时重测。

周期误差的计算。根据观测结果,可按间接平差法求出周期误差的幅值和初相。

设 D_1^0 为测站第 i 测点的近似距离,δ 为它的改正数,A 为周期误差的幅值,φ 为初相,θ_i 为与距离相关的相位角,因周期误差可表示为 $A\sin(\varphi + \theta_i)$,又考虑到最或然值＝观测值＋改正

数,故有如下关系式

$$D_i + V_i + C + A \sin(\varphi + \theta_i) = D_1^0 + \delta + (i - 1)d \qquad (i = 1、2、\cdots、n) \qquad (9.9)$$

于是误差方程式为

$$V_i = (\delta - C) - A \sin(\varphi + \theta_i) + D_1^0 + (I - 1)d - D_i \qquad (i = 1、2、\cdots、n) \qquad (9.10)$$

式中

$$\theta_1 = \frac{D_1}{\frac{\lambda}{2}} \times 360°; \theta_i = \theta_1 + (i - 1)\Delta\theta \qquad (i = 1、2、\cdots、n)$$

式中　$\Delta\theta$——移动距离 d 的相位差,即 $\Delta\theta = \dfrac{d}{\frac{\lambda}{2}} \times 360°$;

λ——精测调制光的波长。

令 $k = \delta - C$,常数项 $l_i = D_1^0 + (i-1)d - D_i$,并利用两角和三角公式,将式(9.10)展开:

$$V_i = K - A \sin\varphi \cos\theta_i - A \cos\varphi \sin\theta_i + l_i \qquad (i = 1、2、\cdots、n) \qquad (9.11)$$

又令

$$x = A \sin\varphi, \qquad y = A \cos\varphi$$

则

$$V_i = K - x \cos\theta_i - y \sin\theta_i + l_i \qquad (i = 1、2、\cdots、n) \qquad (9.12)$$

由此可组成法方程式(认为各观测值等权,$P = 1$):

$$\begin{pmatrix} n & [-\sin\theta] & [-\cos\theta] \\ [-\sin\theta] & [\sin^2\theta] & [\sin\theta\cos\theta] \\ [-\cos\theta] & [\sin\theta\cos\theta] & [\cos^2\theta] \end{pmatrix} \begin{pmatrix} k \\ x \\ y \end{pmatrix} + \begin{pmatrix} l \\ [-\sin\theta l] \\ [-\cos\theta l] \end{pmatrix} = 0 \qquad (9.13)$$

因为 $\sin\theta$、$\cos\theta$ 以 2π 为周期,而反光镜从 $1 \sim n$ 正好是一个周期,由三角函数的特性,有

$$[-\sin\theta] = [-\cos\theta] = [\sin\theta\cos\theta] = 0$$

$$[\sin^2\theta + \cos^2\theta] = n$$

$$[\sin^2\theta] = [\cos^2\theta] = \frac{n}{2}$$

代入式(9.13)即可解出 3 个未知数:

$$\left. \begin{aligned} k &= -\frac{[l]}{n} \\ x &= 2\frac{[(\sin\theta)l]}{n} \\ y &= 2\frac{[(\cos\theta)l]}{n} \end{aligned} \right\} \qquad (9.14)$$

周期误差的幅值、初值按下式求出:

$$\left. \begin{aligned} A &= \sqrt{x^2 + y^2} \\ \varphi &= \arctan\frac{y}{x} \end{aligned} \right\} \qquad (9.15)$$

为了检验计算的正确性,用误差方程式算出的$[vv]$值与下式求出的$[vv]$值作比较。

$$[vv] = [ll] + [l]k + [(-\sin\theta)l]x + [(-\cos\theta)l]y \tag{9.16}$$

周期误差振幅 A 的测定中误差为

单位权中误差为

$$m_0 = \pm\sqrt{\frac{[vv]}{n-3}} \tag{9.17}$$

振幅 A 的中误差为

$$m_A = m_0\sqrt{\frac{2}{n}} \tag{9.18}$$

9.3.3　仪器加常数和乘常数的检验

测距仪都存在一定数值的加常数和乘常数,因常数值的测定误差直接影响测距的精度,故应精确地测定。

测定测距仪常数的方法,目前国内外较常用的有"解析法"和"比较法"两种,检测的场地通常布设成六段,故又称为"六段解析法"和"六段比较法"。解析法不需已知六段基线长度,但只能测定加常数。比较法需已知六段基线长度,可同时测定加常数和乘常数。

1)六段法测定仪器加常数的基本原理

现以测定加常数为例,说明六段法的基本原理。

在平坦的地面上,设置一条基线,并将其分为 d_1、d_2、$\cdots$、d_n 个测段,用测距仪测出全长 D 及各分段长 d_i,则有以下关系式

$$D + C = (d_1 + C) + (d_2 + C) + \cdots + (d_n + C) = \sum_{i=1}^{n}(d_i + C) = \sum_{i=1}^{n}d_i + n \cdot C$$

因此

$$C = \frac{D - \sum_{i=1}^{n}d_i}{n-1} \tag{9.19}$$

对式(9.19)取微分并换成中误差,若假定各测段为等权观测,测距误差均为 m_d,则加常数测定误差为

$$m_c = \pm\sqrt{\frac{n+1}{(n+1)^2}} \cdot m_d \tag{9.20}$$

可见,分段数的多少,取决于测定加常数 C 的精度要求,通常要求 $m_c \leq \frac{1}{2}m_d m_c$,则可由式(9.20)求出 $n = 6.5$,即把 D 分成 6~7 段最合适,一般取六段,这就是六段法的由来。

2)六段法场地布设

在一平坦地面选取 100~2 000 m 基线,且分为六段,此六段可全组合成 $C_7^2 = 21$ 段距离(见图 9.19)。

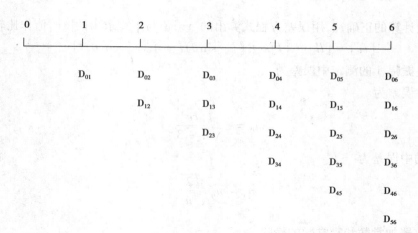

图 9.19　六段法场地布设

各测段的长度应为 24 m 的倍数,其尾数应均匀地分布在一个精测尺长范围内,以便从平差后的改正数大小上,粗略判别仪器周期误差的情况。

基线各测点,应建立稳定的观测墩和灵活的强制对中器。当用六段比较法检验时,应精确丈量六段基线的长度,其相对精度应高于百万分之一。

检定时仪器依次安置在 0～5 各观测墩上,使用野外作业的棱镜依次安置在 1～6 各观测墩上,测定 21 段距离(具体测定方法见规范)。测出的距离经气象、倾斜(和周期误差、频率)改正和粗差剔除后,用于测定常数的计算。

3)六段解析法测定加常数的计算

六段解析法测定加常数的计算,通常采用间接平差法来解求加常数 C 和六段近似距离的改正数。

设 D_i 为距离观测值;V_i 为距离观测值的改正数;D_i^0 为距离平差值为距离近似值(选定 01～06 六段距离近似值后,其余各段可组合求出);x_i 为近似距离改正;$\bar{D}_i$ 为距离平均值;$i = 01$、02、…、56,共 21 个。故可列出下述 21 个误差方程式:

$$\left.\begin{array}{l} V_i = x_i - C + l \\ l_i = D_i^0 - D_i \end{array}\right\} \tag{9.21}$$

组成法方程,其常数项为

$$\left.\begin{array}{l} A = \left[al = \sum_{i=1}^{21} l \right] \\ B = [bl] = -l_{01} + l_{12} + l_{13} + l_{14} + l_{15} + l_{16} \\ C = [cl] = -l_{02} - l_{12} + l_{23} + l_{24} + l_{25} + l_{26} \\ D = [dl] = -l_{03} - l_{13} - l_{23} + l_{34} + l_{35} + l_{36} \\ E = [el] = -l_{04} - l_{14} - l_{24} - l_{34} + l_{45} + l_{46} \\ F = [fl] = -l_{05} - l_{15} - l_{25} - l_{35} - l_{45} + l_{56} \\ G = [gl] = -l_{06} - l_{16} - l_{26} - l_{36} - l_{46} - l_{56} \end{array}\right\} \tag{9.22}$$

解得未知数为

170

$$\begin{pmatrix} C \\ x_{01} \\ x_{02} \\ x_{03} \\ x_{04} \\ x_{05} \\ x_{06} \end{pmatrix} = \begin{pmatrix} Q_{11} & Q_{12} & \cdots & Q_{17} \\ Q_{21} & Q_{22} & \cdots & Q_{27} \\ Q_{31} & Q_{32} & \cdots & Q_{37} \\ Q_{41} & Q_{42} & \cdots & Q_{47} \\ Q_{51} & Q_{52} & \cdots & Q_{57} \\ Q_{61} & Q_{62} & \cdots & Q_{67} \\ Q_{71} & Q_{72} & \cdots & Q_{77} \end{pmatrix} \cdot \begin{pmatrix} A \\ B \\ C \\ D \\ E \\ F \\ G \end{pmatrix} \tag{9.23}$$

因误差方程(9.21)的个数已知,所以其系数已知,故各段相应距离短的权系数 Q 可事先计算出。每次测定时,只要算出常数项,即可很方便地解出加常数。

测定加常数中误差按下式计算:

$$m_c = \pm \sqrt{Q_{11}} \cdot m \tag{9.24}$$

其中

$$m = \pm \sqrt{\frac{[vv]}{14}} \,(单位权中误差)$$

4) 六段比较法则测定加常数的计算

六段比较法需已知六段基线长度,取组合 21 测段的观测值与已知值之差即可直接求出加常数。设已知基线长为 $\overline{D_i}$;测距观测值为 D_i;V_i 为观测值改正数(i 含异同解析法);则有

$$V_i = l_i - C \tag{9.25}$$

其中 $l_i = \overline{D_i} - D_i$。

按最小二乘法原理求出

$$C = \frac{[l]}{n} \tag{9.26}$$

可见 C 即是 21 个 l 的算术平均值。

测距中误差为

$$m_a = \pm \sqrt{\frac{[vv]}{n-1}} = \pm \sqrt{\frac{[vv]}{20}} \tag{9.27}$$

测定常数中误差为

$$m_c = \pm \sqrt{\frac{[vv]}{n-1}} = \pm \sqrt{\frac{[vv]}{420}} \tag{9.28}$$

5) 六段比较法同时测定加常数和乘常数的计算

六段比较法同时测定加常数和乘常数的计算,可采用间接平差法,也可采用一元线性回归法。

采用间接平差法求解加常数 C 和乘常数 R 的误差方程:

$$V_i = l - C - \frac{D_i}{d_0} \cdot R \tag{9.29}$$

其中 $l_i = \overline{D_i} - D_i$,式中 $\overline{D_i}$、D_i 的含义同式(9.25),d_0 为选取的单位长度(即权为 1)

按式(9.29)组成法方程,即可解出

$$C = -[al]Q_{11} - [bl]Q_{12}$$
$$R = -[al]Q_{21} - [bl]Q_{22} \tag{9.30}$$

式中 Q——权系数。

测距中误差为

$$m_d = \pm \sqrt{\frac{[vv]}{n}} = \pm \sqrt{\frac{[vv]}{21}} \tag{9.31}$$

测定常数中误差为

$$m_c = \pm \sqrt{Q_{11}} \cdot m_d \tag{9.32}$$

测定乘常数中误差为

$$m_R = \pm \sqrt{Q_{22}} \cdot m_d \tag{9.33}$$

采用一元线性回归法求解 C 和 R 的公式为

$$\left. \begin{array}{l} C = \dfrac{\bar{y} \sum\limits_{i=1}^{n} D_i^2 - \bar{D} \sum\limits_{i=1}^{n} D_i \cdot y_i}{\sum\limits_{i=1}^{n} D_i^2 - n \cdot (\bar{D})^2} \\[4ex] R = \dfrac{\sum\limits_{i=1}^{n} D_i y_i - n\bar{D}\bar{y}}{\sum\limits_{i=1}^{n} D_i^2 - n \cdot (\bar{D})^2} \end{array} \right\} \tag{9.34}$$

式中

$$\bar{D} = \frac{\sum\limits_{i=1}^{n} D_i}{n}, \bar{y} = \frac{\sum\limits_{i=1}^{n} y_i}{n}, y_i = \bar{D}_i - D_i$$

其中,C 为加常数的估值;R 为乘常数的估值 $\bar{D}_i$;D_i 含义同前,$n = 21$。

权系数为

$$\left. \begin{array}{l} Q_{11} = \dfrac{\sum\limits_{i=1}^{n} (D_i)^2}{\sum\limits_{i=1}^{n} (D_i)^2 - n^2 \cdot \bar{D}^2} \\[4ex] Q_{22} = \dfrac{1}{\sum\limits_{i=1}^{n} (D_i)^2 - n\bar{D}^2} \\[4ex] Q_{12} = Q_{21} = \dfrac{-\sum\limits_{i=1}^{n} D_i}{n \cdot \sum\limits_{i=1}^{n} (D_i)^2 - n^2 \cdot \bar{D}^2} \end{array} \right\} \tag{9.35}$$

测距中误差为

$$m_0 = \pm \sqrt{\frac{\sum\limits_{i=1}^{n} V_i^2}{n-2}}$$

$$\sum_{i=1}^{n} V_i^2 = \sum_{i=1}^{n} y_i^2 - \sum_{i=1}^{n} y_i \cdot C - \sum_{i=1}^{n} (y_i \cdot D_i) \cdot R \tag{9.36}$$

测定加常数中误差为

$$m_c = \pm \sqrt{Q_{11}} \cdot m_0$$

测定乘常数中误差为

$$m_R = \pm \sqrt{Q_{22}} \cdot m_0$$

对求出的 C、R 还应进行显著性的检验,有关内容详见规范。

本章小结

　　本章主要讲述测距仪的测距原理、测距仪光电系统构成及主要部件的工作原理;重点讲述了光电测距仪周期误差及仪器加常数和乘常数的检测方法。

第**10**章

陀螺经纬仪

10.1 陀螺经纬仪的工作原理

10.1.1 陀螺经纬仪的工作原理

陀螺经纬仪是一种高精度的定向仪器可以直接测定某条边的真方位角。因此,陀螺经纬仪在隧洞测量中,特别是矿山测量和地铁测量中有着重要作用。下面主要阐述一下陀螺经纬仪的基本工作原理。首先了解一下陀螺及陀螺仪的特性。

1) 陀螺

凡是绕定点高速旋转的物体,或绕自身轴高速旋转的任意刚体,都称为陀螺。如图 10.1 所示,设刚体上有一等效的方向支点 O。以 O 为原点,作固定在刚体上的动坐标系 $O\text{-}XYZ$。刚体绕此支点转动的角速度在动坐标轴上的分量分别为 ω_x、ω_y、ω_z,若能满足以下条件:

$$\omega_z \gg \omega_x$$
$$\omega_z \gg \omega_y$$
$$\omega_z \approx \text{Const.} \tag{10.1}$$

这种类型的刚体统称为陀螺。OZ 轴是高速旋转轴,也称陀螺转子轴。刚体一面绕 OZ 轴作等速旋转,另一方面还可绕 OX 及 OY 轴作较慢地转动。前者称为自转运动,后者称为进动运动。

2) 陀螺仪的基本特性

陀螺仪有两个非常重要的特性,即定轴性和进动性。对于由高速转子组成的陀螺仪来说,不管它们的用途如何不同、结构上如何变化,它们都是按照陀螺的这两个基本特性来工作的。

（1）进动性

陀螺仪的重要部件是一个高速旋转的均匀质子。图 10.2 如果转子以高速旋转着,其动量

174

矩$\overrightarrow{\omega}$与 x 轴重合。这时再把上下方向的力施加在旋转轴的两端,在此力矩的作用下$\overrightarrow{H}$矢量的端点将沿力矩方向运动,即在 xy 平面内向 y 方向转去,也即这时转子将不是绕 y 轴转动而是绕 z 轴逆时针转动。这就是陀螺仪的进动性。

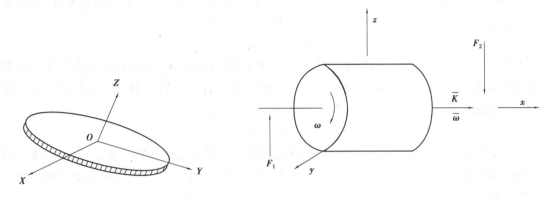

图 10.1　陀螺定义示意图　　　　　　　　图 10.2　陀螺仪的进动性

（2）定轴性

如果动量矩的存在,或转子高速旋转,是陀螺仪产生进动的内因;而外力矩的作用是陀螺仪产生进动的外因。两者缺一不可。如果外力矩为零,则陀螺仪保持其动量矩的方向和大小不变。即此陀螺仪的另一特性——定轴性。

在惯性导航系统中人们常利用陀螺仪的定轴性建立方向基础。但实际上陀螺仪总会受到各种干扰因素的影响。如转子质量不匀,支撑元件的摩擦力,温度变化引起陀螺仪元件尺寸的变化,导电丝的弹性干扰力矩,外界磁场的干扰力矩等。它们会引起陀螺轴的漂移,漂移率是陀螺质量好坏的主要指标。

在陀螺经纬仪中人们主要利用陀螺的进动性来寻找真北方向,找到了真北方向才可以测定地上直线的方位角。至于为什么能用陀螺找到真北方向,这要从地球自转对陀螺的作用谈起。

3）陀螺经纬仪的工作原理

地球以角速度 $\omega(\omega = 1/周/昼夜 = 7.25 \times 10^{-6} \text{rad/s})$ 绕其自转轴旋转,因此地球上的一切东西都随着地球转动。如从宇宙空间来看地轴的北端,地球实际在作逆时针方向旋转,地球旋转角度的矢量 ω 沿自转轴指向北端。对维度为 φ 的地面点 P 而言,地球自转角速度矢量 ω 和当地的水平面呈 φ 角,且位于过当地的子午面内。

图 10.3 表示辅助天球地平面以上的部分。O 点为地球的中心,因为对天体而言地球可看成是一点。故可设想,陀螺仪与观测者均位于此 P 点上,且陀螺仪主轴呈水平位置。设陀螺轴正端偏于真子午面之东,与真子午线

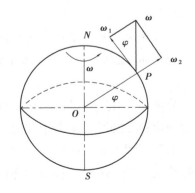

图 10.3　辅助天球地平面以上的部分

夹角为 α。图 10.4 中 NP_NZ_NS 为观测点真子午面；$NWSE$ 为真地平面；OP_N 为地球旋转轴；OZ_N 为铅垂线；NS 为子午线方向；φ 为维度。

这时角速度矢量 ω 应位于 OP_N 上，且指向北极 P_N。将 ω 分解成互相正交的两个分量 ω_1 和 ω_2，分量 ω_1 叫作地球旋转地水平分量，表示地平面在空间绕子午线旋转的角速度，地平面的东半面降落，西半面升起。地球旋转的水平分量的大小为

$$\omega_1 = \omega \cos \varphi$$

分量 ω_2 表示子午面在空间绕铅垂线亦即 Z 轴旋转的角速度，表示子午线的北端向西移动，这个分量称为地球旋转的垂直分量。这和地球上观测者感到的太阳和其他星体的方位变化一样。分量 ω_2 的大小为

$$\omega_2 = \omega \cos \varphi$$

为了说明悬挂陀螺仪受到地球旋转角速度的影响，通常把地球旋转分量 ω_1 再分解成为两个互相垂直的分量 ω_3（沿 y 轴——与陀螺仪主轴垂直）和 ω_4（沿 x 轴——与陀螺仪主轴一致），如图 10.4 所示。

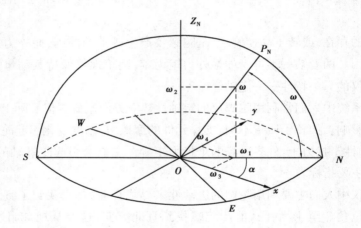

图 10.4　悬挂陀螺仪受到地球旋转角速度的影响

分量 ω_4 表示地平面绕陀螺仪主轴旋转的角速度，其大小为

$$\omega_4 = \omega \cos \varphi \cos \alpha \qquad (10.2)$$

此分量对陀螺仪轴在空间的方位没有影响，所以不加考虑。

分量 ω_3 表示地平面绕 y 轴旋转的角速度，其大小为

$$\omega_3 = \omega \cos \kappa \cos \alpha \qquad (10.3)$$

分量 ω_3 对陀螺仪轴 x 的进动有影响，故 ω_3 叫作地转有效分量。该分量使陀螺仪的主轴发生变化；东端仰起（因东半部地平面下降），西端倾降（见图 10.5）。

如果陀螺仪的主轴倾斜了，则其重心与吊点将不在一条铅垂线上。这样地心引力将施加给陀螺仪一个力矩，要把它的主轴恢复成水平。此力矩的大小为

$$M_B = P \cdot l \cdot \sin \theta \qquad (10.4)$$

式中　P——陀螺仪的质量；

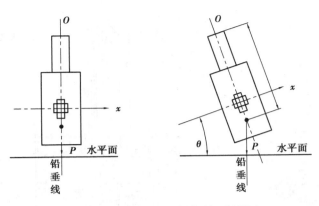

图 10.5 分量 ω_3 对陀螺仪轴 x 的影响

L——陀螺仪重心到吊点的距离；

θ——陀螺仪轴与地平面的夹角。

根据进动原理，在外加力矩的作用下，陀螺仪将进动，陀螺仪轴将向子午面靠拢。陀螺仪绕（x）轴进动的加速度为

$$\omega_{\mathrm{p}} = \frac{Pl}{H}\sin\theta \qquad (10.5)$$

因此悬挂陀螺仪在地转有效分量 ω_3 的影响下其主轴 x 总是向子午面方向进动。造成这种效应的力矩称为指向力矩。其大小为

$$M_{\mathrm{H}} = H\omega_3 = H\omega\cos\varphi\cos\alpha \qquad (10.6)$$

指向力矩 M_{H} 表示将陀螺仪轴转至子午面的力矩大小。由式（10.5）可知，在赤道上 $\varphi = 0$，M_{H} 最大，在南北极 $\varphi = 90°$，$M_{\mathrm{H}} = 0$。因此，在两极和高纬度（$\varphi > 75°$）处，陀螺仪不能定向。

10.1.2 陀螺经纬仪的基本结构

陀螺经纬仪由经纬仪和陀螺仪构成。经纬仪的构造这里不再讲解。下面将针对国产 JT15 陀螺仪构成作一简要阐述。

图 10.6 是国产 JT15 陀螺经纬仪的结构图。在 J_6 经纬仪支架上通过定位连接装置可以安装陀螺系统。该系统的主要部件是陀螺房及其中的转子。陀螺房在不工作时用托盘托起。工作时旋转偏心轮，放下托盘，陀螺房（内陀螺马达）就悬挂在吊丝上。吊丝上端固定在外壳上部。陀螺房上固定安装着一个小镜筒，工作时有照明灯照亮的指标线（也称光标）经棱镜子反射并由物镜成像与目镜前的分划板上。通过目镜可看到光标线在分划板上的位置。

经纬仪照准部旋转时陀螺系统的外壳、目镜及吊点一起转动，陀螺房与带着光标的小镜管随转子一起摆动，而使反射出去的光标像偏转。因此，转子相对于经纬仪水平度盘的运动可以由光标相对于分划板的运动反映出来。

此外还有电源箱，箱中一部分是蓄电池，另一部分是逆变器。后者可将蓄电池中的 18 V 直流电变作驱动陀螺马达的 36 V 400 周期的三相交流电。

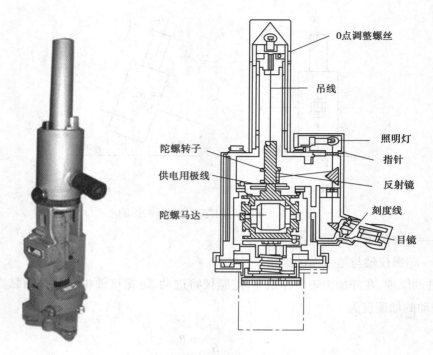

图 10.6　JT15 陀螺仪的基本构造

10.2　JT15 陀螺经纬仪的检修及校正

10.2.1　陀螺仪部分

1) 陀螺仪连接部分的检测

陀螺仪与经纬仪靠固定在照准部上的过渡支架来连接,每次都要把陀螺仪安置在经纬仪支架上,这样由于每次拆装连接而造成的方向误差称为陀螺经纬仪连接误差。连接误差的大小反映了陀螺经纬仪的稳定性。

为了测定陀螺仪连接误差,可在陀螺仪上安装一个附加望远镜,瞄准固定目标 T,而经纬仪的望远镜瞄准目标 B,每次安装陀螺仪后分别用望远镜瞄准 T 和 B,并读取水平度盘读数,两数之差应为一固定值,每安装一次,测定此固定值 J,而 J 值的误差即为陀螺经纬仪的连接误差。

2) 悬带零位稳定性的检测

陀螺敏感部悬带的扭力零位,受到震动、温度变化及随时间的漂移,可能会发生变化,表现在目视视场中陀螺敏感部自摆时光标摆动中心偏离目视分化板的 0 线过多,这种情况下,会使陀螺敏感部定向时往复进动中心与悬带扭力中心偏离较大,造成悬带受扭不对称,带来测量误差。仪器出厂时,厂方会将其调整在偏离中心 0.5 格之内,使用中若偏离超过 2 格,则需加以校正。

判断悬带扭力零位的方法为:下放陀螺敏感部,步进迭代使光标摆动在 ±5 格左右,观察摆动正、负方向的极限格值,相减后除 2,即为自摆中心的偏离值。

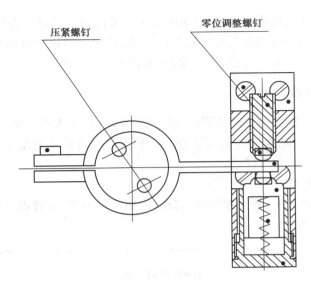

图 10.7　自摆零位调整机构示意图

校正方法:用钟表起子松开陀螺经纬仪目镜后方装饰环上的 3 个紧定螺钉,将其抬起,可通过 3 个窗口会看到两个上带夹压紧螺钉和零位改正螺钉(见图 10.7)。用长改针松开上带夹上平面上的两个压紧螺钉后,用螺丝刀旋转零位改正螺钉即可改变陀螺敏感部自摆的零位位置,零位调整螺钉顺时针旋转,零位在视场中向右方向移动;反之,向左方向移动。调整至自摆中心偏离分划板 0 线±1 格之内,旋紧上带夹的两个压紧螺钉,放下装饰环并固紧 3 个紧定螺钉即可。

3) 悬挂带弹性质量稳定性的检测

陀螺仪中的悬挂带是用来支撑可动的陀螺灵敏部……力平衡的反作用力矩。对悬挂带材料的要求主要是弹性质量要稳定,其稳定性可由自由……中摆动周期可表示为

$$\Delta C = 2C \times \frac{\Delta T_c}{T_c}$$

式中　ΔT_c——自摆周期变化量;

　　　T_c——自摆周期的均值;

　　　C——陀螺仪器纬度系数。

4) 动量矩稳定性的检测

在陀螺运动方程中,动量矩 H 是一个重要参量,H 的变化将会引起陀螺仪中值的漂移,因此必须检验动量矩的稳定性。动量矩 H 的稳定性可由不跟踪周期 T 来判断。

5) 陀螺摆动中值稳定性的检测

陀螺经纬仪在运转期间,由于受马达温升供电电压频率及外界干扰力矩等方面的影响,一般存在摆动中值漂移量的大小反映了仪器的稳定性。为了获得陀螺摆动中值稳定性,可在陀螺指向北后,启动下放陀螺,这时用中天发或逆转法连续观测 1 h 以上,然后计算 ΔN_i 或 N_i,最后检验 ΔN_i 或 N_i 的最大最小值互差是否满足(M 为陀螺仪仪器常数)的摆动中值的稳定性。

6) 陀螺经纬仪仪器常数的测定

仪器常数是陀螺仪的一个重要指标。

由于仪器常数不能直接测定,因而在实际应用中采用间接测量的方法获得。在已知方位角的高等级的三角网或导线的边上安置陀螺经纬仪,测定已知边的方向值(陀螺方位角),则已知边的方位角与测得方向值(陀螺方位角)之差即为仪器常数。

10.2.2 陀螺仪电源部分

由于陀螺仪在外业测量中的环境影响,携带电源部分作业常常出现一些故障,从而影响陀螺仪的正常作业。因此,陀螺仪的电源部分的维护保养与维修是测量工作正常进行的保证。下面对电源部分常见故障作一简述:

①电源输入线开焊或疲劳使用折断。

②陀螺仪电源主开关 K_1 置于照明挡、启动挡,照明灯不亮,陀螺电动机也不能启动,陀螺经纬仪面板如图 10.8 所示。

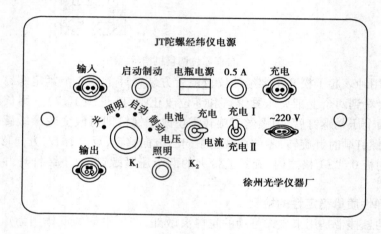

图 10.8　电源箱面板

检修方法如图 10.9 所示。

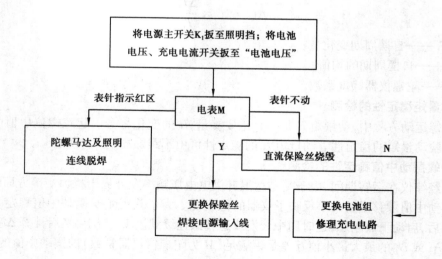

图 10.9　检修逻辑

本章小结

　　本章主要讲述陀螺及陀螺的特性；重点讲述陀螺经纬仪的工作原理及 JT15 陀螺经纬仪的构造；讲述了陀螺经纬仪的主要检测项目及 JT15 陀螺仪电源故障的一般检测方法。通过本章的学习需重点掌握陀螺仪的作用、特性及工作原理；掌握陀螺仪电源部分的故障排除；了解陀螺仪的检测项目。

第11章
全站仪

11.1 概 述

全站仪即全站型电子速测仪(Electronic Total Station),是一种兼有自动测距、测角、计算和数据自动记录及传输功能的自动化、数字化的三维坐标测量与定位系统。全站仪由光电测距单元、电子测角、微处理器单元以及电子记录单元(控制单元)组成,是一种广泛应用于控制测量、地形测量、地籍与房产测量、工业测量及近海定位等的电子测量仪器。由于全站型电子速测仪较完善地实现了测量和处理过程的电子化和一体化,因此人们也通常称为"电子全站仪",简称全站仪。

11.1.1 全站仪的应用

全站仪的应用范围已不仅局限于测绘工程、建筑工程、交通和水利工程、地籍与房产测量,而且大量应用在大型工业生产设备和构件的安装调试、船体设计施工、大桥水坝的变形观测、地质灾害监测及体育竞技等领域中都得到了广泛应用。

全站仪的应用具有以下特点:

①在地形测量过程中,可以将控制测量和地形测量同时进行。

②在施工放样测量中,可以将设计好的管线、道路、工程建筑的位置测设到地面上实现三维坐标快速施工放样。

③在变形观测中,可以对建筑(构筑)物的变形、地质灾害等进行实时动态监测。

④在控制测量中,导线测量、前方交会、后方交会等程序功能,操作简单、速度快、精度高;其他程序测量功能方便、实用且应用广泛。

⑤在同一个测站点可完成全部测量的基本内容,包括角度测量、距离测量、高差测量,实现数据的存储和传输。

⑥通过传输设备,可将全站仪与计算机、绘图机相连,形成内外一体的测绘系统,从而大大提高了地形图测绘的质量和效率。

11.1.2　全站仪的基本组成及结构

1)全站仪的基本组成

全站仪具有功能强、精度高、用途广和使用方便、快捷等特点,应用越来越广泛,而且备受欢迎。

如上所述,全站型电子速测仪具有电子测角、电子测距、电子计算和数据存储系统等功能,它本身就是一个带有特殊功能的微型计算机系统。

从总体上看,全站仪主要由电子测角系统、电子测距系统、电子补偿和控制系统 4 个部分组成。全站仪的系统组成如图 11.1 所示。

①电子测角系统完成水平方向和垂直方向角度的测量。

②电子测距系统完成仪器到目标之间斜距的测量。

③电子补偿系统可实现仪器垂直轴倾斜误差对水平、垂直角度测量影响的自动补偿改正。

④控制系统负责测量过程控制、数据采集、误差补偿、数据计算、数据存储、通信传输等。

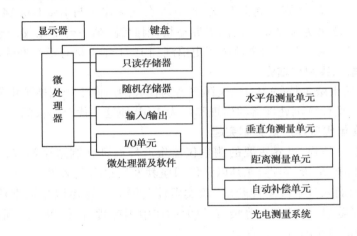

图 11.1　全站仪的系统组成

目前,世界各国生产的全站仪品种、规格、型号繁多,并朝着自动化、智能化的方向发展,如增加自动调焦、自动锁定跟踪目标、激光对点、数字键、免棱镜观测、DOS 操作等。但无论哪一种规格型号,其中最主要的几种指标是测程、测角精度、测距精度、存点数量等。各种全站仪的基本操作上略有不同。但基本原理和主要功能基本相同。

2)全站仪的基本结构

从仪器结构上来分,全站仪可分为“组合式”和“整体式”两种类型。

(1)“组合式”全站仪

“组合式”全站仪是将电子经纬仪、光电测距仪和微处理机通过一定的连接器构成一组合体,其优点是既可组合在一起,又可分开使用,也易于维修等。

(2)“整体式”全站仪

“整体式”全站仪是在一个仪器外壳内包含有电子经纬仪、光电测距仪和微处理机。电子经纬仪和光电测距仪使用共同的光学望远镜,方向和距离测量只需一次瞄准,使用十分方便。

11.1.3 全站仪的精度及等级

全站仪是集光电测距、电子测角、电子补偿和微机数据处理为一体的综合型测量仪器,其主要精度指标是测距精度 m_d 和测角精度 m_β。详见绪论中的表 0.4 全站仪基本参数。

11.2 全站仪的发展现状及前景

11.2.1 全站仪的发展

1)第一台全站仪

美国天宝公司宣称自己于 1971 制造了世界第一台全站仪,但据考证,在 1968 年,西德 Opton 厂就已将电子经纬仪与电磁波测距仪设计为一体,研制了 Reg Elta 14 全站型电子速测仪,重达 28 kg。1971 年,在同一展会上,瑞典 AGA 公司展出了与 Reg Elta 14 功能一样的仪器 Geodimeter 700。可能因为都是第一次向世界亮相,因此说,第一台全站仪产于 1971 年不无道理,由于收购了 AGA,天宝公司的全站仪历史追溯到 1971 年也是有根有据的。

2)第二代全站仪实用性增强

以 Opton 厂、瑞士威尔特(WILD)、美国惠普为代表的厂商生产制造了世界第二代全站仪,因为集成电路及微型计算机处理器的出现和广为应用,使这一代全站仪的实用性得以增强。

3)20 世纪 80 年代日本厂商异军突起

到了 20 世纪 80 年代,世界主要的测量仪器生产厂商都在制造全站仪,日本厂商异军突起,包括索佳、拓普康、尼康、宾得,尤其以索佳的蓬勃发展最有代表性,几乎一统中国市场,一些不慎违规的国内商家甚至被索佳开出"禁卖索佳"的罚单,这足以见证索佳当初的辉煌,也为它的谢幕埋下了隐患,如日本拓普康,趁机大肆在中国铺货,在很短的时间内形成很大的影响力,其全站仪销量很快超过了索佳。

4)20 世纪 90 年代至今高新技术迭出

从 20 世纪 90 年代开始,世界知名厂商先后推出了具有开创性的特色全站仪,如天宝首先推出了全自动全站仪、Win 全站仪;徕卡首先推出了免棱镜激光全站仪、自动目标瞄准全站仪,并推出真正集成 GPS 的全站仪;拓普康则推出了自动跟踪全站仪,并使用脉冲技术推出能测 1 200 m 的免棱镜激光全站仪,随后还推出了彩屏 WinCE 智能全站仪等,推动全站仪不断向高端发展。

5)大并购

天宝、徕卡、拓普康的日新月异,尼康、宾得、索佳等的逐渐凋零,让世界测绘仪器制造厂商发生了重大的转变——并购潮来到。2003—2004 年,天宝先后并购了 AGA、蔡司、尼康;2007 年,拓普康并购索佳,加上 1988 年并购瑞士克恩厂的徕卡,三巨头屹立世界,一统天下。

6)国产仪器迅猛发展

随着国产仪器的成熟,进口仪器在价格、性能、可靠性、品牌的综合优势上不断遭遇挑战,相继失去测距仪、电子经纬仪的中国市场,国产全站仪成为主流。据有关统计,2023 年全站仪十大品牌排行榜有:徕卡、拓普康、天宝、南方测绘、苏州一光、博飞、三鼎、科力达、索佳、宾得,其中一半为国产品牌。

11.2.2　新型全站仪简介

1)计算机全站仪

计算机全站仪也称智能型全站仪,具有双轴倾斜补偿器,双边主、附显示器,双向传输通信,大容量的内存或磁卡与电子记录簿两种记录方式以及丰富的机内软件,因而测量速度快、观测精度高、操作简便、适用面宽、性能稳定,深受广大测绘技术人员的欢迎,成为 1993 年以来的全站仪主流发展方向。如日本拓普康公司的 GTS-2002 系列全站仪。计算机全站仪的主要特点如下所述:

①计算机操作系统。升级为 Linux 操作系统,内存扩大为 50.000 点。

②大屏幕显示。可显示数字、文字、图像,配置激光对中、U 盘激光指向与键盘灯照明,以提高仪器安置的速度与精度,并采用人机对话的方式控制面板,使用更轻松。

③机身升级换新,更轻更小。新的机身设计,外壳更小,强度更高,测角精度达±2″;采用升级的测距技术,测距时间快,耗电量少,免棱镜测程为 400 m。

④高可靠性,适应严苛的外业环境。具有 IP66 级全天候防尘防水性能,风、雨天气不耽误工期。

⑤自动补偿功能。采用精密的轴系和补偿器,确保测角的稳定可靠。双轴补偿,补偿范围 5.5′。仪器整平后,倾斜变化自动纠正,提高外业测量精度从而提高测角精度。

⑥实用的应用程序,适应多种领域。测量程序全部开通,具有快速编码、悬高、面积、道路、后方交会等功能。

2)测量机器人

测量机器人是一种无点号、无编码的镜站电子平板测图系统(见图 11.2)。测站上的仪器照准镜站反光镜后,自动将经处理的以三维坐标形式的数据,用无线电传输入电子平板,并展点和注记高程。这种自动化测图系统,走出了当今困扰用户编码困难和编码机内处理麻烦的圈子,可能成为今后数字化测图的主要系统。

图 11.2　测量机器人示意图

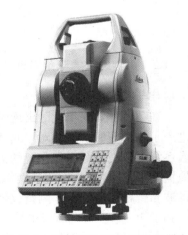

图 11.3　徕卡 TCA 2003 测量机器人

如徕卡公司的 TPS 1000 系列全站仪,如图 11.3 徕卡 TCA2003 型测量机器人。最新的徕卡 TS60 第五代测量机器人拥有三维的操作软件,是徕卡测量系统具有革命性意义的 Captivate

软件,可以将抽象的点位数据转换为逼真的 3D 模型。总的来讲,测量机器人的主要特点如下:

(1)马达驱动与自动目标识别

在自动目标识别模式下,只需要粗略照准棱镜,仪器内置的 CCD 相机立即对返回信号加以分析,并通过伺服马达驱动照准部与望远镜旋转。自动照准棱镜中心进行测量,并自动进行正、倒镜观测。该观测模式对于需要进行多次重复观测的点非常有用,如可以实现大型水坝变形点进行无人值守的连续观测。

(2)自动跟踪

在自动跟踪模式下,仪器能自动锁定目标棱镜并对移动的 360° 棱镜进行自动跟踪测量,仪器内设的智能化软件利用 CCD 相机对返回信号进行分析处理,排除外界其他反射物体成像的干扰,可以保证在锁定目标暂时失锁时,也能立即恢复跟踪。

(3)镜站遥控测量

镜站可通过操作 RCS 1100 控制器遥控测站的全站仪进行量测,放样数据及测得的镜站当前坐标,直接显示在 RCS 1100 控制器中,这使得一个人进行测量成为可能。

(4)无反射棱镜测量

仪器内置有红外光和可见激光两种测距信号,当使用激光信号测距时,可不用反射棱镜,直接照准目标测距。无反射棱镜测距的范围为 1.5~80 m,加长测程的仪器可达到 200 m,测距精度±(3 mm+2×10^6)。该功能对测量天花板、壁角塔楼、隧道断面等有用。

(5)支持用户自编应用程序

仪器提供了 Geo BASIC 语言,它与标准 BASIC 语言相似,提供了数学计算、字符串管理和文件操作等功能。在使用 Geo BASIC 语言编程时,通过大量调用仪器提供的子程序。可以很容易编写出满足特定需要的应用程序。将编写出的应用程序装入仪器中后,应用程序将成为仪器菜单中的一部分。

11.3　全站仪的测量原理

11.3.1　全站仪的测角原理

1)电子测角概述

早在 20 世纪 40 年代已出现了电磁被测距,使测边工作从繁重的基线丈量中解放出来,丈量进入了一个新的阶段。对于测角技术来说,20 世纪 40 年代才出现的光学玻璃度盘,用光学转像系统可以把度盘对径位置的刻画重合在同一平面上,这样比起此前的玻璃度盘经纬仪大大地提高了测角精度,方便了操作,并大大地缩小了体积、减轻了质量,但是人们一直期待着与电磁波测距相匹配的电子测角仪器的出现。

到了 20 世纪 60 年代,随着光电技术、计算机技术和精密机械的发展,Fennel 厂于 1963 年终于研制出了编码经纬仪,从此使常规测量迈向自动化的新时代。1968 年,zeiss 厂推出的电子速测仪 RegElta 14 和 AGA 厂推出的 AGA 710,使得电子测角技术得到了很好的体现。经过 20 世纪 70 年代在电子测角技术方面的深入研究,到 80 年代出现了电子经纬仪大发展的景象。测角方法从最初的编码度盘测角,发展到光栅度盘测角、动态法测角。电子测微技术的改进,使得电子测角的精度大大提高。而计算机技术的应用,使得电子经纬仪、电子全站仪的计算功能、操作环境、程序运转功能大大提高,越来越适合高效的现代化建设。

2) 编码度盘测角的基本原理和方法

利用编码度盘进行测角是电子经纬仪中采用最早、也较为普遍的电子测角方法。它是以特定规律的二进制编码对光学度盘进行明暗刻画。这样,当照准方向确定后,方向的投影落在度盘的某一区域上,即该方向与某一二进制码相对应。通过发光二极管和接收光电器件,将度盘上的二进制码信息转换成电信号,再通过解码即得到对应角值。由于每一个都单值的对应一个编码输出,那么不会由于停电或其他原因而改变这种对应关系。因此,有时人们把这种方法称为绝对式测角法。这种叫法是相对于后面将介绍的增量法而言的。

从光学数字度盘发展到编码度盘,其本质就是要改进读数方法。即用自动化读数方法取代人眼读数。早期的编码度盘为多码道编码,在诸多文献中都有介绍。但由于多码道编码既烦琐又落后,现代仪器早已不再使用。现代仪器几乎都是单码道编码,如图 11.4 所示。

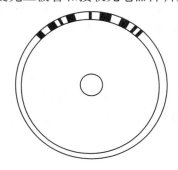

图 11.4　单码道编码

在用单码道编码度盘测角的经纬仪中,度盘周边刻画的不再是数字,而是明暗相间的二进制代码,这些二进制代码有着约定的编码规则,也没有重复的码段,譬如伪随机码序列。其工作过程就是通过光电探测器获取特定度盘位置的编码信息,并由微处理器译码,最后换算成实际角度值。如图 11.5 所示,在编码度盘的码道上方安置一个发光二极管。在度盘的另一侧正对发光二极管的位置安放有光学放大镜和线状光电二极管阵列或线状 CCD 光电接收器件。当望远镜照准目标时,由发光二极管和光电接收器件构成的光电探测器正好位于编码度盘的某一区域,发光二极管照射到由透光和不透光部分构成的编码上方时,并经过光电接收器件就会产生电压输出。这些二进制编码的输出信号传送至微处理器中,然后通过解码、测微(细分)运算获得相应的角度值。

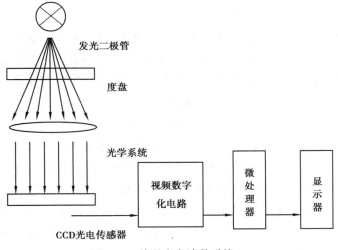

图 11.5　编码度盘读数系统

和光学经纬仪一样,编码度盘同样存在测微(细分)的问题。出现码元的宽度仍然不可能刻画到秒级。和光学经纬仪显微镜读数原理类似,编码度盘测微(细分)依靠的是光学放大系统、光电器件固有的高分辨力,通过像素个数和像素光脉冲信号强度比例关系实现秒级测微(细分)。

3) 光栅度盘测角的基本原理和方法

在电子经纬仪中,另一种广泛使用的测角方法是用光栅度盘测角。第一台用这种方法测角的仪器是由卡塞尔的 Breithaupt & Son 公司设计的 DIGINO 型经纬仪。由于这种方法比较容易实现,目前它在世界许多生产厂家中已被广泛使用。

(1)光栅度盘

光栅是指均匀刻有间隔很小栅线的光学玻璃。若栅线刻在度盘上就构成了光栅度盘,如图 11.6 所示。在电子经纬仪的光栅度盘上刻的都是辐射状的直线,辐射中心通常与度盘的圆心重合,故也称为中心辐射光栅度盘。

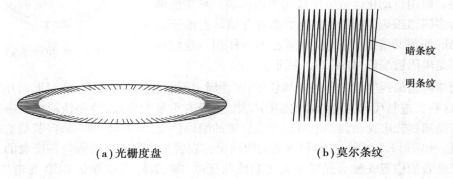

（a）光栅度盘　　　　　　　　　　　　（b）莫尔条纹

图 11.6　光栅度盘

度盘的光栅条纹数一般为 21 600 条刻线,每一条纹间距对应角度为 1′,也有 10 800 条刻线的,一条纹间距对应角度为 2′等。实现角度测量的技术过程就是对光栅条纹数的计数和不足一个条纹的宽度的测微(细分)的过程。由于测角过程由电子计数器跟踪累计测量实现,故这种测角方法也称为增量式测角方法。实现测角,通常是由主光栅和副光栅两个光栅度盘构成。由于主光栅和副光栅的栅线间有一微小夹角 θ,他们叠加在一起后就产生了一种特别的光学现象——莫尔条纹。很容易导出,莫尔条纹的宽度 L 和光栅的栅距 d 的关系是 $L=d/\theta$(θ 的单位是弧度),莫尔条纹实现了距离量的放大,度盘的转动导致莫尔条纹的径向移动——光亮度按正弦规律波动,使角度计数、测微(细分)便于实现。

上面介绍的光栅是依赖主、副光栅栅线的微小夹角产生莫尔条纹实现波动光强信号的,由于夹角决定着莫尔条纹的宽度,而这一夹角在制造安装过程中比较难以实现精密定位,因此这种光栅目前较少采用。这里再介绍一种利用主、副光栅栅线的相位差产生被动光强信号的光栅原理,通常称为相位光栅,而在目前普通使用的正是这种相位光栅。

相位光栅中,主、副光栅的栅线完全平行,但副光栅被分为 4 个不同相位的区域,4 个区域的栅线相位按 90°(以一个栅距为一个周期)递增进行刻画,这样主、副光栅重叠后 4 个区域的光强也就按 90°的相位差随主光栅移动而变化,如图 11.7 所示。

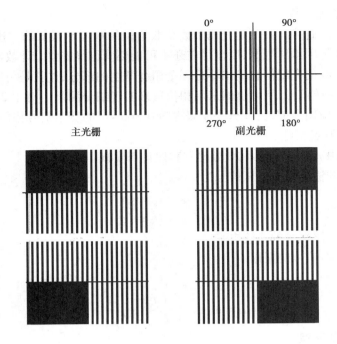

图 11.7 相位光栅

（2）读数系统

读数系统是光电传感器系统,其将光栅度盘的移动量所导致的光强波动转换成电信息。需要顾及以下几个技术关键:

①采用对径扫描消除度盘偏心误差。

②采用角度测微技术提高测角精度。

③进行正确计数方向判别,实现可逆计数。

④光电转换电路漂移的有效克服。

读数系统也多采用发光二极管和光电二极管进行光电探测,在光栅度盘的一侧安置一发光二极管,而在另一侧正对位置安放光电接收二极管。当两光栅度盘相对移动时,就会出现光强的明暗波动,被四路相位相差 90°的光电二极管接收,经运算放大产生二路相位差为 90°的正弦信号,并通过整形电路转换成矩形信号。由可逆计数器根据二路信号的相位关系对得到信号的周期数进行加法或减法计数,完成了角度粗测。计数器的二进制信号通过总线输出至微处理器。同时二路相位差为 90°的正弦信号直接送至 A/D 转换器实现角度测微。

光电子器件对光信号敏感的同时,对热也相对比较敏感。所以克服光电转换电路因温度所造成的直流漂移是必须重点考虑的问题,因为直流漂移不仅能造成测微的错误,甚至还能造成计数器失步,给仪器整机的稳定性造成严重影响。通常的技术办法是,使用同一制作工艺下的固定在同一基板上的 4 个光电二极管,以保证 4 个光电二极管具有平衡的热敏感性能。每个光电二极管对应区域为相位差递加 90°,通过差分放大器组合获得二路相差 90°的被测信号和直流参考信号,以共模抑制的原理来压制因温度所造成的直流漂移,并用直流参考信号反馈回发光驱动电路以稳定光源的发光强弱。这就是为什么要使用四路信号运算组合出二路信号而不直接使用二路相位差为 90°信号的道理。

（3）角度的电子测微技术

和编码度盘一样，直接计数测定光栅条数获取角值的精度是很低的。这是由于受到度盘直径、度盘刻制技术等因素所限制，度盘目前还不可能刻画得很密集。计数器获得的粗测精度为分级，必须根据条纹的亮度信息测出不足一个栅线宽度的部分，这就是角度的电子测微。由于光栅条纹信号为正弦信号，所以仍然采用相位法来实现细分测量。对于 21 600 条刻线的度盘来说，莫尔信号的周期为 1′，因此只要能获得 360°/60 = 6° 的莫尔信号相位测量猜度，就能获得 1′/60 = 1″ 的角度测量精度。

相位测量原理由 A/D 转换器和微处理器程序计算实现。

设二路传感器的输出模拟电压信号为

$$u_s = U_{s0} + U_s \sin \alpha$$
$$u_c = U_{c0} + U_c \cos \alpha$$

式中　U_{s0}、U_{c0}——二路信号的直流电平；

　　　U_s、U_c——二路信号的振幅。

故

$$\alpha = \arctan \frac{U_c(u_c - U_{c0})}{U_s(u_s - U_{s0})}$$

4）电磁度盘测量原理

从光学经纬仪的纯光学度盘原理到全站仪的光电度盘原理，其使用的度盘其实还都是光学玻璃利用光刻工艺技术制造出的光学度盘。全站仪的先进之处在于其使用了局部多条纹（或者段码）读数的平均效应取代了光学经纬仪的单刻画读数，在一定程度上降低了对度盘刻画精度的要求以及全站仪电子读数的显示直观。然而，随着技术的发展，也出现了使用纯电子度盘的仪器，其原理的实质是电磁感应和误差改正。其制造工艺中完全没有光学工艺，几乎仅仅就是印刷电路板的制造工艺。

（1）电磁度盘的组成

和光学度盘类似，电磁度盘也由主盘和副盘组成。主盘也称为激励盘，用于在度盘上产生一个强弱随度盘角度变化的交变磁场，如图 11.8 所示。

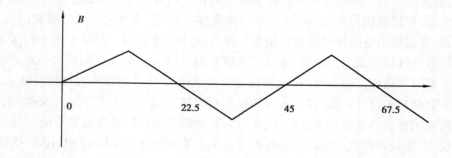

图 11.8　随度盘角度变化的交变磁场分布图

副盘也称为感应盘，用于产生感应电信号。由于主盘上有如图 11.8 所示的规律的交变磁场，因此副盘将随着与主盘的相对角度的不同，产生一个对应强度和相位的交流信号。主、副盘的激励线圈和感应线圈分别如图 11.9 所示。

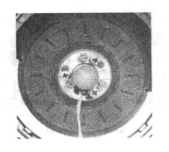

（a）激励线圈　　　　　　　（b）感应线圈

图 11.9　激励线圈和感应线圈

　　主盘上,16 个线圈采用印刷电路板工艺均分于整个度盘,相邻线圈采用头接头、尾接尾的串接方式构成差分线圈链接向交流激励信号源。根据安培环路定律和主盘特有的线圈布线,就形成了如图 11.8 所示的规律的磁场分布。这样磁场强度分布以 45° 为一个周期,将整个度盘分成 8 个周期。

　　副盘上,线圈的形状与主盘相应,结构基本相同。分为两组,每组 4 个线圈,以 90° 间隔均匀分布。两组间的夹角为 33.75°,是主盘线圈夹角 22.5° 的 1.5 倍,这样两组线圈的感应信号的强度将始终保持相差 π/2（相当于度盘的 11.25°）相位的规律,输出信号送至测量电路。

　　此外,由于将度盘平分成 8 等分,上述测量方式仍然存在 N 值（模糊度）问题,因此电磁度盘的边缘还安装了若干个传感器用于判断主、副盘得大概相对角度。

　　（2）电路原理

　　外围测量电路原理如图 11.10 所示。交流信号源产生功率稳定的交变电压用于主盘的激励。副盘输出的电信号经放大后,由相干检波器将其转化为直流电信号。A/D 转换器将该直流信号的强度转化成数字信息送到微处理器进行运算处理。

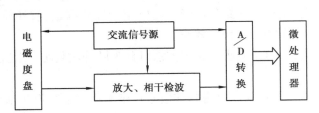

图 11.10　外围测量电路原理

　　（3）误差改正技术

　　从表面上看,电磁度盘采用较大范围的度盘信息采集,其平均效应应该比光电度盘的局部信息采集的平均效应更好。但是,由于印刷电路的制造工艺远没有光刻工艺精密,所以实际上电磁度盘存在比较大的天然系统误差,且同一工艺下的产品的一致性也不好。虽然如此,但电磁度盘的系统误差的自身稳定性和重复再现性仍然很好,所以经过系统误差改正（电子补偿）后仍然可以获得和玻璃度盘同等的测量精度。

11.3.2　全站仪的测距原理

　　电子测距的原理就是利用电磁波的直线传播和波速稳定的特性,通过测出两点之间的电磁被传播延迟时间进而间接测得直线距离的过程。其基本原理如图 11.11 所示。要测 A、B 两点之间的距离 D，可以分别在 A、B 两点架设测距仪和反射器，测距仪发射一束电磁波，电磁波在被测距离 A、B 之间传播，到达 B 点后，被反射器反方向反射回来。反射回的电磁波又被测距仪接收，如果电磁波测距仪能测出电磁波从发射到接收这一段时间间隔，也即是电磁波在被测距离 D 上往返传播所用的时间 t_{2d}，那么，A、B 之间的距离就可以利用路程、速度、时间的关系计算出来。

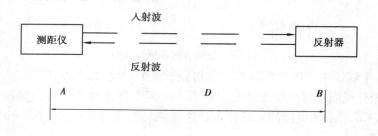

入射波

反射波

A D B

图 11.11　全站仪测距原理

设电磁波在大气中的传播速度 V，则距离 D 为

$$D = \frac{V t_{2d}}{2}$$

式中的 t_{2d} 可由测距仪中的测时系统测出，大气中的波速 $V = c/n$，可以通过大气温度、湿度、压力来求出，这就是电磁被测距的基本原理。

用于测距的电磁被一般多为微波、激光和红外线。目前全站仪中广泛使用的是红外线。利用这种电子测距仪测量地面两点间的距离，只要测距仪的测程可以到达，且两点间没有障碍物，任何地形条件下都可进行；高山之间、江河两岸甚至星球之间的距离都可直接测量。在过去的几十年中，许多类型的电子测距仪已经广泛应用于大地测量、航外控制测量、工程测量和地籍测量中，大大地提高了测距的作业效率。

根据不同的测时方法，电子测距的基本方法可分为脉冲法测距、相位法测距、干涉法测距。

1）脉冲法测距

脉冲法测距就是直接测定间断电磁脉冲信号在被测距离上往返传播所需的时间 t_{2d}，利用公式计算距离 D，其基本原理框图如图 11.12 所示。

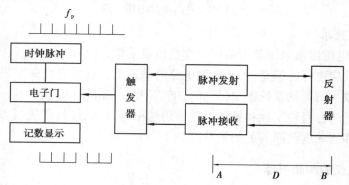

f_p

时钟脉冲

电子门

记数显示

触发器

脉冲发射

脉冲接收

反射器

A D B

图 11.12　脉冲法测距原理图

　　其测时方法为:当测距仪向反射器发射一个脉冲信号的同时,还给触发器发出一个触发脉冲,经过触发器去打开电子门,电子门一打开,记时用的时标脉冲就通过电子门进入计数器。当发向反射器的脉冲信号被反射器反射回测距仪,经过测距仪接收后,也送入触发器,通过触发器去关闭电子门,电子门被闭合后,时标脉冲就不能通过电子门。那么计数器上记录下的时标脉冲个数为 m,将对应于测距脉冲信号在被测 D 上往返传播所需的时间 t_{2d}。时间越长,通过脉冲信号越多,反之就越少,根据时标脉冲的个数即可计算出时间 t_{2d},从而获得距离。

　　然而,将这一理想的原理应用到实践中,却面临着诸多问题。

　　(1)精度问题

　　即使时钟频率到了 100 MHz,计数器的原理误差(±1 误差)造成的时间测量误差就可达到 $\pm 1/100\ \text{MHz} = \pm 10^{-8}\ \text{s}$,根据公式 $D = Vt_{2d}/2$ 可得出,由此造成的距离误差可达到 ±1.5 m。

　　(2)技术难度问题

　　高频率电子线路在设计制造中会面临干扰、能耗、成本、稳定性等麻烦问题。

　　但脉冲式测距仪可以实现瞬间高功率脉冲发射以获得远测程,因此这种原理多只用在远程的对绝对精度要求不高的场合,譬如人卫测距、雷达探测。

　　Leica 公司在 DI3000 系列测距仪开始使用脉冲式测距原理,但它还远远不是这种简单的原理。除了脉冲计数测量整尺长距离外,为获得 mm 级测量精度,大量的精力都花费在不足一个时标周期的窄脉冲宽度的精密测量上——电容积分法,为解决"节拍效应"等特有误差源也不容易,因此其技术实现过程并不简单。

　　2) 相位法测距

　　鉴于简单脉冲法原理的弱点,人们发明了相位法测距,又称为间接法测距。它不需直接测定电磁波往返传播的时间,而是直接测定由仪器发出的连续正弦电磁波信号在被测距离上往返传播而产生的相位变化(即相位差),根据相位差求得传播时间,从而求得距离 D。其基本原理框图如图 11.13 所示。

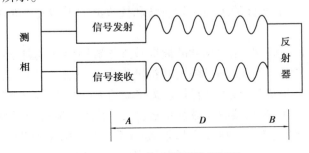

图 11.13　相位法测距原理框图

　　设测距仪发射的电磁波为

$$u = U_m \sin(\omega t + \phi_0)$$

式中　ω——角频率;$\omega = 2\pi f$。

　　电磁波在被测距离上往返传播所需的时间为 t_{2d},因此,测距仪接收的电磁波为

$$u = U_m \sin(\omega t + \phi_0 - \omega t_{2d})$$

　　于是,在经过被测距离延迟后,发射信号和接受信号的相位差为 ωt_{2d}。

　　测距仪把发出的信号(参考信号)与接收的信号(测距信号)送入测相器,测相器可测出两路信号的相位差,设测出的值为 ϕ,那么

$$\phi = \omega t_{2d}, \quad t_{2d} = \frac{\phi}{\omega}$$

又

$$\omega = 2\pi f, \quad t_{2d} = \frac{\phi}{2\pi f}$$

将其带入 $D = V t_{2d}/2$（$V = c/n$，c 为真空光速，n 为大气折光系数），则有

$$D = \frac{\phi c}{4\pi f n}$$

这就是相位法测距的基本公式。

对上式变换一下，任何相位差总可以分为 $2N\pi$ 及一个不足 2π 的 $\Delta\phi$ 之和，即

$$\phi = 2N\pi + \Delta\phi = (N + \Delta N)2\pi$$

代入基本公式为

$$D = \frac{c(N + \Delta N)2\pi}{4\pi f n}$$

$$D = \frac{\lambda}{2(N + \Delta N)}$$

式中　N——正整数；

　　　ΔN——小于 1 的小数；

　　　λ——波长。

从上述公式可知，相位法测距就好像有一把钢尺在丈量距离，尺子的长度为 $\lambda/2$（电尺的概念），N 为被测距离的整尺段数，ΔN 为不足一个整尺的尾数，半波长 $\lambda/2$ 叫作测尺长度。相位法测距仪的工作过程就是计量出测尺的整尺段数和尾数的过程。

3）干涉法测距

干涉法测距是利用波的干涉原理通过发射波和接收波的干涉实现距离测量。干涉法测距分两种测量原理：

①通过记录被测目标移动时光波移动的周期数来推算距离。其典型产品就是双频激光干涉仪，由于可以分辨出光波波长量级的移动，其精度极高。当然要保证真正实现这样的高精度还必须有很完好的外围辅助设施，以保证目标棱镜移动的平稳度、直线度和环境温度、湿度条件。

②测量原理也是将发射波和接收波叠加形成驻波（干涉），通过调整调制频率搜索驻波的波节点的变化来推算被测距离。其典型产品是 Kern 公司的 ME3000、ME5000 等激光测距仪。由于这种测量原理也几乎完全避开了电路延迟的影响，可以获得很高的测距精度。不足之处是频率搜索过程太慢，测量时间太长。

由于干涉法测距的精度很高，这种测距技术一般用于计量部门的长度检定及野外基线的测定等工作。

11.3.3　全站仪的补偿器原理

1）全站仪电子补偿原理

全站仪和光学经纬仪的轴系结构是一样的，理想的轴系结构仍然是竖轴和重力线重合、横轴垂直于竖轴、视准轴垂直于横轴、垂直度盘与横轴同轴且零点和视准轴对应、水平度盘和竖

轴同轴等。但这种绝对理想的状况在生产加工中几乎是不存在的。而这每一种偏差又都是仪器产生系统误差的根源。和光学经纬仪不同,全站仪利用自身电子化的特点,针对上述每一种系统误差的数学规律,专门编制了误差修正程序或配置专用电子传感器,再配合检验测试获得的校正参数,使仪器最终输出的是经过系统误差修正后的成果。这就是全站仪的电子补偿技术。

全站仪测角部的电子补偿有以下几种:竖轴横向倾斜误差的电子补偿,竖轴纵向倾斜误差的电子补偿,横轴倾斜误差的电子补偿,视准轴倾斜误差的电子补偿,竖盘指标差的电子补偿,度盘偏心误差的电子补偿,度盘刻画误差的电子补偿等。

但是,需要强调的是,电子补偿技术也并不意味着系统误差的绝对根除,这就是"补偿"的含义。因为仪器结构状态的可变性(甚至有些仪器的轴系稳定度极差)和校正参数的不准确性都决定了它不能绝对理想。相反,离开了轴系状态的稳定性前提,电子补偿就没有什么实际意义。更严重的是,如果校正参数严重偏差还会起到适得其反的效果。这是必须注意的问题,决不可盲目迷信电子补偿。而在高工艺条件下获得的精密的稳定的轴系(如 WILDT2 等)那才是实质的技术。因此,建议留意仪器的轴系误差的稳定程度,那将是评价仪器质量性能的一个重要指标。

在轴系补偿方面,横轴和视准轴倾斜量这两个校正参数来自于实验室的校正结果,储存于仪器的内存之中。而竖轴倾斜的校正参数则来自于微倾斜传感器即所谓电子补偿器,它实际就是一个灵敏度极高的电子"水泡",其角度分辨率比常规的水泡高出许多倍。图 11.14 是一种广泛用于 TOPCON 全站仪的液体电容式补偿器的线路原理。

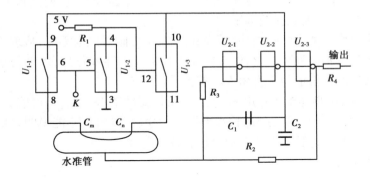

图 11.14　全站仪的液体电容式补偿器的线路原理

U_1(CD4066)是 CMOS 集成模拟开关电路,U_2(74HC00)与非门接成 R_c 振荡器电路,水准管气泡采用镀银工艺形成两个差分电容 C_m 和 C_n,这两个电容在 K 信号的控制下通过模拟开关 U_1 分时接入 RC 振荡器。K 为高电平时,U_{1-1} 导通,U_{1-3} 截止,C_m 接入 RC 振荡器回路;K 为低电平时,U_{1-1} 截止,U_{1-3} 导通,C_n 接入 RC 振荡器回路。这样在两个不同的 K 逻辑电平时,振荡器输出信号的频率的差异即可反映出 C_m 和 C_n 电容量的差异,也就反映了水准管的倾斜量的大小。

当然补偿器的构成原理还有其他类型,如液体反射光电式、液体透射光电式、电容摆式等。

2) 补偿器的应用

在使用全站仪补偿器的补偿功能时应注意:

①在使用全站仪时,当水平方向制动螺旋制动,垂直方向转动望远镜时,水平度盘读数会

不断地变化,这正是全站仪自动补偿改正的结果。单轴补偿只能对垂直度盘读数进行改正,没有改正水平度盘读数的功能。当照准部水平方向固定,上下转动望远镜时水平角度读数不会发生变化。

②双轴补偿只能改正由于垂直轴倾斜误差对垂直度盘和水平度盘读数的影响。当照准部水平方向固定,上下转动望远镜时水平角度读数仍然会发生变化;当补偿器关闭后水平度盘读数也不会变化。

③三轴补偿的全站仪是在双轴补偿器的基础上,用机内计算软件来改正因横轴误差和视准轴误差对水平度盘读数的影响。即使当照准部水平方向固定,只要上下转动望远镜,水平度盘的读数仍会有较大的变化,而且与垂直角的大小、正负有关。

④全站仪补偿器的补偿功能提供了 3 种选择模式,即[双轴][单轴][关]。选择[关]即补偿功能不起作用;选择[单轴]只对垂直度盘读数进行补偿;选择[双轴]是对水平和垂直度盘读数均进行补偿。

⑤当测站点有震动、风大、低精度观测时,应关闭仪器的补偿功能。这样既可节电又可避免错误补偿。

⑥全站仪的补偿范围一般为 $\pm 3'$,整平度超过此范围时起不到补偿作用。在天顶距接近天顶、天底 2° 范围内,电子补偿器的补偿功能不起作用。

⑦由于显示的度盘读数中已包含了仪器三轴误差的影响,因此,在放样时需要特别注意。例如,放样一条直线时,不能采取与传统光学经纬仪相同的方法(只纵转望远镜),而应采取旋转照准部 180° 的方法测设;当放样一条竖线时,应使用水平微动螺旋,使其水平角度显示的读数完全一致,而不能只简单的纵转望远镜。

⑧有些全站仪提供了电子整平的功能,当 X、Y 方向的倾斜值为零时,从理论上讲,此时转动望远镜水平角读数就不会发生变化,但有些仪器在进行上述操作后,水平角还会发生变化,这是因为这些全站仪的补偿值与垂直角大小有关。

⑨在水平角 0° 时,用脚螺旋校正电子气泡居中,仪器转动 180° 后,仍可能会偏移很多。即使 X、Y 分量值为零,如果不以照准部的长水准器气泡检验为准,就不能说明仪器垂直轴垂直,所以电子气泡的居中必须以长水准器气泡的检验校正为准。

3)补偿功能的检验

补偿功能的检验步骤如下所述:

①精确整平仪器。

②设置仪器的补偿功能为"开"状态。

③使望远镜水平并设置水平角显示为零,然后按一定的间隔上、下转动望远镜,读取水平方向值。水平方向值与零的差值即为自动补偿器的改正值。

11.3.4 全站仪的数据处理原理

全站仪的数据处理由仪器内部的微处理器接受控制命令后按观测数据及内置程序自动完成。要解决数据的自动传输与处理,首先要解决数据的存储方法。所以存储器是关键,它是信息交流的中枢,各种控制指令、数据的存储都离不开它。存储的介质有电子存储介质和磁存储介质,目前使用的大多是磁存储介质,因为它所构成的存储器在断电后存储的信息仍能保留。

1) 数据存储器的基本结构

数据存储器由控制器、缓冲器、运算器、存储器、输入设备、输出设备、字符库、显示器等部分组成,如图 11.15 所示。

控制器:用于产生各种指令及时序信号。

缓冲器:连接并驱动内外数据及地址。

运算器:用于对数据进行计算及逻辑运算。

存储器:用于存储观测数据、观测信息及固定的控制程序。可分为随机存储器(BAM)和只读存储器(ROM)。

输入设备、输出设备:数据输入、输出的关口,可以是自动传输的接口和手工输入的键盘。

字符库:用于提供字母及数字等。

显示器:用于输出信息。

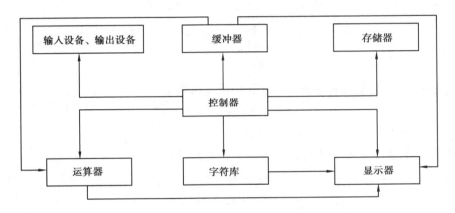

图 11.15 数据存储器的基本结构

2) 全站仪的观测数据

全站仪尽管生产厂家、型号繁多,其功能大同小异,但原始观测数据只有电子测距仪测量的仪器到棱镜之间的倾斜距离(斜距)和电子经纬仪测得的目标点的水平方向值、天顶距。电子补偿器检测的是仪器垂直轴倾斜在 X 轴(视准轴方向)和 Y 轴(水平轴方向)上的分量,并通过程序计算自动改正由于垂直轴倾斜对水平角度和竖直角度的影响。因此,全站仪的观测数据是水平角度、竖直角度、倾斜距离。仪器只要开机并瞄准目标,角度测量实时都显示观测数据,其他测量方式实际上都只是测距并由这 3 个观测数据通过内置程序间接计算并显示出来的,称为计算数据。特别注意的是,所有观测数据和计算数据都只是半个测回的数据,因此在等级测量中,不能用内存功能,记录水平角、天顶距、倾斜距离这 3 个原始数据是十分必要的。

3) 全站仪的数据处理

(1) 全站仪测距部分数据处理计算

①脉冲式测距。直接测定仪器发出的脉冲信号往返于被测距离的传播时间 t 进而求得距离值。

$$D = \frac{1}{2} C t_{2D}$$

式中　C——光在大气中的传播速度,约 30 万 km/s。

②相位式测距。测定仪器发射的测距信号往返于被测距离的滞后相位 φ 来间接推算信号的传播时间 t,从而求得所测距离。

$$t_{2D} = \frac{\varphi}{\omega} = \frac{\varphi}{2\pi f}$$

$$D = \frac{1}{2} C \times \frac{\varphi}{2\pi f} = \frac{C\varphi}{4\pi f}$$

式中　f——调制信号的频率。

(2)全站仪测角部分的数据处理计算

具有三轴补偿的全站仪用下述公式计算并显示度盘读数

$$H_{ZT} = H_{Z0} + \frac{c}{\sin V_K} + (\phi_y + i) \times \cot V_K$$

$$V_K = V_0 + \phi_X$$

在双轴补偿的情况下用下述公式计算并显示度盘读数

$$H_{ZT} = H_{Z0} + (\phi_y + i) \times \cot V_K$$

$$V_K = V_0 + \phi_X$$

在单轴补偿的情况下用下述公式计算并显示度盘读数

$$H_{ZT} = H_{Z0}$$

$$V_K = V_0 + \phi_X$$

式中　H_{ZT}——仪器显示的水平方向值;

H_{Z0}——电子水平度盘的水平方向值;

ϕ_X——垂直轴倾斜在 x 轴的分量;

ϕ_Y——垂直轴倾斜在 y 轴的分量;

V_K——仪器显示的天顶距;

V_0——电子垂直度盘的天顶距;

i——水平轴误差;

c——视准轴误差。

(3)程序测量功能的数据处理计算

①坐标测量的数据处理计算。坐标测量(也称坐标正算)是根据已知点的坐标、已知边的坐标方位角,计算未知点的坐标的一种方法。全站仪坐标测量原理是用极坐标法直接测定待定点坐标的,其实质是在已知测站点同时采集角度和距离经微处理器实时进行数据处理,由显示器输出测量结果。数据处理的数学模型为

$$\left. \begin{array}{l} X_P = X_A + D \cos(\alpha_{AB} + \beta) \\ Y_P = Y_A + D \sin(\alpha_{AB} + \beta) \end{array} \right\}$$

式中　D——所测的平距;

X_P、Y_P——待定点坐标；

X_A、Y_A——已知点坐标；

α_{AB}——起始边 AB 的坐标方位角；

β——所测方向与起始方向间的左角值。

②高程测量的数据处理计算。全站仪高程测量原理与三角高程测量的原理相同。计算待定点高程的数学模型为

$$H_P = H_A + S\sin\alpha + i - v$$

式中　H_A——已知点高程；

H_P——待定点高程；

S——仪器到棱镜的斜距；

i——仪器高；

v——前视棱镜高。

③放样测量的数据处理计算。全站仪放样是采用极坐标法。极坐标法是根据一个角度和一段距离测设点的平面位置。此法适用于测设距离较短，且便于测距的情况。放样测量的数学模型为

$$\alpha_{AP} = \arctan\frac{y_P - y_A}{x_P - x_A} = \arctan\frac{\Delta y_{AP}}{\Delta x_{AP}}$$

$$D_{AP} = \sqrt{(x_P - x_A)^2 + (y_P - y_A)^2}$$

式中　α_{AP}——AP 边的坐标方位角；

D_{AP}——AP 边的距离；

x_P、y_P——P 点坐标；

x_A、y_A——A 点坐标。

④悬高测量的数据处理计算。悬高测量如图 11.16 所示。A 为仪器站，可选合适位置任意安置；B 为棱镜站；M 为待测悬高点；B、M 两点必须在同一铅垂线上。悬高测量的数学模型为

$$H = D\tan\alpha_2 - D\tan\alpha_1 + v$$

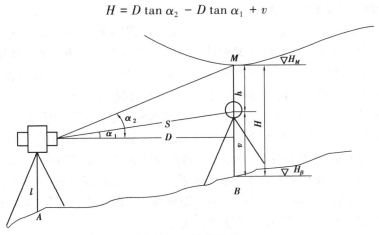

图 11.16　悬高测量

⑤对边测量的数据处理计算。对边测量是指间接地测定远处两测点间的斜距、平距、高差,尽管这两点之间可能是不通视的。如图 11.17 所示,P 为测站、P_1 为起始点、P_2 为目标点;S_1、S_2 为 P 点至 P_1、P_2 点的斜距;$\alpha_1 \alpha_2$ 为竖直角;β 为水平角。对边测量的数学模型为

$$D = \sqrt{S_1^2 \cos^2 \alpha_1 + S_2^2 \cos^2 \alpha_2 - 2S_1 S_2 \cos \alpha_1 \cos \alpha_2 \cos \beta}$$
$$h = S_2 \sin \alpha_2 - S_1 \sin \alpha_1$$

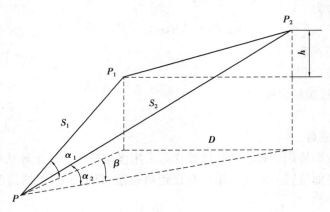

图 11.17　对边测量

11.3.5　全站仪的自动化原理

为了解决人工照准的问题,20 世纪 80 年代中期,用马达来驱动全站仪的轴系,由影像处理系统来精确获得角度值,使角度测量完全从手工劳动中解放出来,同时也解决了测量中照准误差的主要误差来源。这一手段的产生使工业测量系统的自动化成为可能,为用户提供了极大的方便。应特别注意的是,在很危险的工作环境中,不再需要人来进行操作。同时,也大大提高了获取数据的可靠性。目前,在很多工业测量系统的自动化中所使用的仪器都是这种自动化的全站仪。在高精度要求的工业测量、大型设备的安装测量、安全监测等测量工程中得到了广泛的应用。其自动化主要表现在以下几个方面。

1)目标自动识别与影像自动处理

要能自动照准目标,首先必须要有一个目标自动识别系统。一般是采用带有光学耦合器的摄影机(简称 CCD 摄影机)来自动识别目标。光学耦合器的广角光学系统能自动地产生被测物体空间的影像,目标可以显示在监视器上。影像处理系统包括一块影像处理板(需要加到计算机的扩展槽中)和能确定目标相对于望远镜轴线偏移量的软件包。

如图 11.18 所示,在 CCD 阵列平面上投影有望远镜十字丝和被测目标。以望远镜的十字丝为参考点,被测目标的重心可由影像的灰度来确定。影像处理的目的就是要确定望远镜十字丝和目标重心之间的线性偏移量($\mathrm{d}x$、$\mathrm{d}y$),将该偏移量的大小经过一定的变换,可以得到目标与望远镜十字丝的角度偏差(相对全站仪轴系)。由于望远镜位置(视准线的角度值)由测角系统确定,这样也就可以由内置程序改正后得到目标点的角度值,其中全站仪的三轴之间关系与 CCD 阵列的变换关系可以通过仪器检验获得。

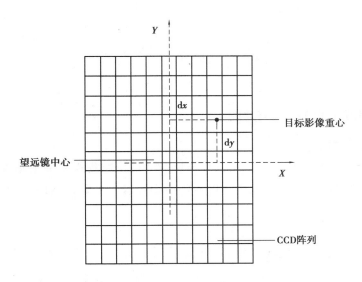

图 11.18　望远镜中心与目标影像重心的线性偏移

2) 轴系的自动驱动

全站仪的轴系驱动分为精驱动和粗驱动,这是考虑定位精度和快速驱动的两个因素(最大驱动速度可达 50″/s)。由一对独立伺服马达来驱动仪器的轴系,每个驱动系有一个螺纹杆和一个环形齿轮,由带数字扫描系统的增量编码器来确定角度传动量。然后,由这些齿轮来逐级控制达到小于 1″ 的照准精度,而残余量可由影像处理系统来测定。

在自动化全站仪中,以自动驱动调焦取代了传统的手工调焦。伺服马达能以约 10 μm 的精度确定透镜的位置,它是通过一个线性编码器(见图 11.19)调节透镜到目标的距离来确定透镜位置的。透镜位置的调节与影像处理相一致,即有到目标的已知距离自动的转换为调焦透镜的相应位置。

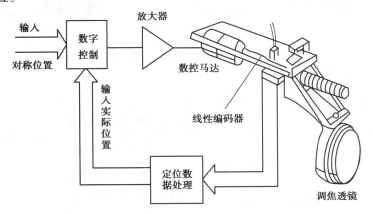

图 11.19　自动调焦控制环路

3) 数据的无线自动传输

全站仪观测数据可通过无线传输由棱镜站的显示器显示,观测者可遥控仪器按要求的观测程序进行自动工作;同时也可通过无线传输到室内工作站进行数据处理,实现无人看守观测,真正实现数据观测和处理的自动化。

11.4　全站仪的使用

11.4.1　常见全站仪的结构与功能

1）南方全站仪的构造

南方全站仪种类很多,有工程全站仪如 NTS-352R,超长测程彩屏全站仪 NTS-382R,南方道桥隧智能全站仪 NTS-562R,陀螺全站仪 NTS-342G,本章主要以 NTS-342R10A 全站仪为例进行介绍。

（1）仪器的构造

NTS-342R10A 全站仪的构造如图 11.20 所示。

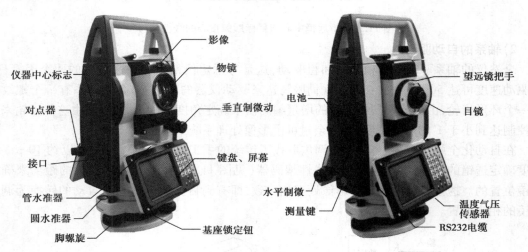

图 11.20　南方 NTS-342R10A 全站仪的构造

（2）主要技术指标

NTS-342R10A 全站仪主要技术指标见表 11.1。

表 11.1　南方 NTS-342R10A 全站仪主要技术指标

类别		主要技术指标
距离测量 （有合作目标）	测程	棱镜组:5 000 m 反射片(60 mm×60 mm):1 000 m
	精度	$\pm(2+2\times10^{-6}\times D)$ mm
	测量时间	连续 0.35 s,跟踪 0.2 s,单次小于 1.2 s

续表

类别		主要技术指标
免棱镜 距离测量 （无合作 目标）	测程	1 000 m(柯达灰,90%反射率)
	精度	距离为 0~300 m,精度±$(3+2×10-6×D)$ mm 距离为 300~600 m,精度±$(5+2×10-6×D)$ mm 距离大于 600 m,精度±$(10+2×10-6×D)$ mm
	测量时间	连续 0.35 s,跟踪 0.2 s,单次小于 1.2 s
角度测量	测角方式	绝对编码测角技术
	码盘直径	79 mm
	精度	2″
	探测方式	水平盘:对径四探头 竖直盘:对径四探头

（3）键盘按键及其功能

NTS-342R 系列全站仪键盘按键如图 11.21 所示,按键功能见表 11.2。

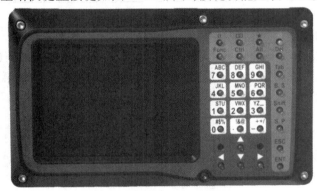

图 11.21　南方 NTS-342R 系列全站仪键盘按键

表 11.2　南方 NTS-342R 系列全站仪按键功能

按　键	功　能
α	字母切换键,输入字符时,在大小写输入之间进行切换
★	星键,打开和关闭快捷功能菜单
⏻	POWER 电源键,电源开关,短按切换不同标签页,长按开关电源
▣	打开软键盘
Func	功能键,执行软件定义的具体功能
Ctrl	控制键,同 PC 上 Ctrl 键功能

续表

按　键	功　能
Alt	替换键,同 PC 上 Alt 键功能
Shift	在输入字符和数字之间进行切换
Del	删除键
Tab	光标右移或下移一个字段
B.S	退格键,光标向左删除一位
S.P	空格键,输入空格
ESC	退出键,退回到前一个显示屏或前一个模式
ENT	回车键,数据输入结束并认可时按此键
▲▼◀▶	光标键,上下左右移动光标
0~9	数字键,输入数字,用于欲置数值

2)徕卡全站仪的构造

徕卡测量系统,总部位于瑞士,拥有 200 余年历史。目前全站仪种类也很多,如工程测量全站仪 TZ12 手动型、专业测量全站仪 TS13 自动型、高精度全站仪 TS60 第五代测量机器人等。本章主要以工程测量全站仪 TZ05 为例进行介绍。

（1）仪器的部件

徕卡 TZ05 全站仪的部件如图 11.22 所示。

（2）主要技术指标

徕卡 TZ05 全站仪主要技术指标见表 11.3。

表 11.3　徕卡 TZ05 全站仪主要技术指标

类别		主要技术指标
距离测量	测程	圆棱镜:1.5~3 500 m 长测程模式:大于 10 000 m
	精度	单次:1 mm + 1.5×10^{-6} 快速:2 mm + 1.5×10^{-6}
	测量时间	1.0 s
无棱镜距离测量	测程	R500
	精度	2 mm + 2×10^{-6}
	激光点大小	30 m 处:约 7 mm×10 mm

续表

类别		主要技术指标
角度测量	测角方式	绝对编码,连续,对径观测
	精度	2″
	补偿方式	四重轴系补偿
	补偿器设置精度	0.5″
	补偿范围	±4′

图 11.22　徕卡 TZ05 全站仪的构造

1—SD 卡、USB 存储卡和 USB 电缆接口侧盖;2—光学瞄准器;3—装有安装螺钉的可分离式提把;
4—集成电子测距模块(EDM)的物镜、EDM 激光束发射口;5—竖直微动螺旋;6—扬声器;7—触发键;
8—串口 RS232,位于旋转部件键盘后侧;9—水平微动螺旋;10—望远镜调焦环;
11—目镜,调节十字丝;12—电池盖;13—脚螺旋;14—带显示屏的键盘

（3）键盘按键及其功能

键盘按键如图 11.23 所示。

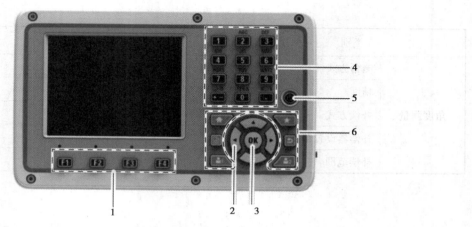

图 11.23　徕卡 TZ05 全站仪键盘按键

1—功能键 F1 到 F4；2—导航键；3—ENTER 键；4—字母数字键区；5—开/关键；6—特定按键

3）拓普康全站仪的构造

拓普康品牌以经济耐用、稳定可靠、适应性强为特点，特别针对野外的恶劣环境对全站仪进行了多方面优化设计。目前拥有 MS05AXII 超高精度全站仪、GT1001 超声波马达全站仪、OS100 系列专业型全站仪、GT1000 超高速测量机器人等，本章主要以 GTS-2002 全天候普及型全站仪为例进行介绍。

（1）仪器的部件

拓普康 GTS-2002 全站仪的部件如图 11.24 所示。

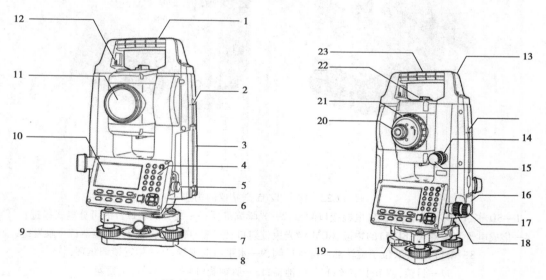

图 11.24　拓普康 GTS-2002 全站仪的部件

1—提柄；2—仪器量高标志；3—电池护盖；4—操作面板；5—串口；6—圆水准器；7—圆水准器校正螺丝；
8—基座底板；9—脚螺旋；10—显示屏；11—物镜（含激光指向功能）；12—提柄固定螺丝；13—管式罗盘插口；
14—垂直制动旋钮；15—垂直微动旋钮；16—外置接口护盖（USB 口/重置键）；17—水平微动旋钮；
18—水平制动旋钮；19—基座制动钮；20—望远镜目镜旋钮；21—望远镜调焦钮；
22—粗瞄准器；23—仪器中心标志

（2）主要技术指标

拓普康 GTS-2002 全站仪的主要技术指标见表 11.4。

表 11.4　拓普康 GTS-2002 全站仪主要技术指标。

类别		主要技术指标
放大倍率／分辨率		$30^x/2.5''$
镜筒长度		171 mm
物镜孔径		45 mm（48 mm for EDM）
成像		正像
视场角		1° 30′（26 m/1000 m）
最短焦距		1.3 m
测角部	最小显示	0.5″
	测角精度	2″
	双轴补偿器	双轴液体倾斜传感器,补偿范围 ±5.5′,最小显示 1
测距部	激光输出	无棱镜模式:3R 级 棱镜或反射片模式:1 级
	测程:	无棱镜:0.3 ~ 500 m 反射片:RS90N:1.3 ~ 500 m 　　　　RS50N:1.3 ~ 300 m 　　　　RS10N:1.3 ~ 100 m 小型棱镜:1.3 ~ 500 m 单棱镜:1.3 ~ 4000 m
	最小显示	精测/速测:0.000 1 m 跟踪测:0.001 m
	测距精度	无棱镜:$3 + 2\times10^{-6}$ 反射片:$3 + 2\times10^{-6}$ 棱镜:$2 + 2\times10^{-6}$
	测量时间	精测:1 s(初次 1.5 s),速测:0.6 s(初次 1.3 s) 跟踪测:0.4 s(初次 1.3 s)

（3）键盘按键及其功能

拓普康 GTS-2002 全站仪键盘按键如图 11.25 所示。

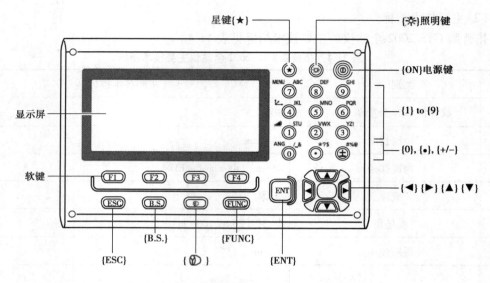

图 11.25　拓普康 GTS-2002 全站仪键盘按键

11.4.2　全站仪的操作

①装入电池。

②安置仪器。

a.架设三脚架:使三脚架腿等长,三脚架头位于测点上方且近似水平,三脚架腿牢固的支撑于地面上。

b.架设仪器:将仪器放于三脚架架头上,一只手握住仪器,另一只手旋紧中心螺旋。

③对中整平。

a.初步对中:首先通过光学对中器目镜观察,旋转对中器的目镜使分划板上的十字丝看得最清晰,再旋转对中器调焦环至地面测点看得最清楚;然后调节脚螺旋使测点位于光学对中器的最中心。

b.粗略整平:伸缩三脚架架腿,使圆水准器气泡居中。

c.精确整平:调节脚螺旋,使照准部管水准器气泡居中。

d.精确对中:稍许松开中心螺旋,前后、左右平移(不能旋转)仪器,使测点位于光学对中器的最中心后旋紧中心螺旋。

e.重复 c、d 两步骤,直到完全对中、整平。

注:整平时也可借助屏幕上的电子气泡整平仪器。

④调焦照准。

a.目镜调焦:调节目镜调焦螺旋使十字丝清晰。

b.照准目标:用粗瞄准器瞄准目标使其进入视场,固紧两制动螺旋。

c.物镜调焦:调节物镜调焦螺旋使目标清晰,调解两微动螺旋精确照准目标。

d.消除视差:再次调焦消除视差。

⑤开机。

⑥对应模式进行观测。

11.4.3　全站仪的模式

1）测量模式

测量模式包括水平方向置零、设置已知角度、距离测量、切换、参数设置、电子整平等。

2）状态屏幕

状态屏幕中显示了仪器名称、仪器编号、软件版本与当前工作面的内容。

3）存储模式

存储模式内容包括工作文件的选取与删除;已知坐标数据的输入与删除;属性码的输入与删除。

4）设置模式

设置模式内容包括观测条件设置;仪器常数设置;通信条件设置;单位设置;功能键定义分配等。

5）存储数据模式

存储数据模式内容包括存储距离测量数据;存储角度测量数据;存储坐标测量数据;存储测站数据;存储注记数据;调阅工作文件数据等。

6）菜单模式

菜单模式内容包括坐标测量;放样测量;偏心测量;水平角复测;对边测量;悬高测量;后方交会测量等。

11.5　全站仪的检定

11.5.1　全站仪固有系统误差概述

1）系统误差的特点

《通用计量术语及定义》(JJF 1001—2011)中对系统误差是这样定义的:"系统误差是在重复测量中保持不变或按可预见方式变化的测量误差的分量。"而《国际通用计量学名词》中对系统误差是这样定义的:"系统误差是测量误差的分量,在同一被测量的多次测量过程中,它保持常数或可预定方式变化着。"因此系统误差的特点如下所述:

①系统误差是一个非随机变量,即系统误差的出现不服从统计规律而服从确定的规律。

②重复测量时误差的重现性。

③可修正性。由于系统误差的重现性确定了它具有可修正的特点。

2）消除或减小系统误差影响的方法

根据系统误差的特点,其应对措施大致有以下几种:

①正确的设计思想和精密的制造工艺技术。

②在仪器设计制造环节引入正确的修正值,通过适当的数据处理,来减小系统误差——电子补偿。

③施测前进行准确的仪器校正。

④施测中通过改进测量方法,有效利用某些误差的抵偿特性。

⑤在后续数据处理环节,根据系统误差的规律将其作为未知量参与平差。

3) 全站仪的主要系统误差

全站仪的原理误差大多为系统误差。全站仪的系统误差主要有以下几种:

①全站仪的测距乘常数误差。

②测距加常数误差。

③全站仪的测距周期误差。

④幅相误差。

⑤相位不均匀误差。

⑥全站仪的竖轴倾斜误差。

⑦全站仪的横轴倾斜误差。

⑧全站仪的视准轴误差。

⑨补偿器误差。

⑩全站仪的度盘偏心误差。

⑪全站仪的度盘刻画误差。

⑫竖直度盘指标零点误差(指标差)。

⑬望远镜调焦误差等。

11.5.2 全站仪的综合检定

由于全站仪作为一种现代化的计量工具,必须依法对其进行计量检定,以保证量度的统一性、标准性、合格性。检定周期最多不能超过一年。对全站仪的检定分为 3 个方面,即对光电测距性能的检测;对电子测角性能的检测;对其数据采集、记录、数据通信及数据处理功能的检查。

在进行全站仪综合检定之前要先进行基础性的调整或校准工作。

1) 全站仪基础性调校

全站仪基础性调校的项目如下所述:

(1) 长水准器的校正

①检查:将仪器安放于较稳定的装置上(如三脚架、仪器校正台),并固定仪器,将仪器粗整平,并使仪器长水准器与基座 3 个脚螺丝中两个的连线平行,调整该两个脚螺丝使长水准器水泡居中;转动仪器 180°,观察长水准器的水泡移动情况,如果水泡处于长水准器中心,则无须校正;如果水泡移出允许范围,则需进行调整。长水准器的校正如图 11.26 所示。

②校正:将仪器在一稳定的装置上安放并固定好;粗整平仪器;转动仪器,使仪器长水准器与基座 3 个脚螺丝中两个的连线平行,并转动该两个脚螺丝,使长水准器水泡居中;仪器转动 180°,待水泡稳定,用校针微调校正螺钉,使水泡向长水准器中心移动一半的距离;重复③、④步骤,直至仪器转动到任何位置,水泡都能处于长水准器的中心。圆水准器的校正如图 11.27 所示。

(2) 圆水准器的校正

①检查

将仪器在一稳定的装置上安放并固定好;用长水准器将仪器精确整平;观察仪器圆水准器水泡是否居中,如果水泡居中,则无须校正;如果水泡移出范围,则需进行调整。

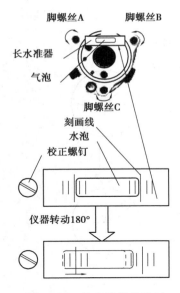

图 11.26　长水准器的校正

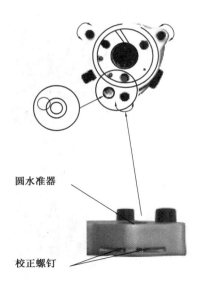

图 11.27　圆水准器的校正

②校正

将仪器在一稳定的装置上安放并固定好;用长水准器将仪器精确整平;用校针微调两个校正螺钉,使水泡居于圆水准器的中心。

注:用校针调整两个校正螺钉时,用力不能过大,两螺钉的松紧程度相当。

(3)光学对点器的校正

①检查

将仪器安置在三脚架上并固定好;在仪器正下方放置一十字标志;转动仪器基座的 3 个脚螺丝,使对点器分划板中心与地面十字标志重合;使仪器转动 180°,观察对点器分划板中心与地面十字标志是否重合;如果重合,则无须校正;如果有偏移,则需进行调整。

②校正

将仪器安置在三脚架上并固定好;在仪器正下方放置一十字标志;转动仪器基座的 3 个脚螺丝,使对点器分划板中心与地面十字标志重合;使仪器转动 180°,并拧下对点目镜护盖,用校针调整 4 个调整螺钉,使地面十字标志在分划板上的像向分划板中心移动一半;重复以上步骤,直至转动仪器,地面十字标志与分划板中心始终重合为止。光学对点器的校正如图 11.28 所示。

(4)分化板竖丝垂直度的校正

①检查

将仪器安置于三脚架上并精密整平;在距仪器 50 m 处设置一点 A;用仪器望远镜照准 A 点,旋转垂直微动手轮;如果 A 点沿分划板竖丝移动,则无须调整;如果移动有偏移,则需进行调整。

②校正

如图 11.29 所示,安置仪器并在 50 m 处设置 A 点;取下目镜头护盖,旋转垂直微动手轮,用十字螺丝刀将 4 个调整螺钉稍微松动,然后转动目镜头使 A 点与竖丝重合,拧紧 4 个调整螺钉;重复检查、校正步骤直至无偏差。

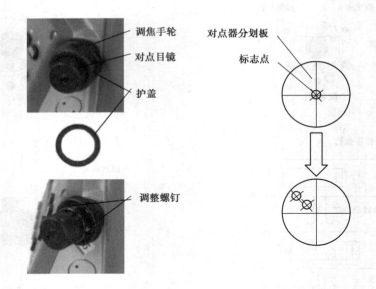

图 11.28　光学对点器的校正

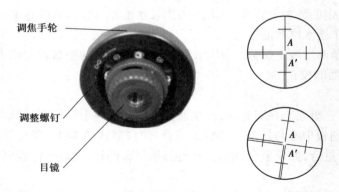

图 11.29　分化板竖丝垂直度的校正

（5）望远镜照准误差 C 的校正

①检查

将仪器固定在校正台上并精密整平；将仪器开机，并正镜（盘左）照准平行光管无穷远目标，记下水平度盘读数 H_1；将仪器倒镜（盘右）照准平行光管无穷远目标，记下水平度盘读数 H_r；计算：

$C=[(H_1-H_r)±180]/2$；如果 C 超过允许值，则需进行校正。

②校正

如图 11.30 所示，将仪器望远镜与目镜之间的护盖逆时针拧下；将仪器固定于校正台上并精密整平；先将仪器正镜（盘左）照准平行光管无穷远目标，记下水平度盘读数 H_1；再将仪器倒镜（盘右）照准平行光管无穷远目标，记下水平度盘读数 H_r；计算 C 的值；在倒镜位置旋转水平度盘微动手轮，使水平度盘的读数显示变化 $C/2$；此时通过仪器望远镜看平行光管中无穷远目标,会发现有微量的偏移,即 $C/2$;用校正针调整水平方向的两个调整螺钉,使望远镜分划板发生微量的移动并与平行光管无穷远目标重合;重新进行 C 的检查程序,如果 C 的值仍然超过规定值,则重复以上校正步骤。

注:用校正针调整螺钉时,每次调整的量不能很大,且水平方向上的两个调整螺钉的松紧程度始终要相当,否则随着时间的推移,分划板很容易发生移动,从而引起 C 的变化。

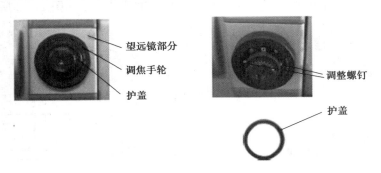

图 11.30　望远镜照准误差 C 的校正

(6)竖直度盘指标差 I 的校正

①检查

将仪器固定在校正台上并精密整平;开机并确认仪器补偿器处于"开启"状态;在正镜(盘左)方向,将仪器望远镜照准平行光管无穷远目标,记下竖盘读数 V_1;在倒镜(盘右)方向,将仪器望远镜照准平行光管无穷远目标,记下竖盘读数 V_r;计算:$I=[(V_1+V_r)-360]/2$;如果竖盘指标差 I 超出规定值,则需校正。

②校正

进入仪器校正模式(不同仪器位置不同);*尼康 DTM-352 在[menu][7]校准下;选择"指标差校正";根据仪器提示盘左盘右进行操作;仪器自动计算垂直度盘指标差的修正值,并显示;根据提示选择指标差修正,则仪器自动按照计算结果进行竖盘指标差的修正。

(7)竖盘补偿器零位的校正

①检查

将仪器固定在校正台上并精密整平仪器;进入功能菜单的补偿器菜单,开启竖盘补偿器;仪器显示补偿器倾斜值,旋转仪器180°,再次显示补偿器倾斜值,两次数值相减小于10″,无须校正;反之校正。

②校正

进入仪器校正模式(不同仪器位置不同);选择"补偿模式"中的零位校正;根据仪器提示盘左盘右进行操作;仪器自动显示补偿值,并显示;根据提示选择零位校正,则仪器自动校正。

2)全站仪综合检定

(1)水准器的正确性

①长水准器的检验与校正

a.检验。将长水准器置于与某两个脚螺旋 A、B 连线平行的方向上,旋转这两个脚螺旋使长水准器气泡居中。

将仪器绕竖轴旋转180°（200 g），观察长水准器气泡的移动,若气泡不居中则按下述方法进行校正。长水准器的检验如图11.31所示。

b.校正。利用校针调整长水准器一端的校正螺丝,将长水准器气泡向中间移回偏移量的一半。利用脚螺旋调平剩下的一半气泡偏移量。将仪器绕竖轴再一次旋转180°或200 g,检查气泡是否居中,若不居中,则应重复上述操作。长水准器的校正如图11.32所示。

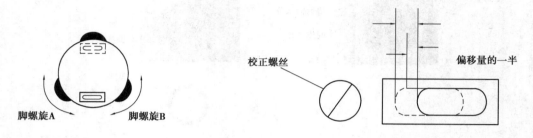

图11.31　长水准器的检验　　　　　　图11.32　长水准器的校正

②圆水准器的检验与校正

a.检验。利用长水准器仔细整平仪器,若圆水准器气泡居中,就不必校正,否则,应按下述方法进行校正。

b.校正。利用校针调整圆水准器上的3个校正螺丝使圆水准器气泡居中,如图11.33所示。

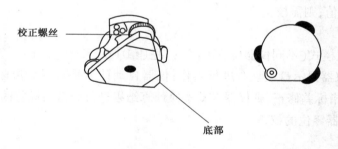

图11.33　圆水准器的校正

（2）光学对中的正确性

①检验。全站仪安置好后,将光学对点器中心标志对准某一清晰地面点。

将仪器绕竖轴旋转180°或200 g,观察光学对点器的中心标志,若地面点仍位于中心标志处,则不需校正;否则,需按下述步骤进行校正。

②校正。打开光学对点器望远镜目镜的护罩,可以看见4个校正螺丝,用校针旋转这4个校正螺丝,使对点器中心标志向地面点移动,移动量为偏离量的一半。光学对点器的校正如图11.34所示。

利用脚螺旋使地面点与对点器中心标志重合;再一次将仪器绕竖轴旋转180°或200 g,检查中心标志与地面点是否重合,若两者重合,则不需校正,如不重合,则应重复上述校正步骤。

214

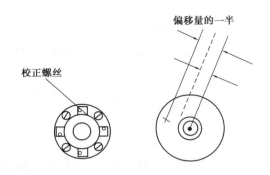

图 11.34　光学对点器的校正

③激光对点器的检验与校正

a.检验。按动激光对点器开关,将激光点对准某一清晰地面点。

将仪器绕竖轴旋转 180°或 200 g,观察激光点,若地面点仍位于激光点处,则不需校正;否则,需按下述步骤进行校正。

b.校正。打开激光对点器的护罩,可以看见 4 个校正螺丝,用校针旋转这 4 个校正螺丝,使对点器激光点向地面点移动,移动量为偏离量的一半。

利用脚螺旋使地面点与对点器激光点重合。再一次将仪器绕竖轴旋转 180°或 200 g,检查激光点与地面点是否重合,若两者重合,则不需校正,如不重合,则应重复上述校正步骤。

(3)望远镜十字丝的正确性

①检验。将仪器安置在三脚架上,严格整平。用十字丝交点瞄准至少 50 m(160 ft*)外的某一清晰点 A。望远镜上下转动,观察 A 点是否沿着十字丝竖丝移动。如果 A 点一直沿十字丝竖丝移动,则说明十字丝位置正确(此时无须校正),否则应校正十字丝。望远镜十字丝的检验如图 11.35 所示。

②校正。逆时针旋出望远镜目镜一端的护罩,可以看见 4 个目镜固定螺丝。用改锥稍微松动 4 个固定螺丝,旋转目镜座直至十字丝与 A 点重合,最后将 4 个固定螺丝旋紧,如图 11.36 所示。重复上述检验步骤,若十字丝位置不正确则应继续校正。

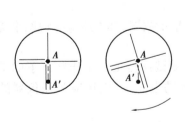

图 11.35　望远镜十字丝的检验

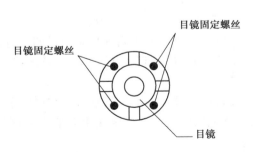

图 11.36　望远镜十字丝的校正

---

* 1 ft=0.304 8 m。

（4）望远镜调焦的正确性

望远镜目镜调整和目标照准参考如下所述：

①将望远镜对准明亮地方，旋转目镜筒，调焦看清十字丝（先朝自己的方向旋转目镜筒，再慢慢旋进调焦清楚十字丝）。

②利用粗瞄准器内的三角形标志的顶尖瞄准目标点，照准时眼睛与瞄准器之间应保留有一定距离。

③利用望远镜调焦螺旋使目标成像清晰。

④当眼睛在目镜端上下或左右移动发现有视差时，说明调焦或目镜屈光度未调好（这将影响观测的精度），应仔细调焦并调节目镜筒消除视差。

（5）外观和键盘功能的检验

外观和键盘功能的检验项目如下所述：

①仪器表面不得有碰伤、划痕、脱漆和锈蚀；盖板及部件接合整齐，密封性好。

②光学部件表面清洁、无划痕、霉斑、麻点、脱膜等现象；望远镜十字丝成像清晰、粗细均匀、视场明亮、亮度均匀；目镜调焦及物镜调焦转动平稳，不得有分划影像晃动或自行滑动的现象。

③长水准器和圆水准器不应有松动；脚螺旋转动松紧适度无晃动；水平和竖直制动及微动机构运转平稳可靠、无跳动现象；组合式全站仪中，电子经纬仪与测距仪的连接机构可靠。仪器和基座的连接锁紧机构可靠。

④操作键盘上各按键反应灵敏，每个键的功能正常；通过键的组合读取显示数据及存储或传送数据功能正常。

⑤液晶显示屏显示提示符号，字母及数字消晰、完整、对比度适当。

⑥数据输出接口、外接电源接口完好，内接电池接触良好，内（外）接电池容量充足，充电器完好。

⑦记录存储卡完好无损，表面清洁，在仪器上能顺当地装入或取下，存储卡内装纽扣电池容量充足，磁卡阅读器完好。

⑧使用中和修理后的仪器，其外表或某些部件不得有影响仪器准确度和技术功能的一些缺陷。

（6）工作电压显示的正确性

工作电压显示的正确性检验项目如下所述：

①仪器开机后如有电压指示，可读记仪器显示的电压指示数据，其电压应与说明书提供的额定电压数据一致。

②若仪器显示的电压指示数据与说明书上不一致，应测试仪器正常工作状态下的工作电压，可读记稳压电源的电压或用万能表测试仪器电源电池的电压，其电压应为该仪器的工作电压。

③仪器开机后，显示的工作电压和测试的工作电压均与说明书上的要求不一致时，则该仪器工作状态不正常，应进行维修。

（7）照准部旋转的正确性

机内没有测试垂直轴稳定性的专门指令程序的全站仪，其检验方法和技术要求与光学经纬仪相同。机内配有测试垂直轴倾斜专门指令的全站仪,可从显示的垂直轴倾斜量的变化幅度检验其照准部旋转的正确性。检验步骤如下所述:

①仪器安置于稳定的仪器观测墩上并精确整平,顺时针和逆时针转动照准部几周,设置水平方向读数为零。

②输入测试指令,顺时针转动照准部,从显示屏记下 0°位置和每隔 45°各位置上垂直轴倾斜量(带符号),连续顺时针转两周。

③再逆转照准部并每隔 45°读记一次,连续逆转两周。

④计算照准部对应 180°位置的两读数之和,测回内的互差值应小于 4″,整个过程中各次读数的最大差值应小于 15″。

(8)测距轴与视准轴的重合性

①检验。将仪器置于两个清晰的目标点 A、B 之间,仪器到 A、B 的距离相等,约 50 m。利用长水准器严格整平仪器。瞄准 A 点。松开望远镜垂直制动手轮,将望远镜绕水平轴旋转 180°或 200 g 瞄准目标 B,然后旋紧望远镜垂直制动手轮。松开水平制动手轮,使仪器绕竖轴旋转 180°或 200 g 再一次照准 A 点并拧紧水平制动手轮。松开垂直制动手轮,将望远镜绕水平轴旋转 180°或 200 g,设十字丝交点所照准的目标点为 C,C 点应与 B 点重合。若 B、C 不重合,则应按下述方法校正。测距轴与视准轴的重合性检验如图 11.37 所示。

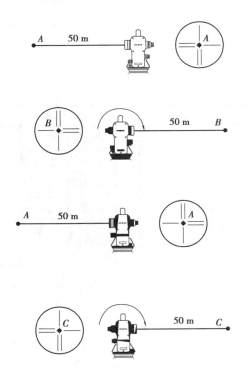

图 11.37　测距轴与视准轴的重合性检验

②校正。旋下望远镜目镜一端的保护罩。在 B、C 之间定出一点 D,使 CD 等于 BC 的 1/4。利用校针旋转十字丝的左、右两个校正螺丝将十字丝中心移到 D 点。校正完后,应按上述方法进行检验,若达到要求则校正结束,否则应重复上述校正过程,直至达到要求。测距轴与视

准轴的重合性校正如图 11.38 所示。

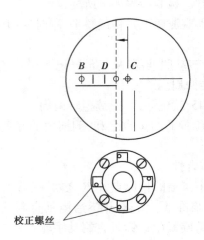

校正螺丝

图 11.38　测距轴与视准轴的重合性校正

11.6　部分常用全站仪的电子校正方法

1)南方全站仪的电子校准

仪器校准程序菜单,如图 11.39 所示。

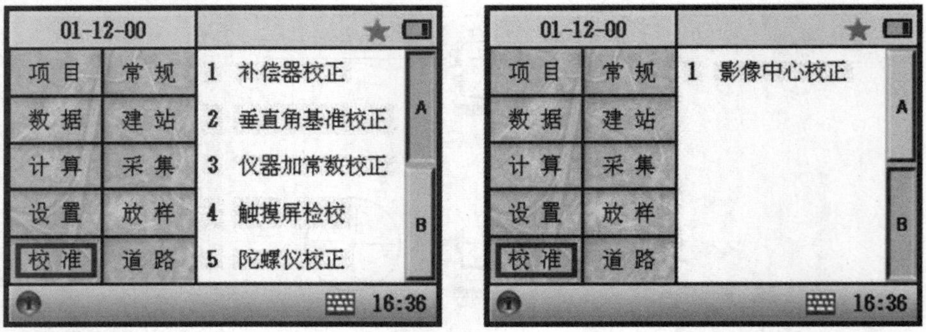

01-12-00		★ ▢		01-12-00		★ ▢
项目	常规	1 补偿器校正 A		项目	常规	1 影像中心校正 A
数据	建站	2 垂直角基准校正		数据	建站	
计算	采集	3 仪器加常数校正		计算	采集	
设置	放样	4 触摸屏检校		设置	放样	
校准	道路	5 陀螺仪校正 B		校准	道路	B
⊙		▦ 16:36		⊙		▦ 16:36

图 11.39　仪器校准程序菜单

(1)补偿器校正

补偿器校正如图 11.40 所示。

①校正双轴补偿:首先检校长水准气泡,然后利用长水准气泡整平后,再点击置零键。

②置零操作:盘左盘右分别照准远处同一目标,依照提示进行设置。

③设置:照准目标进行设置。

(2)垂直角基准校正

①安置整平好仪器后开机,将望远镜照准任一清晰目标 A,得竖直角盘左读数 L。

②转动望远镜再照准 A,得竖直角盘右读数 R。

③若竖直角天顶为 $0°$,则 $i=(L+R-360°)/2$;若竖直角水平为 $0°$,则 $i=(L+R-180°)/2$ 或

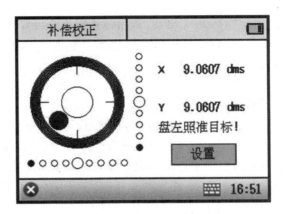

图 11.40　补偿校正

$(L+R-540°)/2$。若 $|i| \geqslant 10''$，则需对竖盘指标零点重新设置。

校正方法如图 11.41、图 11.42 所示。

①盘左精确照准与仪器同高的远处任一清晰稳定目标 A。点击"设置"，完成盘左的测量。

②盘右精确照准同一目标 A。点击"测角"，重新测量盘左的角度值。点击"设置"，完成盘右的测量。

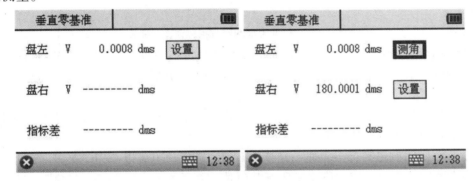

图 11.41　盘左、盘右测量

③盘左和盘右都测量完成后，将显示指标差，点击"√"完成检校。

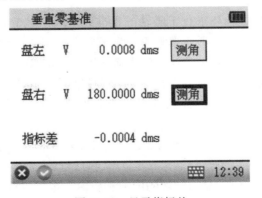

图 11.42　显示指标差

④重复检验步骤重新测定指标差(i 角)。若指标差仍不符合要求,则应检查校正(指标零点设置)的 3 个步骤的操作是否有误,目标照准是否准确等,按要求重新进行设置。

⑤经反复操作仍不符合要求时,应送厂检修。

2)徕卡全站仪的检查与调整

(1)校准视准和竖直指标误差

视准误差或者水平照准误差指的是横轴倾斜和视准线之间垂直的偏差,图 11.43 为校准测量示意图。如果竖盘读数的 0°标记与仪器机械竖轴不一致,则存在竖直指标差。V 指示误差是一个恒定误差,将会影响所有的垂直角读数。改正视准误差和竖直指标差的程序和条件是相同的,因此只描述一次。

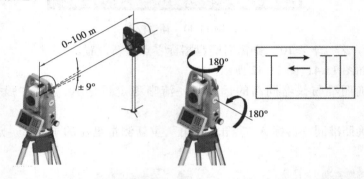

图 11.43 校准视准和竖直指标误差示意图

①从主菜单选择"设置";在"工具"页面,选择"校准";选择"视准差"或者"指标差"。

②通过电子水平指示泡整平仪器。照准大约距仪器 100 m 的目标点,目标点必须安置在水平面的 5°之内。

③按下"记录"测量目标点。切换到第二面再次照准目标点。为了检查水平照准情况,屏幕将显示水平角和垂直角的差值。

④按下"记录"测量目标点。显示计算的旧值和新值。也可以 按下"更多"测量相同目标点的另一个测回。最终的校准值将是所有观测值计算的平均值。按下"继续"保存新的校准数据,或者按下"ESC"退出而不保存新的平差数据。

(2)校准横轴倾斜误差

横轴倾斜误差指机械横轴和垂直于竖轴的视准线之间引起的偏差,图 11.44 为校准横轴倾斜误差示意图。该误差影响水平角观测值。为了确定此误差,所瞄准的目标点位置必须位于水平面以上或以下靠近的位置。在此操作之前必须先确定水平照准误差值。

①从主菜单选择"设置",在"工具"页面,选择"校准"。选择"轴系倾斜"。

②通过电子水平指示泡整平仪器,照准目标点距离仪器大约 100 m 处,该点位于水平面上或下至少有 27°。

③按下"记录"测量目标点。切换到第二面再次照准目标点。为了检查水平照准情况,屏幕将显示水平角和垂直角的差值。

④按下"记录"测量目标点,显示计算的旧值和新值。也可以按下"更多"测量相同目标点的另一个测回。最终的校准值将是所有观测值计算的平均值。按下"继续"保存新的校准数据,或者按下"ESC"退出而不保存新的平差数据。

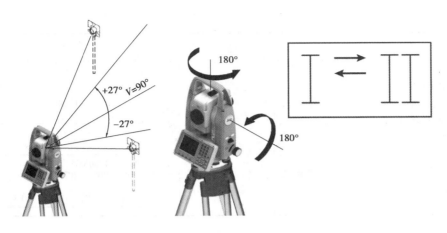

图 11.44　校准横轴倾斜误差示意图

3) 拓普康全站仪的电子校正方法

(1) 垂直角零基准的校正

当用盘左和盘右照准某一目标点 A 时,盘左的垂直角值和盘右的垂直角值之和不等于 360°(天顶方向为 0°),则其与 360°差值的一半为垂直角零基准的误差,应予以校正。由于校正垂直角零基准是确定仪器坐标原点的关键,因此校正要特别仔细,操作过程见表 11.5。

表 11.5　垂直角零基准的校正

操作过程	操作	显示
①利用电子气泡仔细整平仪器,关掉电源		
②仪器开机	开机	
③按{MENU}键之后,按{F4}(P↓)键三次,进入第 4 页菜单	{MENU} {F4} {F4} {F4}	菜单　　　　　　　4/4 F1:校正模式 F2:对比度调节 F3:仪器信息　　　　P↓
④按{FI}键	{F1}	校正模式 F1:竖角零基准 F2:指标差/轴系差 　　　　　　　　　P↓
⑤按{F1}键	{F1}	零基准校正 　<第一步>盘左 V:90°00′00″ 　　　　　　　　回车
⑥盘左照准目标 A	照准 A (盘左)	
⑦按{F4}(回车)键 ⑧盘右照准目标 A	{F4} 照准 A (盘右)	零基准校正 　<第一步>盘右 V:270°00′00″ 　　　　　　　　回车

续表

操作过程	操作	显示
⑨按{F4}（回车）键 垂直角零基准测定值被设置。仪器进入正常角度测量模式	（F4）	<设置!>
⑩用盘左盘右照准目标 A,检查盘左盘右垂角读数之和是否恰好等于 360°		V：270°00′00″ HR：120°30′40″ 置零　锁定　置盘　P1↓

（2）仪器系统误差补偿的校正

通过下列操作计算出竖轴误差、视准轴误差和垂直角零基准误差的改正数,并存储到仪器中,观测值均施加了存储的改正数。该校正将会直接影响坐标的计算,执行校正时一定要非常仔细认真,操作过程见表 11.6。

表 11.6　仪器系统误差补偿的校正

操作过程	操作	显示
①利用电子气泡仔细整平仪器,关掉电源		
②仪器开机	开机	菜单　　　　　　　　4/4 F1：校正模式 F2：对比度调节 F3：仪器信息　　　　P↓
③按{MENU}键之后,按{F4}（P↓）键 3 次,进入第四页菜单	{MENU} {F4} {F4} {F4}	
④按{F1}键	{F1}	校正模式 F1：竖角零基础 F2：指标差/轴系差 　　　　　　　　　P↓
⑤按{F2}键	{F2}	指标差/轴系误差 F1：误差测定 F2：误差显示

续表

操作过程	操作	显示
⑥按{F1}键	{F1}	竖轴校正 ↓ (A) 照准 ↓
⑦盘左照准目标 A	照准 A （盘左）	盘左　1　　　　　　　　/0 V：　　　　　89°55′50″ LEVEL　±0 　　　　　　　　　　　设置
⑧按{F4}（设置）键 显示示例表示盘左观测 5 次 ⑨旋转望远镜到盘右位置	{F4} 旋转望远镜	
⑩盘右照准目标 A	照准 A （盘右）	盘右　2　　　　　　　　/5 V：　　　　270°04′20″ 度高角　±0 　　　　　　　　　　　设置
⑪按{F4}（设置）键 重复步骤⑧和⑨,直至观测次数和盘左观测 次数相同	{F4}	
如需显示仪器系统误差常数值列表操作：		完成
①在校正模式菜单中,按{F3}键	{F3}	
②按{F2}键 显示改正值	{F2}	校正模式 F1：竖角零基准 F2：指标差/轴系差

续表

操作过程	操作	显示
③按{F1}键 显示返回先前菜单	{F1}	指标差/轴系误差 F1：误差测定 F2：误差显示 VCo： −1°57′12″ HCo： −0°00′20″ HAx： −0°00′20″ 退出

11.7　全站仪常见故障分析

11.7.1　常见故障1：测距不准/误差大

①在实际使用中,测距不准首先造成的原因是竖角测量出现较大误差引起的,需要检查仪器斜距测量情况,如果斜距测量准确而平距不准的情况或是平距和高差颠倒显示,应先检查指标差,如果指标差相差过大,请校正指标差。

②如果在指标差检查正确而平距依然不准,斜距准的情况下,仍然建议进行一次指标差的校正,因为可能是竖盘零位发生偏移,通过指标差校正程序可以校正。

③斜距不准,检查仪器内部加常数是否丢失,如果丢失,请调用仪器出厂设置。

注:如果不属于这几类情况的仪器,请进行返厂维修。

11.7.2　常见故障2：仪器死机/无法开机

对于此种现象,建议更换仪器主板,如果仍无法解决,请返厂修理。

11.7.3　常见故障3：横轴卡死/紧

此项故障出现后,不要自行处理,请返厂修理。

11.7.4　常见故障4：止微动失效

①根据本手册中关于止微动的拆卸与安装部分,把止微动拆卸后,将凸轮位置进行调整,然后重新安装制、微动组。

②如果调整后无效,请更换止微动。

11.7.5　常见故障5：黑屏/乱码

①对仪器进行恢复出厂设置处理。

②在恢复出厂设置无效的情况下,记下仪器内部加常数,然后将仪器初始化,再对各项指

标进行调整。

③初始化无效,检查、更换仪器主板,如果更换主板仍然无效后,请返厂维修。

11.7.6　常见故障 6:竖轴卡死

返厂维修。

11.7.7　常见故障 7:仪器过零不正常(包括不过零)

①按照本手册中零位信号的调试对参考电平进行调整。

②检查过零脉冲,如果过零脉冲很小或没有零位脉冲信号,尝试更换主板,如果更换主板无效,更换竖盘读数头。

③如果仪器出现双过零现象或出现多处过零现象,则竖盘读数发生很大变化,每次开机,正转望远镜和倒转望远镜初始化对同目标测角变化很大,则往往是由于过零不正常引起。

④如果零位电压调整后,请校正指标差。

11.7.8　常见故障 8:平盘读数不变/异常

①水平盘读数不变或度、分不变,该故障往往由于水平盘其中一个读数头不正常所引起,检查水平盘读数头与主板之间的接插情况,是否有接触不良现象出现,检查主板上对应水平盘的 4 个信号测试点,如果有一路测试点无信号输出,则该点对应的读数头需要更换,根据手册中更换读数头的步骤更换。

②仪器 $2C$ 无法校正,一测回归零差大,这种情况一般由于水平度盘的光栅盘出现裂缝造成,此种情况需要返厂维修。

11.7.9　常见故障 9:指标差超差

①按照本手册中指标差校正程序校正。

②如果无法校正,一般由于补偿器零位偏移超标所引起,校正补偿器零位后再对仪器作指标差校正。

11.7.10　常见故障 10:自动关机

①检查电池,更换一块新电池,看是否有效。

②检查仪器与电池之间的触点的弹性是否正常。

③检查仪器电源主板上内部电源接头是否接触正常。

④更换仪器主板,看是否有效,如果以上步骤无效,仪器返厂维修。

11.7.11　常见故障 11:补偿故障

①检查仪器补偿器与主板接口接插情况。

②进入补偿器零位校正程序,检查补偿器的补偿值,如果补偿器值过大如超过 1 000 或无法以 1 为基数进行改变,则补偿器坏,需要更换补偿器。

③如果无第②步中的现象,且补偿器零位校正后出现"error"字样,需要对补偿器的物理位置进行调整,参照补偿器安装步骤。

④如果补偿器零位正常，但补偿精度超差，对仪器作补偿器线性校正处理。

11.7.12 常见故障 12：平盘跳数（测角读数不连续）

①按照读盘偏心校正程序，对读盘偏心进行校正。

②如果程序校正无效，请对主板上信号测试点 3、5 和 4、6 进行检查，并对相应的电位器进行调节。

③如果仪器只是在某一位置上出现突变，检查水平光栅读盘上是否有灰尘或是有裂缝。有灰尘，则用酒精或乙醚擦拭光栅盘，如果有裂缝，则需要返厂维修。

11.7.13 常见故障 13：竖盘跳数

①检查主板上信号测试点 1、2 信号，并对相应电位器进行调节。

②检查过零信号是否正常，是否出现双过零现象。

③检查竖盘上有无灰尘或裂缝，出现裂缝，请返厂修理。

11.7.14 常见故障 14：测距显示为零

①APD 电压与标定值的相差大，调节 APD 电压为正常值。

②APD 电压无法调整的情况，一般都是接收板出现故障，请将仪器返厂维修更换接收板。

本章小结

本章着重介绍了全站仪，学习本章主要掌握以下知识点。

（1）全站仪的概念、应用及基本组成

（2）全站仪的测量原理

测角原理：编码度盘测角、光栅度盘测角、电磁度盘测角；测距原理：脉冲法测距、干涉法测距、相位法测距；全站仪电子补偿原理；全站仪的数据处理原理；全站仪的自动化原理。

（3）全站仪的使用

全站仪的结构、技术指标及键盘按键功能；全站仪的模式；全站仪的基本设置及测量；全站仪的使用注意事项。

（4）全站仪的检定

全站仪的检定包括基础性的调校、光电测距性能的检测、电子测角性能的检测和数据采集、记录、数据通信及数据处理功能的检查。

（5）常用全站仪的电子校正方法

（6）全站仪常见故障分析

第 **12** 章

GNSS 接收机

12.1 概　述

12.1.1　全球导航卫星系统

全球导航卫星系统,简称 GNSS(Global Navigation Satellite System),它是泛指所有的卫星导航系统,包括全球的、区域的和增强的。如美国的 GPS、俄罗斯的 Glonass、欧洲的 Galileo、中国的北斗卫星导航系统,以及相关的增强系统,如美国的 WAAS(广域增强系统)、欧洲的 EGNOS(欧洲静地导航重叠系统)和日本的 MSAS(多功能运输卫星增强系统)等,还涵盖在建和以后要建设的其他卫星导航系统。国际 GNSS 系统是个多系统、多层面、多模式的复杂组合系统。

1) 全球定位系统(GPS)

GPS 全名为 Navigation System Timing and Ranging/Global Positioning System,即"授时与测距导航系统/全球定位系统"。GPS 是利用卫星发射的无线电信号进行导航定位,它具有全球性、全天候、高精度、快速实时三维导航、定位、测速和授时功能。并且具有良好的保密性和抗干扰性。最初主要应用于军事领域,但由于其定位技术的高度自动化及其定位结果的高精度,很快也引起广大民用部门,尤其是测量单位的关注。特别是近十多年来,GPS 技术在应用基础的研究、各领域的开拓软件、硬件的开发等方面都取得了迅速的发展,GPS 设备的价格趋近于平民化,使得该技术已经广泛地渗透经济建设和科学研究的许多领域。GPS 技术给大地测量、工程测量、地籍测量、航空摄影测量、变形监测、资源勘查等多种学科带来了深刻的技术革新。

2) 格洛纳斯卫星导航系统(Glonass)

格洛纳斯卫星导航系统是由苏联(现由俄罗斯)国防部独立研制和控制的第二代军用卫星导航系统,与美国的 GPS 相似,该系统也开设民用窗口。Glonass 技术,可为全球海陆空以及近地空间的各种军、民用户全天候、连续地提供高精度的三维位置、三维速度和时间信息。Glonass 在定位、测速及定时精度上则优于施加选择可用性(SA)之后的 GPS,由于俄罗斯向国际民航和海事组织承诺将向全球用户提供民用导航服务,并于 1990 年 5 月和 1991 年 4 月两次公布 Glonass 的 ICD,为 Glonass 的广泛应用提供了方便。

3) 伽利略卫星导航系统

伽利略卫星导航系统是欧洲建设的新一代民用全球卫星导航系统,系统已建成并投入运营。系统的典型功能是信号中继,即向用户接收机的数据传输可通过一种特殊的联系方式或其他系统的中继来实现,如通过移动通信网来实现。"伽利略"接收机不仅可以接受本系统信号,而且可以接受 GPS、Glonass 这两大系统的信号,并且具有导航功能与移动电话功能相结合、与其他导航系统相结合的优越性能。

4) 北斗卫星导航系统

我国的北斗卫星导航系统是一种全天候、全天时提供卫星导航信息的区域性导航系统。20 世纪后期,我国开始探索适合国情的卫星导航系统发展道路,逐步形成了三步走发展战略:2000 年年底,建成北斗一号系统,向中国提供服务;2012 年年底,建成北斗二号系统,向亚太地区提供服务;2020 年,建成北斗三号系统,向全球提供服务。2023 年 5 月,在西昌卫星发射中心用长征三号乙运载火箭,已成功发射第五十六颗北斗导航卫星。该卫星属地球静止轨道卫星,是北斗三号工程的首颗备份卫星。

北斗系统具有以下特点:一是北斗系统空间段采用三种轨道卫星组成的混合星座,与其他卫星导航系统相比高轨卫星更多,抗遮挡能力强,尤其低纬度地区性能优势更为明显;二是北斗系统提供多个频点的导航信号,能够通过多频信号组合使用等方式提高服务精度;三是北斗系统创新融合了导航与通信能力,具备定位导航授时、星基增强、地基增强、精密单点定位、短报文通信和国际搜救等多种服务能力。

12.1.2　GPS 的特点及优点

GPS 作为一种导航和定位系统,具有下列主要特点及优点:高精度、全天候、高效率、多功能、操作简便、应用广泛等。

1) 高精度的三维定位

大量实践和研究表明,GPS 可以精密地测定测站的平面位置和高程。目前在小于 50 km 的基线上,其相对定位精度可达 $1×10^{-6}$;而在 $100~500$ km 的基线上,精度可达到 $0.1×10^{-6}$。随着观测技术与数据处理方法的不断更新与优化,可望在大于 1 000 km 的距离上,其相对定位精度达到 $0.01×10^{-6}$。

2) 观测时间短

用户只需装备接收机就可接收信号进行定位工作,而无须发射任何信号。又由于接收机可利用多个通道同时对多颗卫星进行观测因而一次定位只需几秒钟至几十秒钟,大大提高了工作效率。随着 GPS 系统的不断完善,软件的不断更新,目前,20 km 以内快速静态相对定位仅需 $15~20$ min;RTK 测量时,当每个流动站与参考站相距在 15 km 以内时,流动站观测时间只需 $1~2$ min;流动站出发时观测 $1~2$ min。

3) 测站间无须通视

GPS 测量不要求测站之间相互通视,只需测站上空开阔即可,因此,可节约大量的造标费用。由于无须点间通视,点位位置可根据需要灵活布置,也可省去经典大地网中的传算点、过渡点的测量工作。

4）可提供统一的三维坐标

GPS 定位是在国际统一的 WGS-84 世界大地坐标系统中计算的，因此，全球不同点的测量成果相互关联。经典大地测量将平面与高程采用不同方法分别施测，GPS 可同时精确测定测站点 WGS-84 三维坐标。目前通过局部大地水准面精化，GPS 水准可满足四等水准测量的精度。

5）操作简便

随着 GPS 接收机的不断改进，自动化程度越来越高，有的已达到"傻瓜化"的程度，接收机的体积越来越小，质量越来越轻，极大地减轻测量工作者的工作紧张程度和劳动强度。

6）全天候作业

地球上任何地方的用户在任何时间，一般至少可以同时观测到 4 颗 GPS 卫星，因而观测不受时间和气象条件的限制，可进行全天候的观测。

7）功能多，应用广

GPS 系统不仅可用于测量、导航、精密工程的变形监测，还可用于测速、测时。其应用领域的不断扩大上自航空、航天，下至工业、农业生产，已经无所不在，GPS 系统展现了极其广阔的应用前景。

12.2　GPS 接收机

12.2.1　全球定位系统（GPS）的组成

GPS 整个系统由空间部分、控制部分、用户部分 3 个部分组成，如图 12.1 所示。

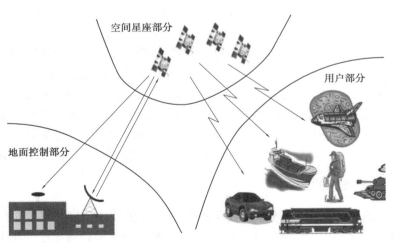

图 12.1　GPS 系统的组成

1）空间部分

整个系统全部建成后，空间部分共有 24 颗工作卫星，其中 3 颗是随时可以启用的备用卫星。工作卫星分布在 6 个轨道面内，每个轨道面分布有 4 颗卫星。各轨道平面相对地球赤道面的倾角均为55°，各轨道平面彼此相距60°，轨道平均高度约为20 200 km，卫星运行周期为11 h 58 min。在正常情况下，地面观察者见到地平面以上的卫星颗数随时间和地点的不同而异，最少为4颗，最多可达11颗。

在用GPS信号导航定位时，为了解算测站的三维坐标，必须同时观测4颗以上GPS卫星，称为定位星座。这4颗卫星在观察过程中的几何位置分布对定位精度有一定的影响。

每颗卫星连续地播发L1、L2两个频带的载波信号。利用伪噪声码的调制特性，对载波进行3种相位调制。即载波的正弦波被一伪噪声码，称为C/A码，又称"粗码"（民用）所调制；余弦波被另一频率的伪噪声，称为P码，又称"精码"（美国军方及特殊授权户）所调制。此外，正弦波和余弦波上都被调制了基本单位为1 500 Bit长的数据码（也称卫星电文），简称D码。L1的信号既包括P码，又包括C/A码，L2的信号只包括P码。这些电码具有3个作用：一是辨认接收的卫星和发播卫星星历；二是测定信号到达接收机的时间；三是限制用户使用。

2）地面控制部分

控制部分的任务是：监视卫星系统；确定GPS时间系统；跟踪并预报卫星星历和卫星钟状态；向每颗卫星的数据存储器注入更新的卫星导航数据。

GPS的地面控制部分由分布在全球的若干个跟踪站组成的监控系统所构成。根据其作用的不同，跟踪站分为主控站、监控站和注入站。

主控站只有一个，它的作用是根据各监控站队GPS的观测数据，计算出卫星的星历和卫星的改造参数，并将这些数据通过注入站注入卫星中去；同时，它还对卫星进行控制，向卫星发布指令；当卫星出现故障时，调度备用卫星，替代失效的工作卫星；另外，主控站还具有监控站的功能。监控站有4个，监控站的作用是接收卫星信号，监视卫星的工作状态。注入站的作用是将主控站计算的卫星星历和卫星时钟的改正参数注入卫星中去。

地面监控系统提供每颗GPS卫星所播发的星历，并对每颗卫星工作情况进行监控和控制，地面监控系统另一重要作用是保持每颗卫星处于同一时间标准，即GPS时间系统。

3）用户部分

GPS的用户部分由GPS接收机、数据处理软件及相应的用户设备（如计算机气象仪器等）所组成。主要功能是能够捕获到按一定卫星截止角所选择的待测卫星，并跟踪这些卫星的运行。当接收机捕获到跟踪的卫星信号后，就可测量出接收天线至卫星的伪距离和距离的变化率，解调出卫星轨道参数等数据。根据这些数据，接收机中的微处理计算机就可按定位解算方法进行定位计算，计算出用户所在地理位置的经纬度、高度、速度、时间等信息。

GPS接收机硬件和机内软件，以及GPS数据的后处理软件包构成完整的GPS用户设备。

12.2.2 GPS接收机的构成

GPS接收机的主要功能是：跟踪接收所选择的卫星信号，测定信号从卫星到接收天线的传播时间，解译出GPS卫星所发送的导航电文，实时地计算出定位或导航的所需数据。

GPS接收机主要由天线单元、信号处理器部分、记录装置和电源组成。

1）天线单元

天线单元是由天线和前置放大器组成，灵敏度高，抗干扰性强。接收天线把卫星发射的十分微弱的信号通过放大器放大后进入接收机。GPS天线分为单极天线、微带天线、锥形天线等。

2）信号处理器部分

信号处理器部分是 GPS 接收机的核心部分,进行滤波和信号处理由跟踪环路重建载波,解码得到导航电文,获得伪距定位结果。

3）记录装置

记录装置主要是接收机的内存硬盘或记录卡。

4）电源

电源一般采用机内和机外两种直流电源。外接电源为蓄电池,内接电源为锂电池。设置机内电源的目的在于更换外电源时不中断连续观测。在用机外电源时机内电池自动充电。关机后机内电池为 RAM 存储器供电,以防止数据丢失。

5）举例

下面以 Trimble 5700 为例简单介绍 GPS 接收机的构成。

①GPS 主机(见图 12.2)。

GPS 主板:接收并处理卫星信号,接收机电源的供应。

GPS 电台板:主要接受电台信号。

接口板:数据的输入与输出;外接电源的输入;接收机的配置;软件的传输等。

面板:液晶显示屏及按钮。

CF 卡槽:用 CF 卡记录静态数据;USB 接口。

电池仓:装内置电池。

②电台(TM3 电台和 PDL 电台)。

③控制器:(手簿)包括 Tsce 和 Tsc2。

④附件:包括数据传输线、手簿线、差分线、卫星线、鞭状天线。

图 12.2　Trimble 5700 主机

⑤电源:包括内置电池和外接电源。

⑥天线:接收卫星信号。

12.2.3　GPS 接收机的分类

根据 GPS 用户的不同要求,所需的接收设备各异。随着 GPS 定位技术的迅速发展和应用领域的日益扩大,许多国家都在积极研制、开发适用于不同要求的 GPS 接收机及相应的数据处理软件。目前,各种类型的 GPS 接收机体积越来越小,质量越来越轻,定位精度也有了很大提高。生产 GPS 测量仪器的厂家也在不断发展壮大,产品有几百种。在我国测绘市场占有份额较大的有 Trimble、Leica、Ashtech、Javad（Topcon）、Thales（DSNP）、加拿大诺瓦太（NoVAteL）以及国产南方测绘仪器公司和中海达测绘仪器公司生产的 GPS 产品。

1）按用途分类

按用途分,可分为导航型接收机、测地型接收机、授时型接收机。

2）按接收机的载波频率分类（卫星信号频率分类）

按接收机的载波频率分,可分为单频接收机和双频接收机。

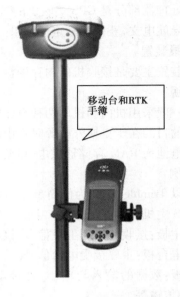

移动台和RTK手簿

图 12.3　Leica GPS 接收机 1200 系列　　　　图 12.4　中海达 V8 GPS 接收机

3）按接收机的通道数分类

按接收机的通道数分，可分为多通道接收机、序贯通道接收机、多路复用通道接收机。

4）按工作原理分类

按工作原理分，可分为码相关型接收机、平方型接收机、混合型接收机、干涉型接收机。

5）按接收卫星系统分类

按接收卫星系统分，可分为单星系统、双星系统、多星系统。

6）按接收机的作业模式分类

按接收机的作业模式分，可分为静态接收机和动态接收机。

7）按接收机的结构分类

按接收机的结构分，可分为分体式接收机、整体式接收机、手持式接收机。

12.3　实时动态相对定位（RTK）的原理与维护

随着全球定位系统技术的快速发展，RTK（Real time kinematic）测量技术也日益成熟，RTK测量技术逐步在测绘中广泛应用。RTK 测量技术因其实时性和高效高精度使其在图根控制测量和碎步测量中得到充分发挥。

12.3.1　RTK 技术概述

实时动态（RTK）测量系统，是 GPS 测量技术与数据传输的结合，是 GPS 测量技术中的一个突破。RTK 测量技术是以载波相位观测量为根据的实时差分 GPS 测量技术，其基本思想是：在基准站上设置 1 台 GPS 接收机，对所有可见的 GPS 卫星进行连续地观测，并将其观测数据通过无线电传输设备,实时地发射给用户观测站(移动站)。在用户观测站上,GPS 接收机在接收 GPS 卫星信号的同时,通过无线电接收设备,接收基准站传输的数据,然后根据相对定位原理,实时地解算整周模糊度未知数并计算、显示用户站的三维坐标及其精度。通过实时计算的定位结果,便可监测基准站与用户站观测成果的质量和解算结果的收敛情况,实时地判断解算结果是否成功,从而减少冗余观测量,缩短观测时间。

RTK 测量系统一般由以下 3 个部分组成:GPS 接收设备、数据传输设备、软件系统。数据传输系统由基准站的发射电台与移动站的接收电台组成,它是实现实时动态定位测量的关键设备。软件系统则应具有实时解算出移动站的三维坐标的功能。

RTK 测量技术除具有 GPS 测量的优点外,同时具有观测时间短和能实现坐标实时解算的优点。RTK 测量系统的开发,为 GPS 测量工作的可靠性和高效率提供了保障,这对 GPS 测量技术的发展和普及,具有重要的意义。

12.3.2　RTK 的工作原理

1) 实时载波相位差分

在利用 GPS 进行定位时,会受到各种各样因素的影响,为了消除这些误差源,必须使用两台以上的 GPS 接收机同步工作。GPS 静态测量的方法是各个接收机独立观测,然后利用后处理软件进行差分解算。

对于采用 RTK 测量技术来说,仍然是差分解算,只不过是实时地差分解算。也就是说,两台接收机(一台基准站、一台移动站)都在观测卫星数据,同时,基准站通过其发射电台把所接收的载波相位信号(或载波相位差分改正信号)发射出去,移动站在接受卫星信号的同时也通过其接收电台接收基准站的电台信号。在这两个信号的基础上,移动站上的固化软件就可实现差分计算,从而精确地定出基准站与流动站的空间相对位置关系。在这一过程中,由于观测条件、信号源等影响会有误差,即为仪器标定误差,一般为

$$平面:1 \text{ cm} + 1 \times 10^{-6}$$
$$高差:2 \text{ cm} + 1 \times 10^{-6}$$

2) 坐标转换

空间相对位置关系不是测量的最终值,因此还有一步工作就是把空间相对位置关系纳入需要的坐标系中。GPS 直接反映的是 WGS-84 坐标,而通常采用的是北京 54 坐标系或西安 80 坐标系,因此要通过坐标转换把 GPS 的观测成果变为需要的坐标。这个工作有多种模型可以实现,平面坐标转换采用先将 GPS 测得成果投影成平面坐标,再利用已知控制点计算二维相似变换的四参数或七参数,高程则采用平面拟合或二次曲面拟合模型,利用已知水准点计算出该测区的待测点的高程异常,从而求出它们的高程。坐标转换时也会带来误差,该项误差主要取决于已知点的精度和已知点的分布情况。

3) RTK 测量误差

RTK 测量误差包括两个部分:其一是 GPS 测量误差;其二是坐标转换带来的误差。对于坐标转换误差来说,又有两个误差源:一是投影带来的误差;二是已知点误差的传递。在实际测量工作中,当用 3 个以上的平面已知点进行仪器校正时,计算转换四参数的同时也可以计算

出转换参数的中误差。值得注意的是,如果发现转换参数中误差比较大,而在采集点时实时显示的测量误差在标称精度范围内,则可判定是已知点的问题(找错点、输错点)或者是已知点的精度不够,或已知点的分布不均匀。当平面已知点只有两个时,则只能满足计算坐标转换四参数的必要条件,无多余条件,也就不能给出坐标转换的精度评定,此时,可以从查看四参数中的"尺度比"来检验坐标转换的精度,该理想值为 1,如果发现"尺度比"偏离 1 较多,则在保证GPS 测量精度满足要求的情况下,可判定已知点有问题。

12.3.3 RTK 仪器设备的要求

1) RTK 测量接收设备应符合下列规定

①接收设备应包括双频接收机、天线和天线电缆、数据链套件(调制解调器、电台或移动通信设备)、数据采集器等。

②参考站接收设备应具有发送标准差分数据的功能。

③流动站接收设备应具有接收并处理标准差分数据的功能。

④接收设备应操作方便、性能稳定、故障率低、可靠性高。

⑤接收机标称精度公式为

$$d = a + b \times d$$

式中　a——固定误差,mm;

　　　b——比例误差系数,mm/km;

　　　d——流动站至基准站的距离,km。

RTK 测量宜选用优于下列测量精度(RMS)指标的双频接收机:

$$平面:10 \text{ mm} + 2 \times 10^{-6} \times d$$

$$高程:20 \text{ mm} + 2 \times 10^{-6} \times d$$

2) RTK 测量前宜对设备进行以下的检验

①基准站与流动站的数据链联通检验。

②数据采集器与接收机的通信联通检验。

12.4　GNSS 接收机的检验

GNSS 接收机是完成测量任务的关键设备,其性能、型号、精度、数量与测量的精度有关,是卫星定位测量顺利完成的重要保证。

12.4.1 误差来源

从误差来源来讲可分为下述 3 类:

1) 卫星有关的误差

(1) 卫星星历误差

由卫星星历所计算出的卫星位置与卫星的实际位置之差称为星历误差。星历误差的大小主要取决于卫星定轨的质量,如定轨站的数量及其地理分布、观测值的数量及精度等。此外,与星历的外推时间间隔(实测星历的外推时间间隔可视为零)也有直接关系。

(2)卫星钟的误差

卫星上虽然使用了高精度的原子钟,但它们也不可避免地存在误差,这种误差既包含系统性误差(如钟差、钟速),也包含着随机误差。系统误差远较随机误差的值大,而且可通过检验和对比来确定并通过模型来加以改正;随机误差只能通过钟的稳定度来描述其统计特性,无法确定其符号的大小。

(3)卫星信号发射天线相位中心偏差

GPS 卫星信号发射天线的标称相位中心与真实相位之间的差异。

2) 与信号传播有关的误差

与 GPS 卫星信号传播有关的误差主要是大气折射误差和多路径效应。

(1)电离层延迟

电离层(含平流层)是高度在 60~1 000 km 间的大气层。在太阳紫外线 X 射线、γ 射线和高能粒子的作用下,该区域内的气体分子和原子将产生电离,形成自由电子和正离子。带电粒子的存在将影响无线电信号的传播,使传播速度发生变化,传播路径产生弯曲,从而产生所谓的电离层延迟。

(2)对流层延迟

对流层是高度在 50 km 以下的大气层,整个大气中的绝大部分质量集中在对流层中,GPS信号在对流层的传播速度受到气温、气压和相对湿度等因素的影响,信号的传播路径也会产生弯曲,由于上述原因使距离测量值产生的系统性偏差称为对流层延迟。

(3)多路径效应

多路径误差是指经某些物体表面反射后到达接收机的信号,如果与直接来自卫星的信号叠加干扰后进入接收机,就将使测量值产生系统误差。

多路径误差对测距码、伪距码观测值的影响要比载波相位观察值的影响大得多,多路径误差取决于测站周围的环境、接收机的性能以及观测时间的长短。

3) 与接收机有关的误差

(1)接收机的钟误差

与卫星钟一样,接收机钟也有误差。而且由于接收机钟大多采用的是石英钟,因而其钟误差较卫星钟误差更为显著。该项误差主要取决于钟的质量,与使用时的环境也有一定关系。

(2)接收机的位置误差

在进行授时和定轨时,接收机的位置是已知的,其误差将使授时和定轨的结果产生系统误差。进行 GPS 基线解算时,需已知其中一个端点在 WGS-84 坐标系的坐标,已知坐标的误差过大也会对解算结果产生影响。

(3)接收机的测量噪声

这是指用接收机进行 GPS 测量时,由于仪器设备及外界环境影响而引起的随机测量误差,其值取决于仪器性能及作业环境的优劣。一般而言,测量噪声的值均小于上述的各种偏差值。观测足够长的时间后,测量噪声的影响通常可以忽略不计。

12.4.2　接收机的检验

1) GNSS 接收机选用

GNSS 接收机的选用,根据需要按表 12.1 的规定执行。

表 12.1　GNSS 接收机选用

级　别	AA	A	B	C	D、E
单频/双频	双频/全波长	双频/全波长	双频	双频或单频	双频或单频
观测量至少有	L1、L2 载波相位	L1、L2 载波相位	L1、L2 载波相位	L1 载波相位	L1 载波相位
同步观测接收机数	≥5	≥4	≥4	≥3	≥2

2) 接收设备检验

新购置的 GNSS 接收机,以及当接收机天线受到强烈撞击,或更新接收机部件后,或更新天线与接收机的匹配关系后的接收机,均应按规定进行全面检验后使用。GNSS 接收机全面检验包括一般检视、通电检验、试测检验。

(1)一般检视应符合的规定

①GNSS 接收机及天线的外观应良好,型号应正确与标称一致。

②各种部件及其附件应匹配、齐全和完好。

③需紧固的部件应不得松动和脱落。

④设备使用手册和后处理软件操作手册及磁(光)盘应齐全。

⑤接收机的检定按规定执行,并应在有效的使用周期内。

(2)通电检验应符合的规定

①有关信号灯工作应正常。

②按键和显示系统工作应正常。

③利用自测试命令进行测试。

④检验接收机锁定卫星时间的快慢,接收信号强弱及信号失锁情况。

(3)试验检验前,还应检验以下项目

①天线或基座圆水准器和光学对中器是正确。

②天线高量尺是否完好,尺长精度是否正确。

③数据传录设备及软件是否齐全,数据传输性能是否完好。

④通过实例计算,测试和评估数据后处理软件。

(4)GNSS 接收设备测试

一般检视和通电检验完成后,应在不同长度的标准基线上进行以下测试:

①接收机内部噪声水平测试。

②接收机天线相位中心稳定性测试。

③接收机野外作业性能及不同测程精度指标测试。

④接收机频标稳定性检验和数据质量的评价。

⑤接收机高低温性能测试。

⑥接收机综合性能评价等。

（5）GNSS 接收设备每年应定期检验

①不同类型的接收机参加共同作业时，应在已知高差的基线上进行比对测试，超过相应等级限差时不得使用。

②GNSS 接收机或天线受到强烈撞击后，或更新接收机部件，或更新天线与接收机的匹配关系后，应按新购买仪器做全面检验。

③天线或基座的圆水准器泡、光学对中器，作业期间至少 1 个月检校一次。

3）接收设备的维护

GNSS 接收机等仪器应指定专人保管，无论采用何种运输方式，均要求专人押运，并应采取防震措施，不得碰撞倒置和重压，软盘驱动器在运输中应插入保护片或废磁盘。仪器交接时应按上述规定的一般检视的项目进行检查，并填写交接情况记录。

接收机在室内存放期间，室内应定期通风，每隔 1~2 个月应通电检查一次，接收机内电池要保持充满电状态，外接电池应按电池要求按时充放电。仪器应注意防震、防潮、防晒、防尘、防蚀、防辐射。接收设备的接头和连接器应保持清洁，电缆线不应扭折，不应在地面拖拉、碾砸。连接电源前，电池正负极连接应正确，观测前电压应正常。严禁拆卸接收机各部件，天线电缆不得擅自切割改装、改换型号或接长。如发生故障，应认真记录并报告有关部门，请专业人员维修。

作业期间，必须严格遵守技术规定和操作要求，作业人员须经培训合格后方可上岗操作，未经允许非作业人员不得擅自操作仪器。当接收设备置于楼顶、高标及其他设施的顶端作业时，应采取加固措施，在大风和雷雨天气时应采取防风和防雷措施或停止观测。

作业结束后，应及时擦净接收机上的水汽和尘埃，并放入有软垫的仪器箱内。仪器箱应置于通风、干燥阴凉处，保持箱内干燥。当箱内干燥剂呈粉红色时，应及时更换。

本章小结

本章主要讲述了全球卫星定位系统的发展过程，简单地介绍了 GNSS 系统、GLONASS 系统、北斗系统和伽利略系统的基本情况，重点介绍了 GPS 系统特点、GPS 接收机、RTK 的原理以及 GNSS 接收机的检验。

第 **5** 篇
附　录

附　录

附录1　课间实训指南

课间实训1　DS₃水准仪拆卸

1）实训目的和要求

①了解 DS_3 水准仪的结构。

②学习 DS_3 水准仪的拆卸步骤。

③了解常见故障的处理方法。

2）实训时间

学时:2学时。

3）实训人员组织

首先集中到实训室,认真观察老师拆卸和组装 DS_3 水准仪的全过程,并认真记录拆卸步骤及组装方法。随后分为实训小组,每组5~6人。实训时,每人轮流拆卸仪器,包括清洁、加油、组装等实训内容。其他人员在旁认真观察。

4）实训设备

① DS_3 水准仪每组一台。

②仪器维修工具各一套。

③清洁液各一瓶。

④脱脂棉、柳条木若干。

5）实训方法

①由老师讲解 DS_3 水准仪的结构特征。

②学生边看、边听、边记录。

③由老师指导,学生独立完成拆卸、组装任务。

6）实训步骤

①竖轴部分的拆卸。

②望远镜托板部分的拆卸。

③微倾(动)机构的拆卸。

④制动环的拆卸。

⑤脚螺旋的拆卸。

⑥望远镜部分的拆卸：包括目镜部分的拆卸、物镜部分的拆卸、调焦镜部分的拆卸。

⑦符合水准器部分的拆卸。当各部件拆下后，即可进行清洁或加油。各部件的安装步骤一般均与拆卸的顺序相反进行即可。

7)实训成果

提交实训报告。

课间实训2　DS₃水准仪的检校

1)实训目的和要求

①掌握水准仪各主要轴线之间应满足的几何条件。

②熟悉检验和校正的原理。

③通过实践掌握 DS_3 水准仪检验和校正的方法。

2)实训时间

学时:4 学时。

3)实训人员组织

分为实训小组，每组 5~6 人。

每轮实验设置:观测员 1 人,记录员 1 人,司尺员 2 人,机动人员 1~2 人。

4)实训设备

每组实训设备包含: DS_3 微倾式水准仪 1 台,水准尺 2 根,尺垫 2 个,记录手簿 1 本(附记录板),校正针 1 根,小螺丝刀 1 把,2B 铅笔 2 支,粉笔 1 支。

5)实训方法

①由老师讲解 DS_3 水准仪的结构特征。

②学生边看、边听、边记录。

③由老师指导,学生独立完成拆卸、组装任务。

6)实训步骤

①圆水准器轴平行于竖轴的检验与校正。

②望远镜十字丝的横丝垂直于仪器竖轴的检验与校正。

③水准管轴与望远镜视准轴平行的检验与校正。

7)实训成果

提交实训原始记录和实训报告。

课间实训3　DJ₆经纬仪拆卸

1)实训目的和要求

①了解 DJ_6 经纬仪的构造及其各部件名称。

②了解 DJ_6 经纬仪的拆卸步骤及方法。

③要求学生认真听讲,仔细观察拆卸方法,认真操作,不得随意走动、打闹和喧哗。

④了解常见故障及其排除和光路的简单调整。

2)实训时间

学时:2 学时。

3)实训人员组织

首先集中到实训室,认真观察老师拆卸和组装 DJ_6 经纬仪的全过程,并认真记录拆卸步骤及组装方法。随后分为实训小组,每组 5~6 人。实训时,每人轮流拆卸仪器,包括清洁、加油、组装等实训内容。其他人员在旁认真观察。

4)实训设备

①DJ_6 经纬仪每组一台。

②仪器维修工具各一套。

③清洁液各一瓶。

④脱脂棉、柳条木若干。

5)实训方法

①由老师先讲解 DJ_6 经纬仪的结构特点,部件名称,并进行拆卸示范。

②学生应边听、边看、边记录。

③随后老师指导,学生独立完成拆卸、组装任务。

6)DJ_6 经纬仪的拆卸步骤

①观察 DJ_6 经纬仪的结构。

②横轴系的拆卸:包括左支架的拆卸、右支架的拆卸、横轴的拆卸。

③竖轴和水平度盘的拆卸。DJ_6 的拆卸完毕后,安装时可按拆卸的相反顺序进行。

7)实训成果

提交实训报告。

课间实训 4　DJ6 经纬仪的检校

1)实训目的和要求

①熟悉经纬仪各主要轴线应满足的几何条件。

②了解光学经纬仪检验和校正的原理及方法。

2)实训时间

学时:4 学时。

3)实训人员组织

每组 4 人,分工为:观测 1 人、记录 1 人、计算 1 人,轮换操作。

4)实训准备工作

在墙上适当高处,设置若干照准标志,在每个标志正下方与经纬仪同高处横置一把水平直尺。在直尺正前方 100 m 处插标杆,并在每根标杆与经纬仪同高处作一照准标志。

5)实训仪器和工具

每组 DJ_6 级光学经纬仪 1 台(含三脚架),校正针 1 根,小螺丝刀 1 把,fx-5800P 计算器 1 台,记录板 1 块,测伞 1 把。

6）实训内容

①照准部水准管轴垂直于竖轴的检验与校正。

②圆水准器的检验与校正。

③十字丝竖丝垂直于横轴的检验与校正。

④望远镜视准轴垂直于横轴的检验与校正。

⑤横轴垂直于竖轴的检验与校正。

⑥竖盘指标差的检验与校正。

⑦光学对点器的检验与校正。

7）实训成果

提交实训原始记录和实训报告。

8）注意事项

①经纬仪是精密仪器，有些部件光学零件易损，故应爱护公物，爱惜仪器，不得随意拆卸。

②严禁打闹，应听从老师安排。

③实训前后均应清点仪器、工具的完好情况。实训结束后，将其交由老师核查后方能离开。

④实训中不听指挥、不守纪律、不按操作步骤进行实训的学生，老师有权令其离开教室，实训操作成绩为零。

⑤损坏设备零件、工具者，应照价赔偿。

附录 2　几何光学知识

所有的测绘仪器都是由许多不同类型、规格的光学零件构成。其作用原理都是建立在光学基础之上的。因此，学习几何光学，了解光线在光学零件中的传播规律，对于了解仪器的结构原理，鉴别仪器的性能特点、分析仪器的误差来源、找出消除与减少每次误差的途径，提高仪器精度，延长使用寿命以及排除仪器故障，具有重要的现实意义。

1）几何光学

光和人类的生产及生活有着十分密切的关系。人类研究光学已有 3 000 多年的历史，对光的研究大致可分为两个方面：一方面是研究光的本性，并根据光的本性来研究各种光学现象，称为"物理光学"；另一方面是研究光的传播规律和传播现象，称为"几何光学"。

几何光学是人从无数光学现象以及实验结果中总结出来的，发光点和光线是几何光学中的两个基本概念。一个光源或一个本身虽不发光，但被光照射时可以把光反射出来的物体，称为发光体。当发光体的面积小到可以忽略不计时，该发光体称为发光点。光线则是表示光的传播方向的几何线，这样研究光传播的问题，就转变为几何问题了，故称为几何光学。

在几何光学中，人们往往把物体看成是由无数个发光点组成的发光体，并假设每一个发光点可以发出无数光线。有一定关系的一些光线的集合称为光束。

2）几何光学的基本定律

（1）光的直线传播定律

光所通过的物质称为光的传播介质，光在均匀介质中是按直线传播的。这就是光的直线传播定律。如探照灯的光射向天空,则空气就是介质;光射入水中,水就是介质;光射入玻璃里,玻璃就是介质等。当光线通过很小很小的孔或缝隙时,会改变直线传播的方向而形成明显的绕射(也称"衍射")现象。

（2）光的独立传播定律

不同发光体发出的光线相交后,每一光线的颜色及传播方向仍保持不变的特性,称为光的独立传播定律。如夜晚,有两束探照灯的光,在空中相交后,仍按各自的方向传播。又如,在 J_6 级经纬仪中,当望远镜光线和读数系统的光线在望远镜内相交后,仍按各自方向传播互不影响等。

（3）光的反射定律

当光线由一种介质进入另一种介质时,光线在两种介质的分界面上将被分为反射光线和折射光线。这两条光线的传播方向将分别由反射定律和折射定律来决定,如附图 2.1 所示。

入射光线 AO 射到介质分界面上,入射点为 O,自 O 点起光线分为两支,开始沿不同的方向传播。

OB 为反射光线,DC 为折射光线,ON 为过入射点 O 的分界面法线,i_1 为入射光线与法线的夹角称为入射角,i_1' 为反射光线与法线的夹角,称为反射角,i_2 为折射光线与法线的夹角,称为折射角。入射光线与反射光线的关系称为反射定律。

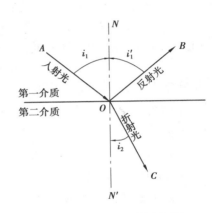

附图 2.1　光的反射和折射

①入射光线、反射光线与法线位于同一平面内,且反射光线与入射光线分别位于法线的两侧。

②入射角 i_1 与反射角 i_1' 的大小相等。

由反射定律可推出以下两个规律:

a.光的可逆性。假定某一光线沿着一定的路径由 A 点传播到了 B 点,如果在 B 点沿着出射光线相反的方向投射一条光线,则此光线必然沿着同一路径由 B 点传播到 A 点,这种现象就称为光路的可逆性。这将为人们研究的传播带来更多方便。

b.乱反射(漫反射)。当许多条平行的光线射到表面非常平整的反射面时,反射光线也互相平行,仅各自的入射点不同而已。若表面粗糙,尽管入射光线彼此平行而反射光线的方向则是乱七八糟的,这种现象称为乱反射(又称漫反射)。

因此,人们利用光学经纬仪进光窗处的毛玻璃的漫反射,使射入仪器后的光线均匀、柔和,也可消除进光窗外景物的影像对读数的干扰。

（4）光的折射定律

当光线穿过两种透明介质时,其中有一部分光线将在分界面处改变其方向而进入第二种介质中,这种现象称为光的折射。这部分折射光线的传播规律,就称为光的折射定律。

①折射光线、入射光线与法线位于同一平面内,且折射光线与入射光线分居法线两侧(见附图 2.1)。

②入射角 i_1 的正弦与折射角 i_2 的正弦之比,取决于传播介质的光学性质及光的波长,而与角 i_1 和 i_2 的大小无关,即

$$\frac{\sin i_1}{\sin i_2} = \frac{n_2}{n_1} \qquad\qquad (2.1)$$

式(2.1)中,常数 n_2 和 n_1 分别为第二介质和第一介质的绝对折射率(简称折射率)。它们的定义为

$$\left.\begin{array}{l} n_1 = \dfrac{c}{v_1} \\[2mm] n_2 = \dfrac{c}{v_2} \end{array}\right\} \qquad\qquad (2.2)$$

式中 c——光在真空中的传播速度;

$v_1 \text{、} v_2$——光在第一介质和第二介质中的传播速度。

由式(2.1)可得折射定律的通用形式为

$$n_1 \cdot \sin i_1 = n_2 \cdot \sin i_2 \qquad\qquad (2.3)$$

常见介质的绝对折射率 n 值:

空气	1.000
水	1
酒精	1.361 8
K9 牌号冕牌玻璃	1.516 3
ZF1 牌号火石玻璃	1.647 5
甲醇	1.33
苯	1.50
二甲苯	1.50
蓝宝石	1.77

由式(2.3)可知:

①入射角 i_1 越大,则折射角 i_2 也越大。

②若 $i_1 = 0°$,则有 $i_2 = 0°$,这时光线的方向不发生改变。

③若以 i_2 代表入射角, i_1 代表折射角,等式同样成立。

由此说明了光在折射时的光路,同样也是可逆的。

【例题 2.1】 已知光线以 30° 的入射角从空气射入 K9 牌号冕牌玻璃中,求折射角的大小。

解 因为 $i_1 = 30°$,所以 $\sin 30° = 1/2$。

代入式(2.3)中,得

$$n_1 \cdot \sin i_1 = n_2 \cdot \sin i_2$$

$$\sin i_2 = \frac{1.000}{1.516\ 3} \cdot \frac{1}{2} = 0.329\ 8$$

反查三角函数表得 $i_2 \approx 19°15'$。

3) 平面反射镜

测量仪器中的光学系统可分为球面系统与平面系统两大类。

平面系统主要解决改变光学系统中光线的传播方向,位置及成像的方向,以达到缩小仪器体积,便于使用等目的。而平面反射镜则是平面系统中最为简单的,其又称平面镜、反射镜、反

光镜。主要用于改变光线方向,如将自然光引入仪器内部的反光镜,观察竖盘水准管的反光镜等。

平面反射镜是一个十分平滑的玻璃或金属表面,这样才能使入射的一束平行光,经反射后仍是一束平行光,否则将会形成漫反射现象。

平面反射镜有两个作用,即反光和成像。

(1)平面镜的反光

平面镜反光时,有一个重要特性:当保持入射光线不变的前提下,反射面若转动 α 角,则反射光线就同方向转动 2α 角,如附图2.2所示。

作为测量仪器检修人员,在调整平面镜位置时,应注意这一特性。

光线 P 通过两块相互平行的平面镜两次反射之后,反射光线 P' 的方向不变,但将平移一段距离 h,如附图2.3所示。如果这两块平面镜同时向同一方向转动同一角度 α,则反射光线 P'' 的方向仍然不变,只是平移距离随平面镜转动的方向和大小而改变。

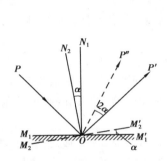

附图2.2　平面镜反光的一个特性

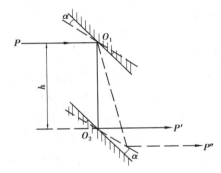

附图2.3　两块平行平面镜的反光

如附图2.4所示为一个角式反射镜,又称为角镜。

两块平面镜中的夹角 α,应等于反射光线 P' 与入射光线 P 的夹角 δ 的一半。当它的两块反射镜的交线为轴旋转某一角度 β 时,反射光线 P' 的方向不发生改变。这是角镜的一个重要特点。在测量仪器上应用较多的是两块反射镜的夹角为45°或90°的角镜。

(2)平面镜的成像

如附图2.5所示,自 A 点发出的光束中,有一条光线 AO 于平面镜 P 经反射后沿 OB' 射出;另一条光线 AD 垂直于镜面射向平面镜 P,并沿原路反射回去。

由此可见,经平面镜反射后的任一条光线的延长线均与 AD 的延长线相交于一点 A',根据反射定律则有:$\angle AON = \angle NOB' = i$。

由图可知:$\angle AOD = \angle A'OD = 90° - i$

故两个直角三角形全等。

即:$\triangle AOD \cong \triangle A'OD$

得:$AD = A'D$。

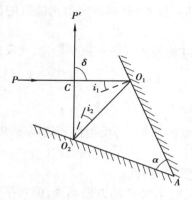

附图 2.4　角镜

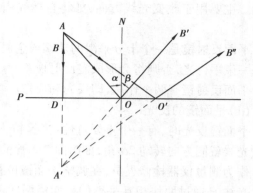

附图 2.5　平面镜的成像

由此可见,自 A 点发出的同心光束(自一发光点发出的许多光线构成的光束,称为同心光束,或称为单心光束)经平面镜反射后,可视为一个以 A' 为发光点的同心光束, A' 点就称为 A 点的虚像。其中 A 点为实物点, A' 点为虚像点。物点和像点总是对称于镜面的,且像的大小与物的大小相等。

无论用平面镜反光或成像,其性能的好坏,取决于以下因素:

①反射面的平直程度:即实际平面与理想平面的偏差。如哈哈镜,往往会发现照出的人像严重变形,其原因多半由于镜面的平直程度太差所引起。测量仪器上所用的平面反射镜,对反射面的平直程度具有很严格的要求。

②反射面的光洁度:即光滑与清洁的程度。测量仪器上用的平面镜,其光洁度一般在△12以上。(符号△代表光洁度,12 代表等级,其数值越大,等级越高),而清洁程度则用反光面上的麻点、划痕的多少、大小、长短等来衡量。

③ 反射面上所镀反射材料的好坏:银、铝、铬 3 种反光材料中,银的反射率最高,比较常用,若银层镀得不牢或保护不好,容易引起氧化与脱落,影响其反射效果。

4)光的全反射

光的全反射如附图 2.6 所示。

自发光点 A 向各方向发出光线投射到介质折射率 n_1 和 n_2 的分界面上,假定 $n_1 > n_2$,根据折射定律式(2.3),则有 $\sin i_2 > \sin i_1$。当入射角增大到 i_0 时,折射角 $i_2 = 90°$。若 $i_1 > i_0$ 时,则入射光线全部被反射回来,即发生全反射。因此将折射角 $i_2 = 90°$ 时所对应的入射角 i_0 称为"临界角"。

根据折射定律

$$n_1 \cdot \sin i_0 = n_2 \cdot \sin 90° = n_2$$

可得

$$\sin i_0 = n_2 / n_1$$

如光线由玻璃射入空气时,若取空气的折射率 $n_2 = 1.000\ 3$,玻璃的折射率 n_1 分别取 1.50、1.58、1.66。则对应的临界角 i_0 分别为:40°48′、39°16′、37°03′。一般玻璃的折射率 n_1 大于1.50,故取临界角 i_0 为 42°。通常镀反光膜的反光镜,不能将光线全部反射。有 6% ~ 10% 的光线被吸收。因此,在光学仪器中广泛应用全反射现象来代替镀反光膜的反射方式。

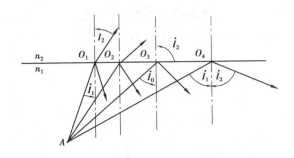

附图 2.6　光的全反射

5) 像差

物体经过透镜所成的像与物体的本来面目相比要发生一些差异,这种差异统称像差。

任何光学系统都存在着像差,像差越大,光学系统的成像质量就越差,测量成果的误差就越大。就仪器使用,修理人员而言,只需对各种像差的现象、特点、产生原因及校正像差的基本知识有一个初步了解即可。

像差的种类很多,主要有以下 6 种。

(1) 球差

如附图 2.7 所示,当一束平行于光轴的光线射向透镜 AB 时,经球面折射后,所得的光轴上的会聚点 A_1、A_2、A_3 会随着入射光线在折射面上的入射点高度 h_1、h_2、h_3 的变化而变化。它们同理论成像点各有不同程度的偏差,由于这些偏差是由球面折射时固有的特性所决定的,故称为球面像差,简称球差。

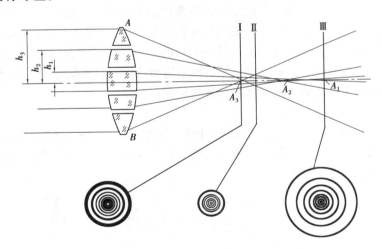

附图 2.7　球差

透镜的球差改变了像点的形状及亮度的分布,其最大危害是成像模糊。

减少球差的方法:由两片或两片以上的透镜组成,即将两个球差绝对值相等的正负透镜组装成一体。这在测量仪器中最为常见。

(2) 色差

如附图 2.8 所示,实际的光学系统常常是白光成像的,而白光是由许多不同波长的单色光(红、橙、黄、绿、青、蓝、紫)组成的。常用的光学玻璃对不同波长的光具有不同的折射率。当白光入射至球面的分界面上时,只要入射角不为零,则折射以后各色光线就要分散,以不同的路径传播,使各色光具有不同的成像位置和不同的成像倍率。这种因光线的颜色不同引起的成像误差,称为色差。

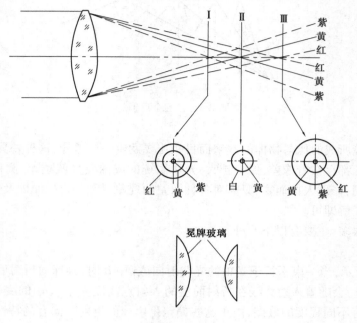

附图2.8 色差

它使像模糊不清且带有彩色,因此是各种像差中最为有害的一种。

消除色差的基本方法有两种:一种是望远镜物镜常用的,即采用凸透镜和凹透镜的色差符号相反的两种透镜组合在一起,达到消除色差的目的。为了达到组合后仍为一个正透镜,一般凸透镜用冕牌玻璃,凹透镜用火石玻璃。另一种是用两块同材料玻璃制造的正透镜组合而成。例如,常用的望远镜或显微镜的目镜就是这样做成的。

(3)彗差

如附图2.9所示,彗差产生的情况与球差相似,但光束中的中间光线不是垂直而是倾斜地射往折射面。因此,对称轴是入射面的中间光线,而不再是光轴。在像平面上,q点像的图形q'、q''如图彗星一样,故称为彗差。

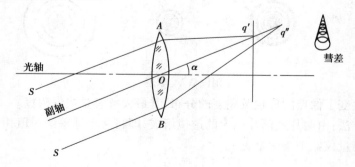

附图2.9 彗差

彗差在仪器设计中是要经常考虑的。减少彗差的方法是控制成像系统的视场,缩小透镜的通光孔径及合理的设置光栏等。

（4）像散

如附图 2.10 所示，设物面上有一个离透镜光轴较远的十字线，并且 $aa \perp bb$，该十字线通过透镜成像后，在距透镜较近的像面位置Ⅰ上，aa 竖线上的每点成了一条水平短线，整个竖线 aa 的像，却成了由这样许多条短线平行排列而成的粗线，导致 $a'a'$ 的像不清晰。而在距透镜稍远的像面位置Ⅱ上，水平线 bb 的像 $b''b''$ 也产生了类似情况。这就是透镜成像过程中的像散现象。

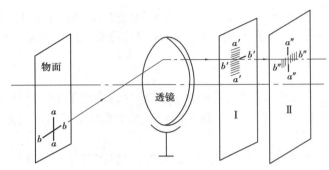

附图 2.10　像散

像散的危害：一方面使视场边缘成像模糊；另一方面使线段的成像具有明显的方向性。纠正像散的方法可用不少于 3 片透镜的透镜组来纠正。

（5）场曲

场曲也称像场弯曲，如附图 2.11 所示，光点 B 发出一细光束，通过透镜成像于 B' 点，B' 点并不位于理想的平面上，直线 BA 经透镜所成的像，实际上是一条曲线 $B'A'$，而不能成像在任何一个垂直于光轴的平面上。换句话说，一个垂直于光轴的物平面，经透镜后，所成的像面不是一个平面，而是曲面，称为场曲。

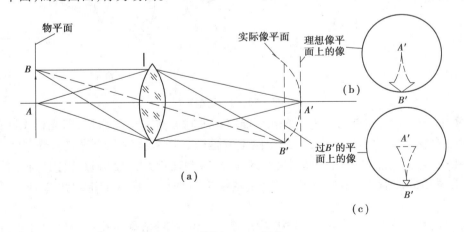

附图 2.11　场曲

（6）畸变

如附图 2.12 所示，设有一垂直于光轴的平面物体，其图形为一正方格网，它的理想像应是和它完全相似的正方格网。但是，由于球差及场曲的综合影响，像的图形将发生变化，形成了枕形或桶形的形状。这种能使所成像与原物不再相似的变形误差,称为畸变。

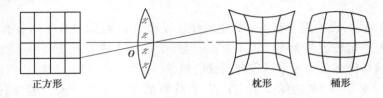

正方形   枕形 桶形

附图 2.12 畸变

畸变并不影响成像清晰度。因此,对于图形相似性要求不高的仪器,畸变并无不利影响,但对于摄影测量内外业以及用于计量的仪器,畸变直接影响成图的质量及度量的精确度,故必须设法消除畸变。

6)光栏

实际上,考虑成像的质量、成像范围的大小,测量仪器中除了透镜以外,往往还专门设置一些孔、筒及框一类的器具,用以限制光束通过的量。光学系统中这些限制光束通过的器具称为光栏。

光栏在光学系统中的位置不同,其作用也不同。光栏按其作用可分为下述 3 种:

(1)孔径光栏

在一个光学系统中,光轴上一物点发出的光束,通过该光学系统中的许多光栏时,这些光栏都对光束起限制作用,其中必有一个使通过光能量(即光束)最小的,这个限制沿轴向发射光束大小的光栏,称为孔径光栏(也称有效光栏)。

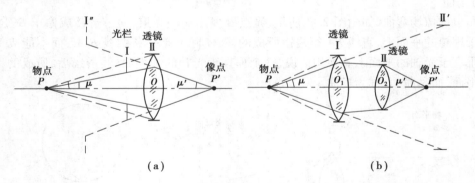

(a)   (b)

附图 2.13 孔径光栏

在附图 2.13(a)中,共有两个进光光孔可能起到限制 P 点光束的作用,即光栏 Ⅰ 和透镜框 Ⅱ,而光栏 Ⅰ 对物点 P 的影角最小,因此光栏 Ⅰ 就是望远镜系统的孔径光栏。光栏 Ⅰ 的直径即为有效孔径,它将物点 P 发出通过透镜 Ⅱ 的光束,限制在物方孔径角 2μ 以内。在附图 2.13(b)中,第 Ⅱ 透镜的镜框就是孔径光栏,它经由透镜 Ⅰ 与物点 P 所成的锥顶角 2μ 即为物方孔径角。

总之,要在光学系统的许多个光孔中,找出哪一个是限制光束的孔径光栏。方法:把每一个光孔当作物体,然后对它们前面的透镜组成像,即可得到许多光孔的像。从每一个光孔的像向光轴上的物点 P 作张角,其中张角最小的那个光栏所对应的光孔,就是孔径光栏。显然,孔径光栏限制着入射光束的范围。

孔径光栏在其前方(物方)透镜所成的像,称为入瞳;如附图 2.13(a)中,孔径光栏 Ⅰ 的前方再无透镜,此时光栏Ⅰ就是该光学系统的入瞳。入瞳决定着进入光学系统成像的最大光束孔径,它是物面上各点发出并进入光学系统成像的所有光束的公共入口。孔径光栏在光学系统像方所成的像称为出瞳。如附图2.13(b)中,第Ⅱ透镜镜框,对左方透镜Ⅰ所形成的像Ⅱ′为入瞳;而第Ⅱ透镜镜框本身就是出瞳。出瞳是物面上各点成像光束的公共出口,这里的光线亮度最大,光斑直径最小。

对于目视仪器,如望远镜、显微镜、放大镜等,人眼的瞳孔也应看成是一个光栏。为了提高仪器的瞄准精度,光学系统的出瞳应位于人眼的瞳孔处,而且应与人眼瞳孔的大小一致。人眼在正常情况下,瞳孔一般为1~2 mm,出瞳离目镜最外面一个透镜面的距离一般大于6 mm。因此作业时,观测者应尽可能地将眼睛的瞳孔放在出瞳的位置上,使整个视场的光线都能进入眼睛。

(2)视场光栏

在光学系统中,还有一种光栏,限制物体对光学系统成像的范围,即决定物平面上或物方空间中多大范围可通过光学系统成像,此光栏称为视场光栏。

视场光栏决定着视场的大小及范围,对于远方物体通常用角量表示,而对于近处的物体,则往往用线量表示。如通过目镜观测时,望远镜只能看到远方物体的部分,此即十字丝板上的金属框起了视场光栏的作用。

附图2.14为望远镜光学系统,十字丝框(即物镜成像平面)上光栏为 $b'a'$。在望远镜前方有一标尺,图中标尺上 ab 范围的物空间,通过物镜成像在十字丝边框内,人眼通过目镜可以看到,而 ab 范围以外的地方,如 K 点,由于成像在十字丝边框外,人眼无法观察到。在这里,十字丝边框起了限制视场大小的作用,十字丝边框就是视场光栏。

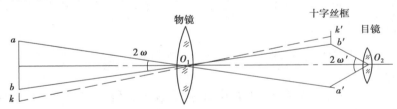

附图2.14　视场光栏

视场光栏对于入射光瞳中心 O_1 所张的角度 2ω,称为物方视场角,也就是通常所讲的望远镜视场角。视场光栏对目镜成像后与出瞳中心 O_2 所张的角度 $2\omega'$,称为像方视场角。由于像方视场角受到目镜像差的限制,一般为30°~60°,因而视场光栏 $b'a'$ 的大小也受到限制,致使望远镜的视场角也同样受到限制,一般只有1°左右。

(3)消杂光光栏

望远镜系统中除孔径光栏、视场光栏外,通常还设置了一些黑色的金属圈,如附图2.15中的遮光罩。这是因为在望远镜视场以外的物体,如 P 点(它可能是太阳也可能是其他物体),虽然不在望远镜中成像,但其光线则可能通过望远镜筒壁及光学零件的多次反射或散射,而把光线射到成像面上,这种光线称为杂光。杂光将降低成像的对比度,使影像不清晰。

为减少杂光的影响,在望远镜中往往设置光栏以挡住杂光,这种光栏统称为消杂光光栏。

当然,消除杂光影响还应采取措施,如对仪器内部可能反光的表面进行加工处理,将镜筒内壁车成细纹状并涂黑,以尽量吸收杂光或降低杂光的反射,还可在光学零件的表面镀一层极薄的增透膜,以减少光线在光学零件表面上反射而造成的杂光,也可在物镜前套上一个遮光筒等。

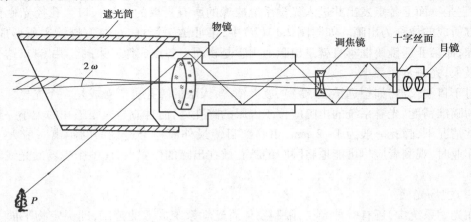

附图 2.15 望远镜光学系统内的杂光

附录 3 全站仪的使用及技术参数

1) 全站仪的使用

(1) 索佳全站仪的使用

①开机和关机。

开机:按[ON]

关机:按住[ON]或按[☼]

②显示窗照明。打开或关闭:按[☼]。

③距离测量。

距离测量必须选用与全站仪配套的合作目标,即反光棱镜。在距离测量前应首先进行气象改正、棱镜类型选择、棱镜常数改正、测距模式等内容的设置后才能进行距离测量。只有进行合理的参数设置,才能得到高精度的观测结果。

A.测距参数的三项改正。

a.气象改正[ppm]:由于仪器是利用红外线测距,光束在大气中的传播速度因大气折射率的不同而变化,而大气折射率与大气的温度和气压有关。仪器是按温度 $T = 15 \, ℃$,标准大气压 $P = 1 \, 013 \, hPa(760 \, mmHg)$ 时气象改正数为 0 ppm 设计的。因此当精度要求不高、不顾及气象改正时,可以默认气象改正数为 0 ppm;但是当精度要求高尤其是在山区测量时就要特别注意,不同高度上的点其气象条件会不同,就需要实测气压和温度的平均值并输入仪器,由仪器自动计算气象改正数,也可通过计算得到 ppm 值直接输入。其计算公式为

$$ppm = 278.96 \frac{0.290\,4 \times 气压值(hPa)}{1 + 0.003\,661 \times 温度值(℃)}$$

b.棱镜常数改正:不同的棱镜具有不同的常数,使用时应根据不同的棱镜型号将相应的棱镜常数设置好。索佳生产的几种棱镜及其常数如下所述:

AP01S + AP01(常数 = 30 mm)AP01(常数 = 40 mm)CP01(常数 = 0 mm)

c.仪器加常数改正:仪器加常数是由于仪器和棱镜的机械中心与光电中心不重合而引起的,出厂时已调试为零。可根据监测结果加入棱镜常数一起改正。

B.测距的 3 种模式。包括精测(重复精测、平均精测、单次精测)、粗测(重复粗测、单次精测)、跟踪测量。其中重复精测精度较高,但比较消耗电池用量,减少观测时间。

C.测距的 3 种类型。包括倾斜距离观测、水平距离观测、高差观测。可按[切换]键选取。

D.合作目标的两种类型。包括棱镜和反射片两种类型。仪器出厂默认为棱镜。

E.距离测量参数的设置。在测量模式第二页菜单下按[EDM]键,进入距离测量参数设置屏幕,显示如下:

```
EDM
测距模式: 精测均值
反射器  : 棱镜
棱镜常数: −30        ▼
```

```
EDM                    ▲
温度 : 15 ℃
气压 : 1013hPa
ppm  :   0
 0ppm            编辑
```

[编辑]:修改光标处的参数。

根据需要设置测距参数完毕后按回车键结束,返回测量模式屏幕。

F.距离测量模式。在精确照准棱镜后在测量模式第一页菜单下按[测量]键开始测距,显示如下:

```
测量      棱镜常数      −30
           ppm          0
 S         ———     m
 ZA      80 ° 30 ′ 15 ″
 HAR    120 ° 10 ′ 00 ″   P1
 距 离  切 换  置 零  坐 标
```

测距开始后,仪器闪动显示测距模式,棱镜常数改正值,气象改正值等信息。

一声短声响后屏幕上显示出距离"S"、垂直角"ZA"和水平角"HAR"的测量值。

```
测量      棱镜常数      −30
           ppm          0
 S        525.450  m     |
 ZA       0 ° 30 ′ 15 ″  ⊥
 HAR    120 ° 10 ′ 00 ″   P1
 距 离  切 换  置 零  坐 标
```

按[停]停止距离测量;按[切换]可使距离值的显示在斜距"S"、平距"H"和高差"V"之间转换。

若将测距模式设置为单次精测,则每次测距完成后测量自动停止。

若将测距模式设置为平均精测,则测量完成后显示距离的平均值。

④角度测量

A.测角参数设置。角度测量的主要误差使仪器的三轴误差(视准轴误差、水平轴误差、垂直轴误差),对观测数据的改正可按设置由仪器自动完成。

a.视准差改正。仪器的视准轴和水平轴误差采用正、倒镜观测可以消除,也可由仪器检验后通过内置程序计算改正数自动加入改正。

b.双轴倾斜补偿改正。仪器垂直轴倾斜误差对测量角度的影响可由仪器补偿器检测后通过内置程序计算改正数自动加入改正。

c.曲率与折射改正。地球曲率与大气折射改正,可设置改正系数 $K=0.142$ 或 $K=0.200$(视线较低),通过内置程序计算改正数自动加入改正。

B.出厂设置的单位。角度单位 360°制、距离单位米、气象改正单位 ppm、气压单位百帕(hPa)、温度单位℃。一般不需再设置,否则容易出现错误。

C.水平角度测量。可分为测回法、方向观测法等,观测方法步骤与光学经纬仪相同。下面以测回法为例进行介绍:

a.在测站 0 点安置仪器,开机并进行相关设置(见附图 3.1)。

b.盘左状态下将仪器望远镜瞄准左目标 1 点。

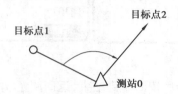

附图 3.1　水平角度测量示意图

c.在测量模式第一页菜单下按[置零]键,在[置零]键闪动时再次按下该键,此时目标点 1 方向值已经设置为 0°。

测量	棱镜常数 ppm				−30 0
S					m
ZA		89 °	50 ′	00 ″	
HAR		0 °	00 ′	00 ″	P1
距　离	◢切　换		置　零	坐　标	

d.顺时针转动仪器,照准目标点 2。屏幕上所显示的 117°32′20″即为所求水平夹角的上半测回角值(半测回角值等于右目标读数减去左目标读数)。

测量	棱镜常数 ppm				−30 0
S					m
ZA		89 °	50 ′	00 ″	
HAR		117 °	32 ′	20 ″	P1
距　离	◢切　换		置　零	坐　标	

e.倒转望远镜进入盘右状态,同理读取右目标读数合作目标读数得下半测回角值。

f.满足条件取平均值为一测回角值。

D.已知方向的设置。多测回观测时,需要将起始方向配制成所需的方向值,其方法是在照准第一目标后,在测量模式第二页菜单下按[方位角]键,输入所需的方向值,在按[回车]键即可。

输入规则为:例如需要输入的方向值为 90°01′36″,应输入 90.0136。

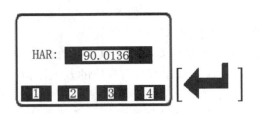

⑤坐标测量。三维坐标测量的观测步骤如下所述：

a.安置仪器（对中、整平），选择测站点、后视点，量取仪器高、棱镜高。

b.在菜单下选择[坐标测量]进入坐标测量屏幕。

c.选取"测站定向"中的"测站坐标"后按[编辑]键，输入测站点的已知坐标值、仪器高、棱镜高，完成后按[OK]键。

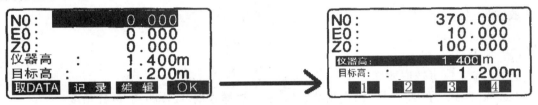

d.选取"测站定向"中"后视坐标"，按[编辑]键输入后视点的已知坐标值；或者选取"测站定向"中"角度定向"，按[编辑]键输入测站点与后视点连线的方位角。

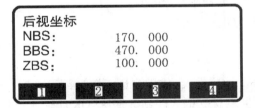

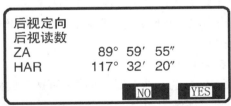

e.精确瞄准后视点后，按[回车]键确认，返回坐标测量屏幕。

f.精确瞄准目标棱镜后，在坐标测量屏幕下选取"测量"，开始坐标测量；屏幕显示目标点的三维坐标，记录或存储。

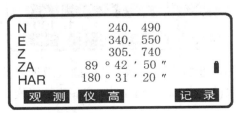

g.照准下一个目标,重复步骤 f、g 进行其他点坐标的观测。

h.按[ESC]键结束,坐标测量返回<坐标测量>屏幕。

⑥放样测量。用于在实地测设出所需要的点位。在放样过程中,通过对照准目标点的角度、距离、坐标测量,仪器将显示输入放样值与实测值的差值以指导放样。显示的差值由如下公式计算:

$$斜距差值 = 斜距实测值 - 斜距放样值$$
$$平距差值 = 平距实测值 - 平距放样值$$
$$高程差值 = 高程实测值 - 高程放样值$$
$$角度差值 = 角度实测值 - 角度放样值$$

A.角度和距离放样(极坐标法放样)。

极坐标法放样的原理为:由参考方向转角度和放样距离测设所需点位。如附图 3.2 所示。

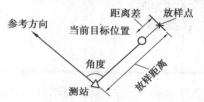

附图 3.2 角度和距离放样示意图

放样步骤:

a.测站点安置仪器;

b.后视参考点、置零;

c.在菜单第三页选取放样[S-O];

d.选取[距离-角度]放样,输入测站数据;输入放样数据、放样距离、放样角度;

e.按[回车]键后选取[OK];

f.转动仪器使 dHA 为 0,在此方向上设置棱镜;

g.按[观测]键,显示实测平距与放样距离之差放样平距(S-OH);

h.在照准方向上使放样平距(S-OH)等于 0 为止。

B.坐标放样。

放样步骤:

a.测站点安置仪器,在菜单第三页选取放样[S-O]进入<放样测量>菜单屏幕;

b.选取"测站定向"中的"测站坐标"后按[编辑]键,输入测站数据按[OK]键;

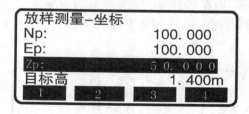

c.选取"测站定向"中"后视坐标",按[编辑]键输入后视点的已知坐标值;或选取"测站定向"中"角度定向",按[编辑]键输入测站点与后视点连线的方位角;瞄准后视点后按[OK]键;

d.显示测站数据按[OK]键;返回<放样测量>菜单屏幕;

e.选取"放样数据",按[编辑]键并输入放样点坐标按[OK]键;

f.转动仪器使 dHA 为 0,在此方向上设置棱镜;

g.按[观测]键显示实测平距与放样距离之差放样平距(S-OH);

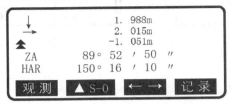

h.在照准方向上使放样平距(S-OH)等于 0 为止。

⑦工作文件选取与删除。

A.工作文件的选取。

a.在内存模式下选取"文件";选取"当前文件选取"进入<当前文件选取>屏幕;按[▶]和 [◀],选 JOB;也可以按[LTST],从表中选取。

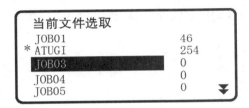
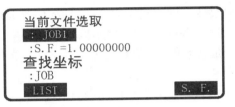

工作文件名右侧的数字表示文件中已存储的记录数。

工作文件名左侧为"﹡"表示该文件尚未输出到计算机等外部设备上。

b.将光标移至所需工作文件名上按[回车]键选取;JOB 被选中并返回<当前文件夹选取>。

B.更改工作文件名。在内存模式下选取"文件";选取待更改的工作文件名;在<JOB>屏幕下选取"文件名编辑"后输入新文件名并按[回车]键完成文件名更改。

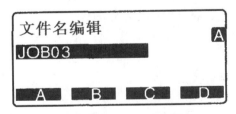

C.删除工作文件。在内存模式下选取"文件";选取"文件删除"列出工作文件名表;将光标移至所需工作文件名上按[回车]键;按[YES]键确认删除,返回<文件删除>屏幕。

（2）尼康全站仪的基本功能

①开机和关机。

A.开机。

a.按[PWR]键打开仪器,开始屏幕出现。它显示当前温度、压力、日期和时间。

b.要改变温度或气压值,用[ˆ]或[v]把光标移到你想改变的域,然后按[ENT]键。

c.如果希望初始化水平角,旋转照准部。

d.望远镜倾斜,直到它经过了盘左的水平位置。

B.关机。

要关闭仪器,按[PWR]键和[ENT]键。

②显示窗照明。

A.按照明键可打开或关闭LCD背景光。

B.按照明键1 s可从任意屏幕打开背景光和声音切换窗口。

C.按切换图标旁边的数字可交替切换设定。例如,按[1]可打开或关闭背景光。或者,要突出显示你想设定的切换方式,按[ˆ]或[v]。然后按[ENT]键交替这个切换方式的设定。

a.切换1(背景光)。

 LCD 背景光打开。 LCD 背景光关闭。

b.切换2(声音)。

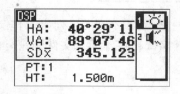
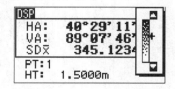

c.对比度调节窗口。

当2态切换窗口打开时,按[<]或[>]显示对比度调整窗口。然后按[ˆ]或[v]改变对比度等级。箭头指示当前对比度等级。要返回到2态切换窗口,按[<]或[>]。改变了显示光和声音设定后,按[ESC]键关闭2态切换或对比度调节窗口。

　　③[DSP]键。[DSP]键用来改变当前显示屏幕或改变显示设定。在显示屏幕之间切换,当有几个显示屏幕可用时,DSP指示器出现在屏幕左上角,屏幕指示器(如1/4)出现在屏幕右上角。按[DSP]键可移到下一个可用屏幕。例如,如果DSP2屏幕是当前显示屏幕,按[DSP]键移到DSP3屏幕。屏幕指示器从2/4改变到3/4。

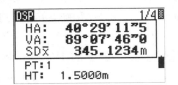

在基本测量屏幕(BMS)上定制条目,定制显示在DSP1、DSP2和DSP3屏幕上的条目:

a.按[DSP]键1 s。

b.用箭头键[^][v][<]和[>]突出显示你要改变的条目。

c.用软功能键在可显示此条目的列表上下滚动。可选择的条目是HA、AZ、HL、VA、V%、SD、VD、HD、Z和(无)。

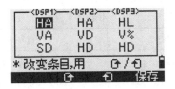

　　d.保存更改,按保存软功能键,或者突出显示DSP3的最后一个条目,然后按[ENT]键。DSP屏幕显示出你所选择的条目。

　　④[HOT]键。HOT菜单在任何观测屏幕都可以使用。要显示HOT菜单,按[HOT]键。

　　要改变目标高度,按[HOT]键显示HOT菜单。然后按[1]或选择HT,再按[ENT]键。输入目标高度,或者按堆栈软功能键显示HT堆栈。HT堆栈存储最后输入的20个HT值。

　　如果要设定当前的温度和气压,按[HOT]键显示HOT菜单。然后按[2],或选择温-压,再按[ENT]键,输入环境温度和气压。ppm值被自动更新。

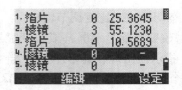

目标设定为目标类型、棱镜常数和目标高度指定的设定值。当你改变所选目标时,所有这3个设定都会改变。此功能可用来在两种类型的目标(如反射片和棱镜)之间进行快速切换。最多可准备5个目标组。

按[HOT]键显示 HOT 菜单。然后按[3],或选择目标并按[ENT]键。一个5目标组列表出现。要选择一个目标组,按相应的数字键(从[1]~[5]),或用[^]或[v]突出显示列表中的目标组并按[ENT]键。

要改变定义在目标组中的设定,突出显示列表中的目标组,然后按编辑软功能键。

类型:棱镜/箔片;常数:-999~999 mm;HT:-99.990~99.990 m。

⑤距离测量

A.距离测量参数的设置。按[MSR1]或[MSR2]1 s可查看测量设定。

用[^]或[v]在域之间移动光标。用[<]或[>]在选择的域中改变数值,见附表3.1。

附表 3.1

域	值
目标	棱镜/反射片
常数(棱镜常数)	-999~999 mm
模式	精确/正常
平均(平均常数)	0~99(连续)
记录模式	仅 MSR、仅记录、测量/记录

B.测量距离。在基本测量屏幕(BMS)或任何观测屏幕上按[MSR1]或[MSR2]可测量距离。

仪器进行测量期间,棱镜常数以较小字体显示。尼康系列的棱镜,不论其棱镜座架型号,常数都为 0。

如果平均计数设定为 0,测量将连续进行,直到按[MSR1][MSR2]或[ESC]。每次测量时,距离都会被更新。如果平均计数设定为 1~99 中的一个值,平均后的距离将在最后一次照准之后显示出来。域名 SD 改变成 SDx,以表示平均后的数据。

⑥角度测量。如果要打开角度菜单,在 BMS 按[ANG]键。要从此菜单选择操作命令,按相应的数字键,或者按[<]或[>]突出显示操作命令,然后再按[ENT]键。

如果要把水平角度重设为 0,在角度菜单按[1]或选择 0 设定。显示将返回到基本测量

屏幕。

　　如果要显示 HA 输入屏幕,按[2]或在角度菜单选择输入。用数字键输入水平角度,然后按[ENT]键。

　　例如:要输入 123°45′50″,键入[1][2][3][.][4][5][5][0]。显示的数值四舍五入到最小的角度增量值。

　　⑦三维坐标测量。观测步骤:建站,照准未知点,即可进行坐标测量,按[MSR1]或[MSR2],其操作步骤与距离测量相同。

　　⑧放样测量。如果要显示放样菜单,按[S-O]。

　　A.通过角度和距离放样。

　　观测步骤:

　　a.建站,要显示到目标的距离和角度的输入屏幕,在放样菜单中按[1]或选择 HA-HD。输入数值并按[ENT]键。

　　HD——从放样点到放样点的水平距离;

　　dVD——从测站点到放样点的垂直距离;

　　HA——到放样点的水平角度(如果在没有输入 HA 的情况下按[ENT]键,当前的 HA 便被使用)。

　　b.旋转仪器直到 dHA 接近 0°00′00″。

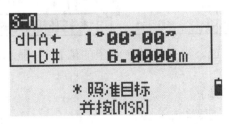

　　c.照准目标并按[MSR1]或[MSR2]。

　　d.当测量完成时,目标位置与放样点之间的差值显示出来。

　　dHA——水平角度到目标点的差值;

　　R/L——右/左(横向误差);

　　IN/OUT——内/外(纵向误差);

CUT/FIL——挖/填。

e.一旦完成测量,当 VA 改变时,挖/填值和 Z 坐标便更新。

B.通过已知坐标放样。

观测步骤:

a.建站。要开始通过坐标放样,在放样菜单按[2]或选择 *XYZ*。

b.输入你想要放样的点名称,然后按[ENT]键。

c.如果发现了若干个点,它们将显示在列表中。用[^]或[v]上下移动列表。用[<]或[>]上下移动页面(若没有则提示输入待放样点坐标)。

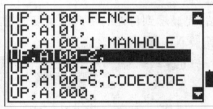

d.突出显示列表中的点并按[ENT]键。显示出到目标的角度变化量和距离。

e.旋转仪器,直到 dHA 接近于 0°00′00″。按[MSR1]或[MSR2]。

dHA——水平角到目标点的差值;

HD ——到目标点的距离;

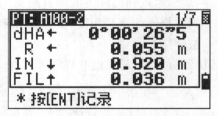

f.请司尺员调整目标位置。当目标处在希望的位置时,显示的误差变成 0.000 0 m。dHA 水平角度到目标点的差值。

R/L——右/左(横向误差);

IN/OUT——内/外(纵向误差);

CUT/FIL——挖/填。

⑨工作文件选取与删除。

A.工作文件创建

a.按[MENU]键打开菜单屏幕。

b.按[1]打开任务管理器。

c.按[创建软功能]键打开创建任务屏幕。

d.输入任务名称。

e.按[设定软功能]键检查任务的设定。一旦创建了任务,便不可以改变任务的设定。

f.在任务设定屏幕的最后一个域中按[ENT]键以创建新任务。

B.工作文件选取。

a.按[MENU]键打开菜单屏幕。

b.按[1]或选择任务打开任务管理器。

c.把光标移到你想用作控制任务的任务上。

d.按[Ctrl]软功能键。

e.按[是]软功能键。

C.工作文件删除。

a.按[MENU]键打开菜单屏幕。

b.按[1]或选择任务打开任务管理器。

c.把光标移到你想删除的任务上。

d.按[DEL]软功能键。

e.按[是]软功能键。

（3）宾得全站仪的基本功能

①开机和关机。

开机：按电源键［POWER］，显示初始画面。

关机：［POWER］键同样可用于关闭电源。

②显示窗照明。

按［照明］键（先同时按下照明［ILLU］和［F5］键进入亮度调节窗口）。

③距离测量。

A.目标设定。目标模式及其常数设定值显示于电池标志的左侧。例如，当常数为 0 时，反射片；S0，免棱镜；N0，棱镜；P0。按［F2］［目标］键改变目标的模式。

B.距离测量。用瞄准器瞄准目标，按［F1］［测距］键一次启动距离测量。

一旦距离测量被启动，测距标志出现在显示窗口。

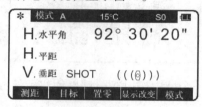

在接收到反射信号前，仪器发出响声，并且显示屏上出现 ＊ 标志并自动进行单次距离测量。

④角度测量。

A.水平角归零连续按［F3］［置零］两次可以将水平角设定为 0°00′ 00″。

B.设定任意水平角。

a.例如，输入 123°45′20″：按［F5］［模式］键进入模式 B。

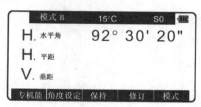

b.再按[F2][角度设定]键进入角度设定窗口,然后移动光标到"2.水平角输入"。

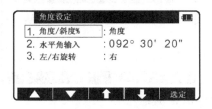

c.按[F5][选定]键进入水平角度输入窗口。

d.按[F5][清除]键用于清除显示的数值。

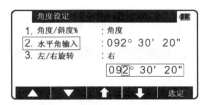

e.按数值键输入 1234520,将角度设为 123°45′20″。

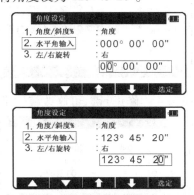

f.按确认键[ENT],确认将水平角设定为 123°45′20″,转入模式 A 的显示窗口。

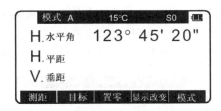

g.再按[清除]键可以调回以前的数据。

C.测量一个角度。

a.瞄准第一个目标,然后连续按[F3][置零]键两次,将水平角设定为零。

b.瞄准第二个目标,直接读出水平角。

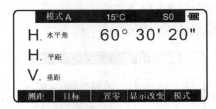

c.按[F4][显示改变]键显示垂直角。

⑤改正模式。在模式 B 下按[F4][修正]键,可修改棱镜常数、温度、气压、ppm 值。

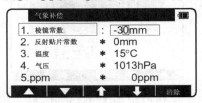

⑥初始化设置。初始化设置能够以 4 种模式被存储到"初始设置 1""初始设置 2""初始设置 4""初始设置 5",你可以选择和存储下面描述的仪器状态。

a.进入初始设置 1 模式。同时按[F1]键和[POWER]键,可进入初始设置 1 屏幕。

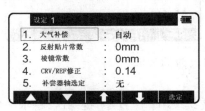

b.进入初始设置 2 模式。同时按下[F2]键和[POWER]键,可进入初始设置 2 屏幕。

c.进入初始设置 4 模式。同时按下［F4］键和［POWER］键,可进入初始设置 4 屏幕。

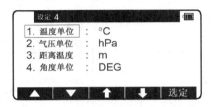

d.进入初始设置 5 模式。同时按下［F5］键和［POWER］键,可进入初始设置 5 屏幕。

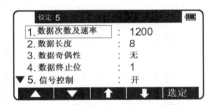

⑦三维坐标测量。

A.建站。

a.按［F2］［测量］键,显示"测量方法选择"界面。

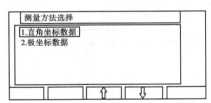

b.选择"1.直角坐标数据",并按［ENT］键显示"仪器点设定"界面。

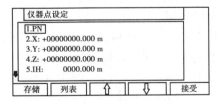

c.按 ↑↓上下滚屏显示 6.PC。

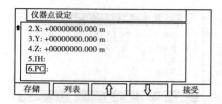

d.输入测站点名(PN),坐标,仪器高,X、Y、Z,IH 和点代码。

e.站点定向:按[F2][输入]、[F3][置零]及[F4][保持]键来输入后视水平角,或按[F5][后视点]键输入控制点坐标。

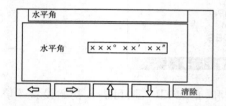
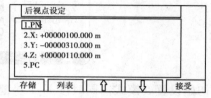

f.在输入水平角或者后视点坐标后会显示"照准基准点"屏幕。

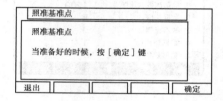

g.按[ENT]键显示测量界面。

B.测量。

a.照准目标点按[F1][测距]键就能测出数据。

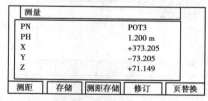

b.按[F3][测量/存储]键来测量及存储坐标数据。

c.按[F2][存储]键存储坐标数据。

d.按[F4][修订]键来编辑 PN 点号、PH 棱镜高及 PC 点代码。

e.如果当前的 PN、PH、PC 可接受,按[F5]键接受。

⑧放样测量。先建站,后放样。按[F4][放样]键进入"放样坐标设定"界面,该功能实现由测量界面转换到放样界面,并进行放样。

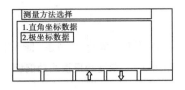

⑨工作文件的选取与删除。模式 B 下按 F1[功能]键进入功能屏幕,按[F1][文件]键进入文件管理界面。

A.可用内存的信息。按[ENT]键查看信息屏幕。屏上显示"PENTAX"的项目名及仪器可用内存大小。文件名"PENTAX"是一个默认的文件名。

B.生成新项目。

a.用向下箭头选择"2.创建"。

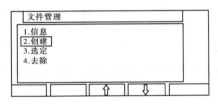

b.按[ENT]键进入项目名输入屏幕。

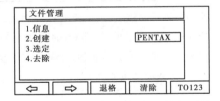

c.如果创建一个新文件,则新数据就存储在这个新文件中。

C.选择项目名。用向下箭头选择"3.选定"。按[ENT]键显示"项目选定"界面。

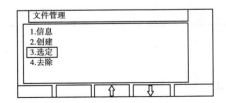
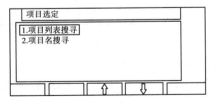

D.清除所有。按下箭头键选择"4.去除",按[ENT]键显示"项目删除"界面。

（4）拓普康全站仪的基本功能

①角度测量模式。

功能：按［ANG］键进入，可进行水平角、竖直角测量，倾斜改正开关设置，见附表3.2。

附表3.2　角度测量模式功能键

第1页	F1	OSET：设置水平读数为：0°00′00″
	F2	HOLD：锁定水平读数
	F3	HSET：设置任意大小的水平读数
	F4	P1↓：进入第2页
第2页	F1	TILT：设置倾斜改正开关
	F2	REP：复测法
	F3	V%：竖直角用百分数显示
	F4	P2↓：进入第3页
第3页	F1	H-BZ：仪器每转动水平角90°时，是否要蜂鸣声
	F2	R/L：右向水平读数HR/左向水平读数HL切换，一般用HR
	F3	CMPS：天顶距V/竖直角CMPS的切换，一般取V
	F4	P3↓：进入第1页

②距离测量模式。

功能：按［◢］进入，可进行水平角、竖直角、斜距、平距、高差测量及PSM、PPM、距离单位等设置，见附表3.3。

附表3.3　距离测试模式功能键

第1页	F1	MEAS：进行测量
	F2	MODE：设置测量模式，Fine/coarse/tragcking（精测/粗测/跟踪）
	F3	S/A：设置棱镜常数改正值（PSM）、大气改正值（PPM）
	F4	P1↓：进入第2页
第2页	F1	OFSET：偏心测量方式
	F2	SO：距离放样测量方式
	F3	m/f/i：距离单位米/英尺/英寸的切换
	F4	P2↓：进入第1页

③坐标测量（见附图3.3）。

a.按［ANG］键，进入测角模式，瞄准后视点A。

b.HSET，输入测站O至后视点的坐标方位角α_{OA}。

c.◺键，进入坐标测量模式。P1，进入第2页。

d.OCC，输入测站坐标(x_0, y_0, H_0)。

e.P1,进入第2页。INS.HT:输入仪器高。

f.P1,进入第2页。R.HT:输入棱镜高。

g.瞄准待测量点 B,按[MEAS]键,得 B 点的 (x_B,y_B,H_B)。

④零星点的坐标放样(不选择文件),如附图3.4所示。

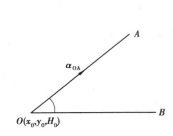

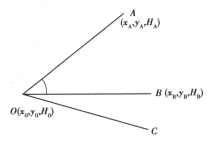

附图3.3　坐标测量示意图　　　　　附图3.4　点的坐标放样示意图

a.按[MENU]键进入主菜单测量模式。

b.按[LAYOUT]键进入放样程序,再按[SKP]键略过选择文件。

c.按[OOC.PT][F1],再按[NEZ],输入测站 O 点的坐标 (x_0,y_0,H_0);并在 INS.HT 一栏,输入仪器高。

d.按[BACKSIGHT][F2],再按[NE/AZ],输入后视点 A 的坐标 (x_A,y_A,H_A);若不知 A 点坐标而已知坐标方位角 α_{OA},则可再按[AZ],在 HR 项输入 α_{OA} 的值。瞄准 A 点,按[YES]键。

e.按[LAYOUT][F3]:输入待放样点 B 的坐标 (x_B,y_B,H_B) 及测杆单棱镜的镜高后,按[ANGLE][F1]键。使用水平制动和水平微动螺旋,使显示的 dHR = $0°00'00''$,即找到了 OB 方向,指挥持测杆单棱镜者移动位置,使棱镜位于 OB 方向上。

f.按 DIST,进行测量,根据显示的 dHD 来指挥持棱镜者沿 OB 方向移动,若 dHD 为正,则向 O 点方向移动;反之,若 dHD 为负,则向远处移动,直至 dHD = 0 时,立棱镜点即为 B 点的平面位置。其所显示的 dZ 值即为立棱镜点处的填挖高度,正为挖,负为填。

g.按[NEXT]键放样下一个点 C。

⑤文件的选取与删除,存储管理菜单如附图3.5所示。

在此模式下可使用下列内存项目:

a.文件状态:检查存储数据的个数和剩余内存空间;

b.查找:查看记录数据;

c.文件维护:删除文件、编辑文件名;

d.输入坐标:将坐标数据输入并存入坐标数据文件;

e.删除坐标:删除坐标数据文件中的坐标数据;

f.输入编码:将编码数据输入并存入编码库文件;

g.数据传送:发送测量数据、坐标数据或编码库数据;上载坐标数据或编码库数据;设置通信参数;

h.初始化:内存初始化。

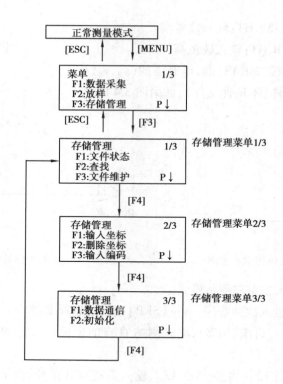

附图 3.5　存储管理菜单

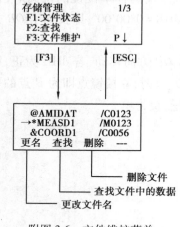

附图 3.6　文件维护菜单

其中文件维护菜单如附图 3.6 所示。

图中：

a.文件识别符号（＊、@、&）。

对于测量数据文件：

"＊"：数据采集模式下被选定的文件。

对于坐标数据文件：

"＊"：放样模式下被选定的文件。

"@"：数据采集模式下被选定的坐标文件。

"&"：用于放样和数据采集模式被选定的坐标文件。

b.数据类型识别符号（M、C）。

"M"：测量数据。

"C"：坐标数据。

（5）南方 WinCE(R)系列全站仪的基本功能

按下[POWER]键开机。进入 WIN 全站仪欢迎界面(见附图 3.7)。

附图 3.7　WIN 全站仪桌面

①角度测量

A.水平角(右角)和垂直角测量。确认在角度测量模式下,见附表 3.4。

附表 3.4　水平角(右角)和垂直角测量设置

操作步骤	按　键	显　示
①照准第一个目标(A)	照准 A	基本测量--角度测量 垂直角(V): 90°11'01" 水平角(HR): 108°42'17" 参数 PPM: 0 PSM: -30 距离单位: 米 测距模式: 精测单次 补偿状态: 关 测角 测距 置零 置角 锁角 坐标 参数 复测 V/% 左/右角
②设置目标 A 的水平角读数为 0°00'00" 单击[置零]键,在弹出的对话框选择[OK]键确认	[置零] [OK]	基本测量--角度测量 垂直角(V): 90°11'01" 水平角(HR): 108°40'00" 水平角置零 OK × 确定要将水平角置零吗? 置零 置角 锁角 坐标 参数 复测 V/% 左/右角
③照准第二个目标(B) 　仪器显示目标 B 的水平角和垂直角	照准 B	基本测量--角度测量 垂直角(V): 82°40'26" 水平角(HR): 22°14'34" 参数 PPM: 0 PSM: -30 距离单位: 米 测距模式: 精测单次 补偿状态: 关 测角 测距 置零 置角 锁角 坐标 参数 复测 V/% 左/右角
照准目标的方法(供参考) ①将望远镜对准明亮地方,旋转目镜筒,调焦看清十字丝(先朝自己的方向旋转目镜筒,再慢慢旋进调焦,使十字丝清晰) ②利用粗瞄准器内的三角形标志的顶尖瞄准目标点,照准时眼睛与瞄准器之间应保留有一定的距离 ③利用望远镜调焦螺旋使目标成像清晰		

注:当眼睛在目镜端上下或左右移动发现有视差时,说明调焦不正确或目镜屈光度未调好,这将影响观测的精度。应仔细进行物镜调焦和目镜屈光度调节即可消除视差。

B.水平角测量模式(右角/左角)的转换。确认在角度测量模式下,见附表3.5。

附表3.5 水平角测量模式(右角/左角)的转换设置

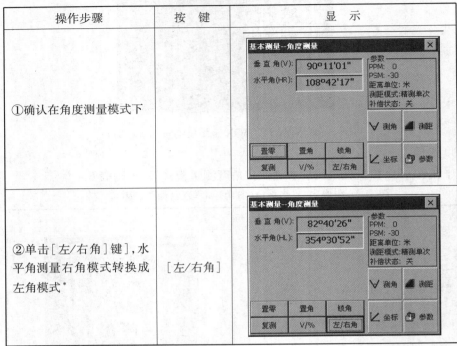

操作步骤	按 键	显 示
①确认在角度测量模式下		
②单击[左/右角]键,水平角测量右角模式转换成左角模式*	[左/右角]	

注:*每次单击[左/右角]键,右角/左角便依次切换。

C.水平度盘读数的设置。

a.利用[锁角]设置水平角。确认在角度测量模式下,见附表3.6。

附表3.6 利用[锁角]设置水平角

操作步骤	按 键	显 示
①利用水平制动与微动螺旋,将水平度盘转到需要的水平方向		

续表

操作步骤	按 键	显 示
②单击［锁角］键,启动水平度盘锁定功能	［锁角］	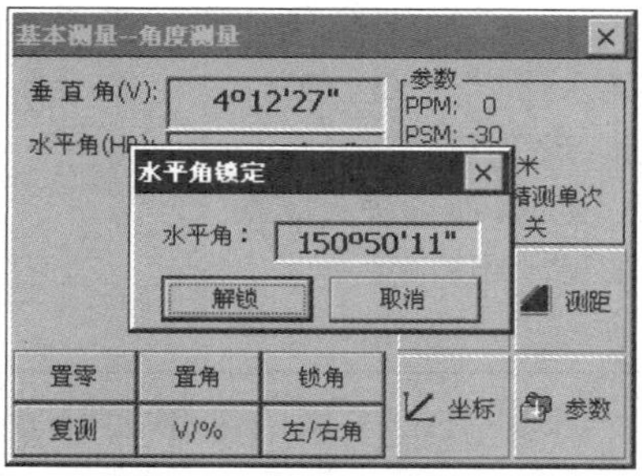
③照准用于定向的目标点*		
④单击［解锁］键或按［ENT］键,取消水平度盘锁定功能。屏幕返回到正常的角度测量模式,并将当前的水平角设置为刚才的角度	［解锁］	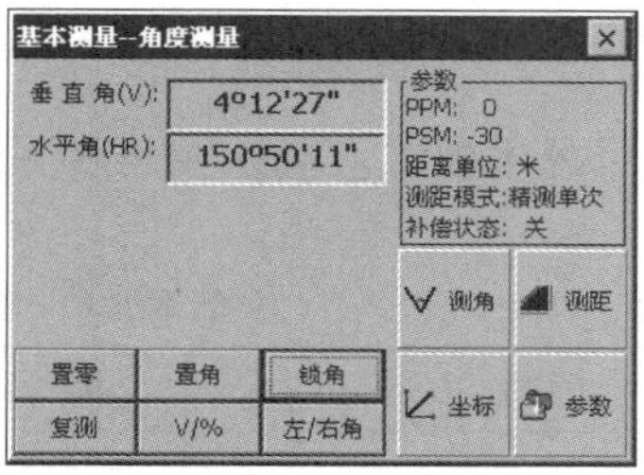

注:* 要返回到先前模式,可单击［取消］或按［ESC］键。

b.利用输入模式设置。确认在角度测量模式下,见附表 3.7。

附表 3.7　利用输入模式设置水平角

操作步骤	按 键	显 示
①照准用于定向的目标点		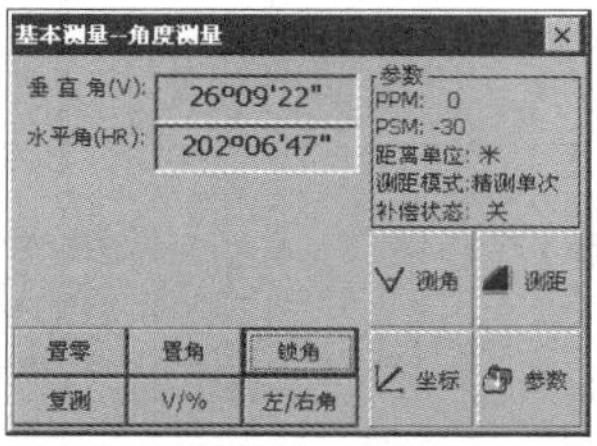
②单击［置角］键,弹出如右图所示的对话框 ③输入所需的水平度盘读数*·** 例如:120°20′00″	［置角］ 输入水平 角度	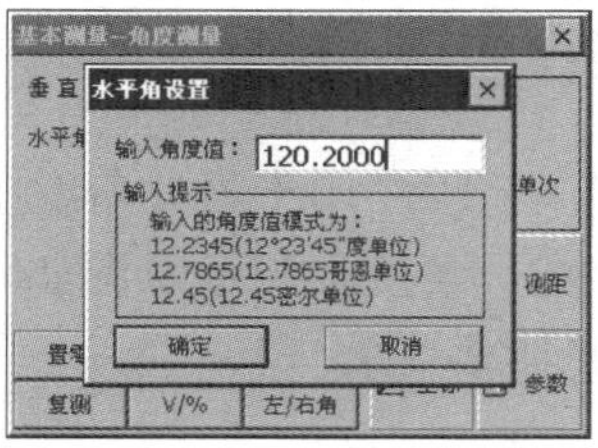

续表

操作步骤	按　键	显　　示
④输入完毕,单击[确认]或按[ENT]键□*** 至此,即可进行定向后的正常角度测量	[确认]	 基本测量—角度测量 垂直角(V): 26º09'23"　水平角(HR): 120º20'01" 参数 PPM: 0 PSM: -30 距高单位: 米 测距模式:精测单次 补偿状态: 关 ∨ 测角　▲ 测距 置零　置角　锁角 复测　V/%　左/右角

注:* 可按[·]键打开输入面板,依次单击数字进行输入,也可按键盘上的数字键。

　　** 若输入有误,可用笔针或按[▶]/[◀]键,将光标移到需删除的数字右旁,单击输入面板上的[◀]或按[B.S.]键删除错误输入,再重新输入正确值。

　　*** 若输入错误数值(如 70'),则设置失败,单击[确定]或按[ENT]键系统无反应,须重新输入。`

D.垂直角百分度模式。确认在角度测量模式下,见附表3.8。

操作示例:

附表 3.8　垂直角百分度模式设置

操作步骤	按　键	显　　示
①确认在角度测量模式下		 基本测量—角度测量 垂直角(V): 26º09'23"　水平角(HR): 120º20'01" 参数 PPM: 0 PSM: -30 距高单位: 米 测距模式:精测单次 补偿状态: 关 ∨ 测角　▲ 测距 置零　置角　锁角 复测　V/%　左/右角
②单击[V/%]键*	[V%]	 基本测量—角度测量 垂直角(V%): 21.27 %　水平角(HR): 120º20'01" 参数 PPM: 0 PSM: -30 距高单位: 米 测距模式:精测单次 补偿状态: 关 ∨ 测角　▲ 测距 置零　置角　锁角 复测　V/%　左/右角

注:* 每次单击[V/%]键,垂直角显示模式便依次转换。

　　E.角度复测。该程序用于累计角度重复观测值,显示角度总和以及全部观测角的平均值,同时记录观测次数。角度复测示意图如附图3.8所示。

　　操作示例,见附表3.9。

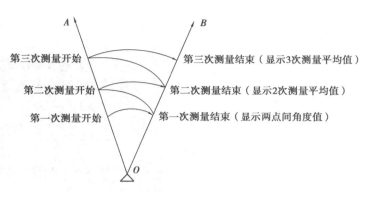

附图 3.8　角度复测示意图

附表 3.9　**角度复测设置**

操作步骤	按　键	显　示
①单击[复测]键,进入角度复测功能	[复测]	基本测量--角度测量　　　　　　　× 垂直角(V)：26°09'23" 水平角(HR)：120°20'01" 参数 PPM：0 PSM：-30 距离单位：米 测距模式：精测单次 补偿状态：关 ∀ 测角　　测距 置零　置角　锁角 复测　V/%　左/右角　坐标　参数
②瞄准第1个目标 A	照准 A	基本测量--角度测量　　　　　　　× 垂直　参数 水平　角度复测　　　　　　× 角度复测 Ht：120°20'01" Hm： 计数[0] 置零　锁定　解锁　退出 复测　V/%　左/右角　坐标　参数
③单击[置零]键,将水平角置零	[置零]	基本测量--角度测量　　　　　　　× 垂直　参数 水平　角度复测　　　　　　× 角度复测 Ht：0°00'00" Hm： 计数[0] 置零　锁定　解锁　退出 复测　V/%　左/右角　坐标　参数

续表

操作步骤	按　键	显　示
④用水平制动和微动螺旋照准第2个目标点B	照准B	基本测量--角度测量　角度复测　Ht: 13°36'23"　Hm:　计数[0]　置零　锁定　解锁　退出　复测　V/%　左/右角　坐标　参数
⑤单击[锁定]键	[锁定]	基本测量--角度测量　角度复测　Ht: 13°36'23"　Hm: 13°36'23"　计数[1]　置零　锁定　解锁　退出　复测　V/%　左/右角　坐标　参数
⑥用水平制动和微动螺旋重新照准第1个目标A　⑦单击[解锁]键	重新照准A　[解锁]	基本测量--角度测量　角度复测　Ht: 13°36'23"　Hm: 13°36'23"　计数[1]　置零　锁定　解锁　退出　复测　V/%　左/右角　坐标　参数
⑧用水平制动和微动螺旋重新照准第2个目标B　⑨单击[锁定]键,屏幕显示角度总和与平均角度	重新照准B　[锁定]	基本测量--角度测量　角度复测　Ht: 27°16'37"　Hm: 13°38'18"　计数[2]　置零　锁定　解锁　退出　复测　V/%　左/右角　坐标　参数
⑩根据需要重复步骤⑥~⑨,进行角度复测*		

注:* 单击[退出]或按[ESC]键便结束角度复测功能。

②距离测量。在基本测量初始屏幕中,单击[测距]键进入距离测量模式。

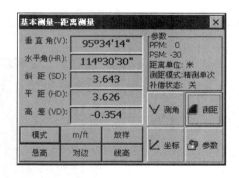

注意:

WinCE(R)系列全站仪在测量过程中,应避免在红外测距模式及激光测距条件下,对准强反射目标(如交通灯)进行距离测量。因为其所测量的距离要么错误,要么不准确。

当单击测距键时,仪器将对在光路内的目标进行距离测量。

当测距进行时,如有行人、汽车、动物、摆动的树枝等通过测距光路,会有部分光束反射回仪器,从而导致距离结果的不准确。

A.在无反射器测量模式及配合反射片测量模式下,测量时要避免光束被遮挡干扰。

B.无棱镜测距:

a.确保激光束不被靠近光路的任何高反射率的物体反射。

b.当启动距离测量时,EDM会对光路上的物体进行测距。如果此时在光路上有临时障碍物(如通过的汽车,或下大雨、雪或是弥漫着雾),EDM所测量的距离是到最近障碍物的距离。

c.当进行较长距离测量时,激光束偏离视准线会影响测量精度。这是因为发散的激光束的反射点可能不与十字丝照准的点重合。因此,建议用户精确调整以确保激光束与视准线一致。

d.不要用两台仪器对准同一个目标同时测量。

对棱镜精密测距应采用标准模式(红外测距模式)。

C.红色激光配合反射片测距

激光也可用于对反射片测距。同样,为保证测量精度,要求激光束垂直于反射片,且需经过精确调整。确保不同反射棱镜的正确附加常数。

设置大气改正。距离测量时,距离值会受测量时大气条件的影响。

为了顾及大气条件的影响,距离测量时须使用气象改正参数修正测量成果。

温度:仪器周围的空气温度。

气压:仪器周围的大气压。

PPM值:计算并显示气象改正值。

③距离测量(连续测量)。确认在角度测量模式下,见附表3.10。

附表 3.10 距离测量(连续测量)设置

操作步骤	按 键	显 示
①照准棱镜中心	照准	基本测量--角度测量 垂直角(V): 87°49'14" 水平角(HR): 119°04'44" 参数 PPM: 0 PSM: -30 距离单位:米 测距模式:精测单次 补偿状态:关 ∨ 测角 测距 置零 置角 锁角 复测 V/% 左/右角 坐标 参数
②单击[测距]键进入距离测量模式系统根据上次设置的测距模式开始测量	[测距]	基本测量-距离测量 垂直角(V): 87°49'14" 水平角(HR): 119°04'43" 斜距(SD): >>>------ 平距(HD): 高差(VD): 参数 PPM: 0 PSM: -30 距离单位:米 测距模式:精测单次 补偿状态:关 ∨ 测角 测距 模式 m/ft 放样 悬高 对边 线高 坐标 参数
③单击[模式]键进入测距模式设置功能 这里以"连续精测"为例	[模式]	基本测量-距离测量 测距模式设置 测距模式 ○ 精测单次 ○ 精测N次 ● 精测连续 ○ 跟踪测量 确定 取消 悬高 对边 线高
④显示测量结果[a~d]		基本测量-距离测量 垂直角(V): 89°41'21" 水平角(HR): 118°29'24" 斜距(SD): 22.124 平距(HD): 22.124 高差(VD): 0.120 参数 PPM: 0 PSM: -30 距离单位:米 测距模式:精测连续 补偿状态:关 ∨ 测角 测距 模式 m/ft 放样 悬高 对边 线高 坐标 参数

注:a.若再要改变测量模式,单击[模式]键,同步骤③进行设置。

　　b.测量结果显示时伴随着蜂鸣声。

　　c.若测量结果受到大气折光等因素影响,仪器会自动进行重复观测。

　　d.返回角度测量模式,可按[测角]键。

④距离测量(单次/N 次测量)。当预置了观测次数时,仪器就会按设置的次数进行距离测量并显示出平均距离值。若预置为单次观测,故不显示平均距离。仪器出厂时设置的是单次观测。

操作示例:设置观测次数见附表3.11。

附表 3.11　距离测量(单次/N 次测量)设置

操作步骤	按　键	显　示
①在测距模式下,单击[模式]键进入测距模式设置功能。系统默认设置为"精测单次"	[模式]	基本测量-距离测量 测距模式设置 测距模式 ○ 精测单次 ○ 精测N次 ○ 精测连续 ○ 跟踪测量 确定　取消
②用笔针单击[精测N次]或按[▲]/[▼]键。屏幕右上方会显示"次数"栏,用笔针单击空白方框,待光标出现,输入 N 次精测的观测次数	[精测 N 次]输入精测次数	基本测量-距离测量 测距模式设置 测距模式 ○ 精测单次　次数: 3 ○ 精测N次 ○ 精测连续 ○ 跟踪测量 确定　取消
③单击[确定]或按[ENT]键。照准目标棱镜中心,系统按照刚才设置进行启动测量*	[确定]	基本测量-距离测量 垂直角(V): 87°49'15" 水平角(HR): 118°53'02" 斜 距(SD): 17.426 平 距(HD): 17.413 高 差(VD): 0.663 参数 PPM: 0 PSM: -30 距离单位:米 测距模式:精测5次 补偿状态:关 测角 测距 模式　m/ft　放样 悬高　对边　线高 坐标　参数

注:* 按(测角)键返回到角度测量模式。

⑤精测/跟踪模式。

精测模式:这是正常距离测量模式。

跟踪模式:此模式测量时间要比精测模式短。主要用于放样测量中。在跟踪运动目标或工程放样中非常有用。

操作示例,见附表 3.12。

附表 3.12　跟踪测量模式设置

操作步骤	按　键	显　示
①照准棱镜中心	照准棱镜	基本测量-距离测量 垂 直 角(V): 87°49'15" 水平角(HR): 118°53'02" 斜 距(SD): 17.426 平 距(HD): 17.413 高 差(VD): 0.663 参数 PPM: 0 PSM: -30 距离单位:米 测距模式:精测5次 补偿状态:关 测角 测距 模式　m/ft　放样 悬高　对边　线高 坐标　参数

续表

操作步骤	按 键	显 示
②单击[模式]键进入测距模式设置功能,设置为"跟踪测量"	[模式]	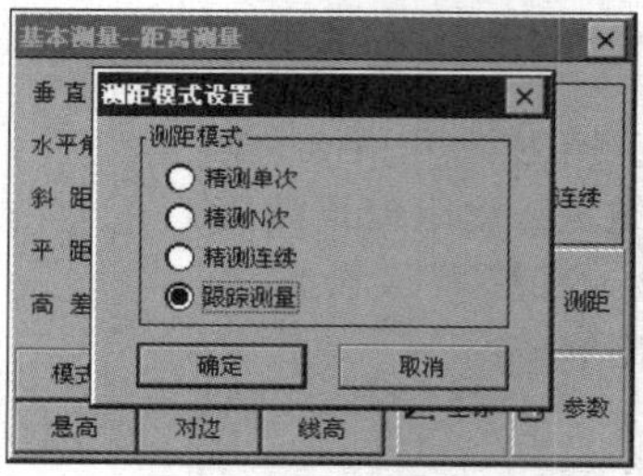
③单击[确定]或按[ENT]键。照准目标棱镜中心,系统按照刚才设置进行启动测量	[确定]	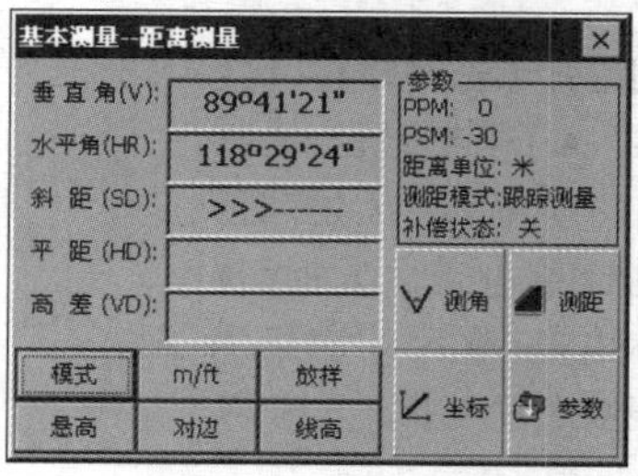

⑥距离单位的转换。在距离观测屏幕也可改变距离单位。操作示例,见附表3.13。

附表3.13　距离单位的转换设置

操作步骤	按 键	显 示
①单击[m/ft]键	[m/ft]	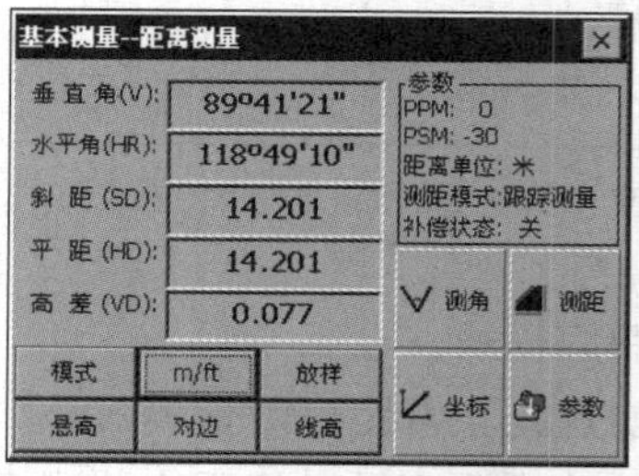
②改变的距离单位会显示在右上角*		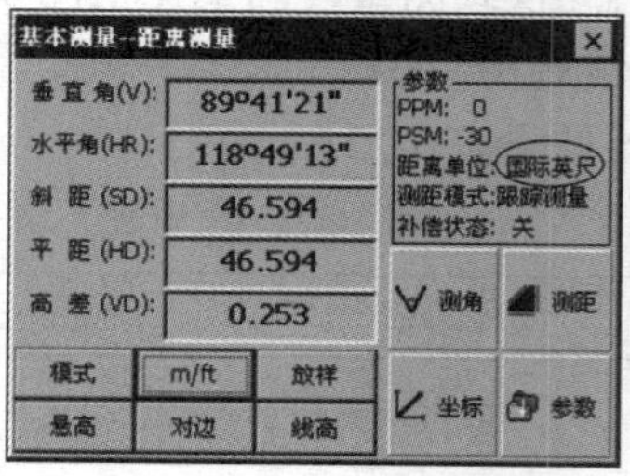

注:*每次单击[m/ft]键,距离单位就在米/国际英尺/美国英尺之间转换。

2)常用全站仪技术参数

（1）南方 WINCE NTS-960 系列全站仪

南方 WINCE NTS-960 系列全站仪技术参数见附表3.14。

附表 3.14 南方 WINCE NTS-960 系列全站仪技术参数表

		NTS-962	NTS-963	NTS-965
距离测量				
最大距离	单个棱镜	1.8 km	1.6 km	1.4 km
（良好天气）	3 个棱镜	2.6 km	2.3 km	2.0 km
数字显示		最大:999 999.999 最小:1 mm		
精度		2+2 ppm		
测量时间		精测 3 s,跟踪 1 s		
气象修正		输入参数自动改正		
棱镜常数修正		输入参数自动改正		
角度测量				
测角方式		绝对编码方式		
码盘直径		79 mm		
最小读数		1″/5″可选		
精度		2″	3″	5″
探测方式		水平盘:对径 竖直盘:对径		
望远镜				
成像		正像		
镜筒长度		154 mm		
物镜有效孔径		望远:45 mm 测距:50 mm		
放大倍数		30×		
视场角		1°30″		
分辨率		3″		
最小对焦距离		1 m		
自动垂直补偿器				
系统		双轴液体电子传感补偿		
工作范围		+/−3′		
精度		1″		
水准器				
管水准器		30″/2 mm		
圆水准器		8′/2 mm		
光学对中器				
成像		正像		
放大倍率		3×		
调整范围		0.5 m 至无穷		

续表

	NTS-962	NTS-963	NTS-965
视场角	5°		
显示部分			
类型	3.5 in 彩屏 Windows CE.NET 4.2 中文操作系统		
机械电池			
电源	可充电镍-氢电池		
电压	直流 7.2 V		
连续工作时间	8 h		
尺寸及质量			
尺寸	200×180×350 mm		
质量	6.0 kg		

（2）TOPCON GTS-9000A 系列全站仪

TOPCON GTS-9000A 系列全站仪技术参数见附表 3.15。

附表 3.15　TOPCON GTS-9000A 系列全站仪技术参数表

仪器型号	GPT-9001A	GPT-9002A	仪器型号	GPT-9001A	GPT-9002A
角度测量			微旋转	微旋转控制（最小值为 1 s）	
方法（水平/垂直）	绝对法读数（对径）		最大旋转速度	85°/s	
最小读数	0.5″/1″	1″/5″	显示器		
精度**	1″	2″		3.5 in TFT 彩色显示屏	
距离测量			类型	单面显示	
测程				触摸屏	
无棱镜模式	（目标：白墙）		计算机单元		
在低亮度且无阳光	1.5~250 m/5.0~2 000 m（无棱镜超长模式）		操作系统	WinCE.NET 4.2	
有棱镜模式			CPU	Intel PXA255 400 MHz	
单棱镜（条件 1）	3 000 m		RAM	64 MB	
条件 1：薄雾、能见度约 20 km，中等阳光，稍有热闪烁			ROM	2MB（闪存 ROM）+64 MB（SD 存储卡）	
无棱镜模式	（漫反射表面）			RS-232 串口	
1.5~250 m	±（5 mm）m.s.e.		I/O	USB（B 型），蓝牙	
5.0~2 000 m	（10 mm+10×10^{-6}×D^*）m.s.e.			CF 卡槽（Ⅱ 型）	
有棱镜模式	±（2 mm+2×10^{-6}×D^*）m.s.e.		倾斜补偿器		
最小读数			类型	双轴	

续表

仪器型号	GPT-9001A	GPT-9002A	仪器型号	GPT-9001A	GPT-9002A
精测模式	0.2 mm/1 mm		方法	液体式	
粗测模式	1 mm/10 mm		补偿范围	±6′	
测量时间			水准器灵敏度		
精测模式　1 mm	约 1.2 s(首次 3 s)		圆水准器	10′/2 mm	
精测模式　0.2 mm	约 3 s(首次 4 s)		长水准器	30″/2mm	
粗测模式　10 mm	约 0.3 s(首次 2.5 s)		电源		
粗测模式　1 mm	约 0.5 s(首次 2.5 s)		机载电池 BT-61Q 输出电压	7.4 V	
自动跟踪			使用时间		
最大自动跟踪速度	15°/s		角度和距离测量	约 4.5 h	
搜索范围	可由用户定义		仅角度测量	约 10 h	
自动跟踪范围	8 ~ 1 000 m(单棱镜)		其他		
自动照准精度	2″		激光指向	有	
伺服机构			防尘/防水等级	IP54	
驱动范围	全方位旋转		工作环境温度	−20~ +50 ℃	
粗旋转	粗旋转控制(7 个速度可调)		重量	仪器 6.9 kg(含电池), 仪器箱 4.5 kg	
微旋转	微旋转控制(最小值为 1 s)		尺寸	338 mm(高)×212 mm(宽)× 197 mm(长)	
最大旋转速度	85°/s				

（3）Leica TPS400 系列全站仪

Leica TPS400 系列全站仪技术参数见附表 3.16。

附表 3.16　Leica TPS400 系列全站仪技术参数表

型号		TPS402	TPS403	TPS405	TPS406	TPS407
角度测量		√	√	√	√	√
距离测量(IR)		√	√	√	√	√
无棱镜测量(RL)		TCR 型	TCR 型	TCR 型	TCR 型	TCR 型
导向光(EGL)		可选	可选	可选	可选	可选
角度测量						
精度(ISO 17123—3)	Hz, V	2″	3″	5″	6″	7″
	最小显示单位	1″				
	测量原理	绝对编码连续测量				

续表

型号		TPS402	TPS403	TPS405	TPS406	TPS407
补偿器	方式	电子双轴补偿器				
	补偿范围	0.5″	1″	1.5″	2″	2″
有棱镜测距(IR)						
精度(ISO17123—4)	精测/快速/跟踪	2 mm+2×10⁻⁶×D/5 mm+2×10⁻⁶×D/5 mm+2×10⁻⁶×D				
单次测量时间	精测/快速/跟踪	2.4 s/0.8 s/< 0.15 s				
测程（大气一般/好）	圆棱镜（GPR1）	3 500 m				
	反射片（60 mm×60 mm）	250 m				
PinPoint 无棱镜测距(RL)						
精度(ISO17123—4)（标准/跟踪）	0~500 m	2 mm + 2×10⁻⁶×D				
	>500 m	4 mm + 2×10⁻⁶×D				
单次测量时间（标准/跟踪）		一般 3 s/6 s				
测程（大气一般/好）	PinPoint R400（"power 加强型"）	>400 m（90%的反射）				
	PinPoint R1000（"ultra 超强型"）	>1 000 m（90%的反射）				
		使用 GPR 圆棱镜作为反射面 7 500 m				
激光光斑大小	100 m 处	12 mm×40 mm				
测量原理		相位法测量（同轴、可见激光）				
机载应用程序						
系统集成程序		测量,自由设站/后方交会,放样,参考线放样,对边测量,面积测量,悬高测量,建筑轴线放样,高程传递,目标偏置,自动启动顺序				
综合数据						
望远镜		电池（GEB187）				
放大倍数	30×	类型	NiMH			
物镜孔径	40 mm	电压	6 V			
视场角	1°30′（100 m 处:2.7 m）	容量	2.1 Ah/GEB111,4.2 Ah/GEB121			
调焦范围	1.7 m 至无穷远	测量次数	约 4 000/GEB111,9000/GEB121			
		工作环境				
数据存储		工作温度	−20~+50 ℃			
内存	12 500 数据块或 18 000 个点	存放温度	−40~+70 ℃			

型号		TPS402	TPS403	TPS405	TPS406	TPS407
输出格式	GSI/IDEX/ASCII/dxf/自定义格式		防尘/防水（IEC60529）	IP55		
接口	RS232		湿度	95%,无凝结		

（4）NIKON DTM-500 系列全站仪

NIKON DTM-500 系列全站仪技术参数见附表 3.17。

附表 3.17　NIKON DTM-500 系列全站仪技术参数表

	测角精度	测距精度	角度显示	测　程
DTM-550	1″	$\pm（2\ mm+2\times10^{-6}）$	0.5″/1′	3.6 km
DTM-530	2″		1″/5″	3.3 km
DTM-530E	2″			2.8 km
DTM-520	3″			2.8 km

（5）SOKKIA 10 系列全站仪

SOKKIA 10 系列全站仪技术参数见附表 3.18。

附表 3.18　SOKKIA 10 系列全站仪技术参数表

		SET210K	SET310K	SET510K	SET610K
望远镜	放大倍率	30×			
测角部		光电绝对编码扫描			
	最小显示	1″/5″可选			
	精度（ISO 17123—3：2001）	2″	3″	5″	6″
	补偿器	自动双轴补偿器,补偿范围 ±3′			
测距部		调制红外光（IEC 1 级 LED）、共轴光学系统			
测程	棱镜/反射片	AP01 单棱镜 ＊1：1~2 700 m RS90N-K 反射片：2~120 m			
精度	棱镜/反射片	棱镜：$\pm（2+2\times10^{-6}D）$ mm 反射片：$\pm（4+3\times10^{-6}D）$ mm			
数据存储	内存	约 10 000 点			
其他	存储卡	可选配 CF 卡驱动器		n/a	
	键盘	15 键双面键盘		15 键单面键盘	
	质量（含提柄和电池）	5.2 kg		5.1 kg	

参考文献

[1] 刘宗波.测绘仪器检测与维修[M].武汉:武汉大学出版社,2013.

[2] 吴大江,刘宗波.测绘仪器使用与检测[M].郑州:黄河水利出版社,2012.

[3] 高绍伟.测量仪器与检修[M].北京:煤炭工业出版社,2008.

[4] 瞿俊良.测量仪器与检修[M].北京:煤炭工业出版社,1998.

[5] 郭达志,周丙申,聂恒庄.大地测量仪器学[M].北京:煤炭工业出版社,1986.

[6] 刘振沛.测绘仪器和资料的防护[M].北京:测绘出版社,1982.

[7] 赵德庆,赵光新,杭标,等.测量仪器检修(下册)[M].北京:煤炭工业出版社,1976.

[8] 国家测绘局.测绘仪器防霉、防雾、防锈:CH/T 8002—1991 [S].北京:中国标准出版社,1991.

[9] 全国光学和光子学标准化技术委员会.光学经纬仪:GB/T 3161—2015 [S].北京:中国标准出版社,2003.

[10] 全国光学和光子学标准化技术委员会.水准仪:GB/T 10156—2009 [S].北京:中国标准出版社,2009.

[11] 全国地理信息标准化技术委员会.光电测距仪:GB/T 14267—2009 [S].北京:中国标准出版社,2009.

[12] 全国光学和光子学标准化技术委员会.全站仪:GB/T 27663—2011 [S].北京:中国标准出版社,2011.

[13] 全国地理信息标准化技术委员会.全球定位系统(GPS)测量规范:GB/T 18314—2009 [S].北京:中国标准出版社,2009.

[14] 中国卫星导航系统管理办公室.北斗卫星导航术语:BD 110001—2015 [S],北京:中国标准出版社,2015.

[15] 中国卫星导航系统管理办公室.北斗/全球卫星导航系统(GNSS)RTK 接收机通用规范:BD 420023—2019 [S],北京:中国标准出版社,2019.